教育部高等学校文科大学计算机课程教学指导分委员会立项教材

普通高等教育计算机类专业"十三五"规划教材

计算机程序设计基础

（VB版）

张增良　侯　申　编著

Visual Basic

U0282267

西安交通大学出版社

XI'AN JIAOTONG UNIVERSITY PRESS

内容简介

本书是针对高等学校文科类专业本科学生的"计算机程序设计基础"课程而编写的通用教材。该教材注重理论与实践相结合,以 Visual Basic 6.0 为开发平台,系统讲授程序设计语言的数据、运算、语法、控制结构、过程与函数、文件等理论知识,并在介绍程序设计技术和典型算法的同时,通过大量有趣的实例详细讲解程序设计的方法和技巧。通过学习本教材,学生可牢固掌握程序设计相关知识,迅速有效地提高编程能力。

本书在内容的安排上力求循序渐进、由浅入深,在语言风格上力求简练、通俗、直观、生动,适合作为高等院校非计算机专业,特别是文科类专业计算机课程的教科书,也可作为工程技术人员和自学者的参考书。

图书在版编目(CIP)数据

计算机程序设计基础:VB 版/张增良,侯申编著. —西安:西安
交通大学出版社,2017.9(2020.1 重印)
教育部高等学校文科大学计算机教学改革项目立项教材·普通
高等教育计算机类专业"十三五"规划教材
ISBN 978 - 7 - 5605 - 9328 - 9

Ⅰ.①计… Ⅱ.①张… ②侯… Ⅲ.①程序设计-高等学校
-教材 Ⅳ.①TP311.1

中国版本图书馆 CIP 数据核字(2016)第 326037 号

书　　名	计算机程序设计基础(VB 版)
编　　著	张增良　侯　申
责任编辑	贺峰涛　屈晓燕
出版发行	西安交通大学出版社
	(西安市兴庆南路 1 号　邮政编码 710048)
网　　址	http://www.xjtupress.com
电　　话	(029)82668357　82667874(发行中心)
	(029)82668315(总编办)
传　　真	(029)82668280
印　　刷	西安日报社印务中心
开　　本	787 mm×1 092 mm　1/16　印张 19.375　字数 470 千字
版次印次	2017 年 9 月第 1 版　2020 年 1 月第 3 次印刷
书　　号	ISBN 978 - 7 - 5605 - 9328 - 9
定　　价	39.00 元

读者购书、书店添货或发现印装质量问题,请与本社发行中心联系、调换。
订购热线:(029)82665248　(029)82665249
投稿电话:(029)82664954
读者信箱:eibooks@163.com

前　言

本书是由教育部规划立项，针对高等学校文科类专业"计算机程序设计基础"课程而编写的教材。该教材以教育部《高等学校文科类专业大学计算机教学要求》为编写依据，并兼顾了全国计算机等级考试二级 VB 语言程序设计考试大纲的要求，以"增强学生的信息技术素养，培养程序设计技能，提高实际应用能力"为教学的总体目标。

本书具有如下几个方面的特点：

(1)符合文科计算机教育需求。文科计算机教育从根本上说是隶属于宽泛意义上的"计算机科学与技术"专业名称下计算机应用型人才培养的一种计算机基础教育。它面向的是文科学生，既不同于计算机专业教学，也有别于理科(包括理工、农林、医药)专业教学，主要目的是培养学生的计算思维，掌握 Windows 应用程序的开发技能和技巧，能独立编写中小型应用程序，并能解决本专业的实际问题。

(2)内容充实，讲授生动。本书全面系统地介绍了程序设计的基本概念、数据与运算、程序基本控制结构、过程与函数、可视化程序设计、数据文件、数据库程序设计等内容；并以 Microsoft 公司的 Visual Basic 6.0 为开发平台，详细介绍了 Windows 应用程序的开发步骤及方法。本书针对文科学生的知识结构和思维习惯，在内容的呈现方式上，尽量做到图文并茂、形象直观，将难以理解的抽象内容转为容易理解的形象化内容，实现直观生动的讲授。

(3)理论结合实践。本书注意采用"任务驱动"和"案例式"教学方法，实现程序设计理论与实践的紧密结合。本书通过大量有趣的示例来介绍程序设计基本知识与基本方法，避免枯燥空洞的理论阐述，使学生在学懂理论知识的基础上，提高程序设计能力，还可反向帮助理解某些较抽象的理论知识。本书所提供的程序代码都在计算机上调试通过。

(4)结构布局合理。全书内容经过精心安排和设计，结构清晰，逻辑性强，符合一般的教学规律和教育心里学的要求，围绕"程序设计"这个主题，通过大量实例深入浅出地介绍程序设计与算法的基本概念、程序设计语言、程序设计方法、程序开发步骤等程序设计相关知识。

(5)语言精炼、通俗易懂。本书采用精炼的语言和直观生动、循序渐进的讲授方法实施教学，使学生感受到学习程序设计并不是一件困难和乏味的事情。

本书选择 Visual Basic 6.0 作为语言和程序设计环境。之所以如此，是因为它具有易学、易用、程序开发周期短，并具有可视化设计界面等特点。对于初学者来说，采用 Visual Basic 6.0 可迅速进入角色并较容易地理解和掌握所学知识；对于很多程序员来说，Visual Basic 6.0 也是开发 Windows 应用程序的首选工具，能快速开发高质量的应用程序。Visual Basic 6.0 自 1998 年发布以来，一直具有旺盛的生命力，可谓长盛不衰，有人开玩笑地说它就像 Windows 环境中"杀不死的小强"。

本书是在作者长期从事教学和科研工作的基础上编写完成的。为方便教学,书中编排了大量例题和习题。本书可作为高等院校非计算机专业,特别是文科类专业计算机课程的教科书,也可作为工程技术人员和自学者的参考书。全书内容分为如下 13 章。

第 1 章　程序设计基础知识

第 2 章　Visual Basic 概述

第 3 章　数据类型与表达式

第 4 章　程序流程控制

第 5 章　数组

第 6 章　过程与函数

第 7 章　窗体及常用控件

＊第 8 章　绘图

＊第 9 章　ActiveX 控件

第 10 章　多窗体程序设计

第 11 章　文件操作

＊第 12 章　API 函数

＊第 13 章　数据库编程

其中,第 1 章由侯申编写,第 2 章~第 13 章由张增良编写。全书由张增良教授统稿、审稿和定稿。编写过程中,张绘宏教授、张志勇教授提出了建设性意见,顾宇涵、谢雨含、吕茜、赵喜强、李金超等老师给予了很大帮助,在此深表谢意。

教学实施建议:课时数应不少于 64 学时,理论课与实践课的课时比为 1∶1,前文各章标有"＊"的章节内容可根据不同专业的需求灵活掌握。

由于作者水平有限,书中缺点和疏漏之处在所难免,望广大读者多提宝贵意见。联系方式:wyzzl@126.com。

编　者

2016 年 3 月首稿

2019 年 7 月修订

目　录

第1章 程序设计基础知识

计算机系统由硬件系统和软件系统两大部分组成。硬件系统是计算机的躯体,为计算机的运算、存储和通信提供物质基础;而软件系统则是计算机的大脑,使计算机具有了智能。本章主要介绍软件与程序、程序设计语言、程序设计方法及常用算法等与程序设计相关的一些基本概念和基础知识。

1.1 程序与程序设计语言

本节介绍软件、程序和程序设计的概念,以及程序设计最重要的工具——程序设计语言。

1.1.1 程序设计的概念

计算机是依靠硬件和软件的配合进行工作的,硬件是计算机系统的基础,而软件则附着在硬件之上指挥和控制硬件工作。

1. 软件

软件是计算机程序、程序所用的数据以及相关文档资料的集合。软件的文档资料通常包括软件安装说明书、用户使用手册和其他相关技术资料、服务信息等。软件的核心是程序。

2. 程序

所谓计算机程序,就是计算机为完成某一任务所自动执行的一系列指令的集合。一个程序应包括两方面的内容:一是对数据的描述,即数据结构;二是对操作步骤的描述,即算法。瑞士著名计算机科学家尼克劳斯·沃思(Niklaus Wirth)提出了一个公式:

$$程序=数据结构+算法$$

实际上,随着程序设计技术的发展,一个程序除了有数据结构和算法两个要素之外,还应涉及程序设计方法、计算机语言和运行环境等。因此,程序还可用下面的公式表示:

$$程序=数据结构+算法+程序设计方法+语言工具和环境$$

其中,算法是灵魂,数据结构是加工对象,语言是工具。同时,程序设计还需采用合适的方法。

3. 程序设计

编排程序的过程即为程序设计。这个过程是将需要解决的问题转化成引导计算机运行的指令序列,并确保得到预期的结果。程序设计需借助于某个开发平台,利用某种程序设计语言,并采用合适的程序设计方法来完成。

1.1.2 程序设计语言

程序设计语言是程序员编写计算机程序不可缺少的工具。它主要经历了机器语言、汇编语言、高级语言和第四代语言(4GL)等几个发展阶段,图1-1直观表示了前3个阶段的程序设计语言。

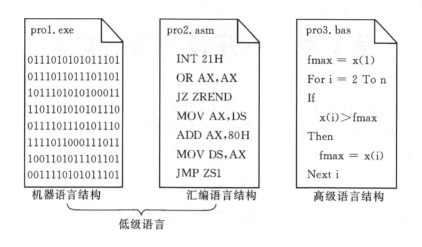

图 1-1 低级语言和高级语言

1. 机器语言

能被计算机直接识别和执行的二进制编码所表示的命令,称为机器指令;而机器语言直接由机器指令构成。机器指令是计算机的处理器可直接解读的数据,是计算机的设计者通过计算机的硬件结构赋予计算机的操作功能,其具体的表现形式和功能与计算机系统的硬件结构相关。因此,不同的计算机具有不同的机器语言。例如,下面是用某种处理器的机器语言编写的程序,其功能是在屏幕上显示字符串"Hello"。

操作码	操作数	程序注释
11100000	01001000	/* 输出字符 H */
11100000	01100101	/* 输出字符 e */
11100000	01101100	/* 输出字符 l */
11100000	01101100	/* 输出字符 l */
11100000	01101111	/* 输出字符 o */
00000000		/* 停机 */

其中,每一行代表一条指令,每条指令由一个操作码和若干个操作数构成。操作码规定了指令的功能,操作数指明了被操作的对象。上述程序中的操作码 11100000 表示向屏幕输出字符,后面的操作数表示要输出字符的 ASCII 码;操作码 00000000 表示停止指令,没有操作数。

机器语言是最底层的程序设计语言,也是计算机能识别的唯一语言。由机器语言编写的程序不需转换就可直接被计算机系统识别并运行,执行速度快、效率高,但也存在着难记忆、难书写、编程困难、可读性和可移植性不好等缺点。使用机器语言适于编写底层软件,用它很难高效地编写出高质量的复杂程序。

2. 汇编语言

为了克服机器语言的缺点,人们采用助记符与符号地址来代替机器指令中的操作码与操作数。例如,用"add"表示加法操作,用"push"表示压栈操作,用"pop"表示弹栈操作等;操作数可用二进制、八进制、十进制或十六进制数表示,这种表示计算机指令的语言称为汇编语言。

下面是一段用汇编语言编写的显示"Hello"字符串的程序代码。

```
Start:jmp short Begin
Message   DB 'Hello $'
Begin：    mov     DX,OFFSET Message
          push    AX
          mov     AH,09H
          int     21H
          pop     AX
          int     20H
```

上述程序用助记符代替了二进制的操作码,显然比机器语言程序的可读性和编程效率都有所提高,且保留了执行效率高的特点。

由于计算机只能识别和执行二进制形式的机器语言,因而用汇编语言编写的程序(源程序)必须经过汇编程序(assembler,即汇编器)"翻译"成机器语言程序(目标程序)后才能在计算机上执行,其翻译过程称为"汇编",如图 1-2 所示。

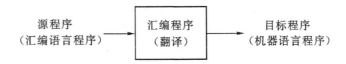

图 1-2　汇编语言源程序翻译为目标程序

汇编语言是 20 世纪 50 年代中期诞生的,也是一种面向机器的语言。由于它比机器语言的可读性好,又比其他语言执行效率高,所以现在许多系统软件的核心程序仍采用汇编语言编写。

尽管汇编语言较机器语言前进了一步,但差别仅仅体现在表示形式上,每条指令基本上与机器指令是一一对应的;虽然"助记符"的使用提高了程序的易读性,但编写的程序和机器语言程序一样依赖于具体的机器,不能方便地移植到另一种机器上;而程序员仍需要熟悉和记忆具体机器的硬件特征和相应的指令,且存储器也需人工分配。

总之,从机器语言到汇编语言并没有实质性的进步,它们共同被称为低级语言或面向机器的语言,属于第一代语言(1GL)。

3. 高级语言

面向机器的语言要求程序员必须对计算机硬件结构及工作原理十分熟悉,这对非计算机专业人士来说非常困难,为此,人们开发了高级语言,也称为算法语言。高级语言很接近人类的自然语言,通用易学,程序可读性好,可维护性强,可靠性高。例如,用 Visual Basic 高级语言编写显示"Hello"字符串的程序,只需 Print "Hello"一句即可。

1954 年,IBM 公司以约翰·巴科斯(JohnBackus)为主的研究小组开发出了第一种高级语言——FORTRAN。随后的 50 多年,共有几百种高级语言相继出现。根据程序设计方法的不同,目前主要有面向过程(Procedure-Oriented)和面向对象(Object-Oriented)这两类高级语言。

1)面向过程的高级语言

面向过程语言与机器语言和汇编语言相比是个巨大的进步,它强调功能的抽象和程序的模块化,将问题的求解过程分解为对数据的一系列运算过程;程序员不必关心具体计算机的硬件特征,只需对解题的过程进行设计。软件从此摆脱了硬件的束缚,成为一个独立的产业。

采用面向过程的语言编写程序,关键是确定数据的表示形式及算法。20 世纪 70 年代出现的高级语言(如 PASCAL 语言和 C 语言等)大多有此特征,通常被称为面向过程的语言,属于第二代语言(2GL)。

2)面向对象的高级语言

面向对象程序设计解决问题的方法与面向过程程序设计完全不同,它把计算机求解问题的方案,设计为既相互独立又相互联系的若干对象间的相互协作,即每个程序的功能是通过对象的相互协作来完成的。基于这种方法的高级语言被称为面向对象的程序设计语言,如 Visual Basic 、Visual C++、C♯ 和 Java 等。其中,Visual Basic 具有开发界面友善、开发维护成本低、与 Windows 操作系统结合紧密的优点,很适于应用系统的开发,本书就是以 Visual Basic 6.0 作为开发环境来介绍程序设计的相关内容。

与面向过程的程序相比,面向对象的程序更清晰易懂,更适于编写大型复杂的程序。面向对象的高级语言已成为当今程序设计的主流语言,属于第三代语言(3GL)。

4. 第四代语言

第四代语言(4GL)出现于 20 世纪 80 年代,具有界面友好、简单易学、非过程化程度高、面向问题等特点。4GL 是按计算机科学理论指导设计出来的结构化语言,如 ADA、MODULA - 2、SMALLTALK - 80 等。严格地讲,4GL 并不只是语言,还是交互式程序设计环境。

4GL 以数据库管理系统所提供的功能为核心,进一步构造了开发高层软件系统的良好用户环境,如报表生成、多窗口表格设计、菜单生成系统、图形图像处理系统及决策支持系统等。4GL 提供了功能强大的非过程化问题定义手段,用户只需告知系统“做什么”,而不需说明“怎么做”,因此可大大提高软件生产效率,缩短软件开发周期。

4GL 可分为查询语言与报表生成器、应用生成器、图形语言、可执行规格说明语言等 4 类。它们的代表性软件系统分别有:SQL、ADF;PowerBuilder、Oracle、Informix - 4GL、Fox-Pro、NATURAL、FOCUS、RAMIS、MAPPER、UFO、NOMAD、SAS、MANTIS、IDEAL、LINC、FORMAL、SQL Windows、NPL、SPECINT 等。

1.2 程序设计方法与过程

程序设计的实质是将人工求解问题的过程转换成计算机的算法语言源程序。为了设计具有可靠、易读、高效、可维护等特点的程序,需采用科学的程序设计方法。根据思维方式的不同,程序设计方法分为面向过程的结构化程序设计方法和面向对象的程序设计方法。

本节将结合实例,介绍结构化程序设计方法和面向对象程序设计方法,并给出程序设计的一般步骤。

1.2.1 结构化程序设计

结构化程序设计,是为解决最初程序结构比较随意、程序难读懂的问题而提出的一种程序设计方法。它强调程序设计的风格和规范化,提倡清晰的程序结构。

结构化程序设计的概念最早由荷兰科学家艾兹格·迪科斯彻(E. W. Dijkstra)提出,1965年他在一次会议上指出:程序的质量与程序中包含的 GOTO 语句的数量成反比;如果程序中 GOTO 语句数量过多,则会严重破坏程序的可理解性和可维护性,人们难以读懂和修改这样的程序;应尽量少地使用 GOTO 语句,甚至可将它从高级语言中取消。

1966 年,科拉多·伯姆(Corrado. Bohm)和朱塞佩·贾可皮尼(Giuseppe. Jacopini)证明了只用顺序、选择和循环 3 种基本控制结构就能实现任何单入口、单出口的程序,这为结构化程序设计方法的产生奠定了理论基础。

1. 结构化程序设计的原则

结构化程序设计方法引入了工程思想和结构化思想,使大型软件的开发和编程得到极大改善。其主要原则可概括为:自顶向下、逐步求精、模块化。

(1)自顶向下。设计程序时应先从最上层总目标开始,逐步使问题具体化。即先考虑总体,后考虑细节;先考虑全局目标,后考虑局部目标。

(2)逐步求精。对复杂的问题,应设计一些子目标作为过渡,逐步细化。

(3)模块化。把程序要解决的总目标分解为若干分目标,再进一步分解为具体的小目标,把每个小目标称为一个模块。

【例 1.1】输入一个班所有学生的"计算机基础"课程的成绩,求最高分、平均分和不及格学生所占的比例并输出。

◆解题分析:按"自顶向下,逐步求精"的原则,首先须获得所有学生的成绩,然后进行成绩统计,最后输出统计结果。其中,成绩统计包括求最高分、平均分和不及格学生所占的比例。计算平均分可分解为计算总分和统计班级总人数两个子任务;计算不及格学生比例可分解为计算不及格学生数和统计班级总人数两个子任务。该问题自顶向下的功能分解结果,可用图 1-3 表示。

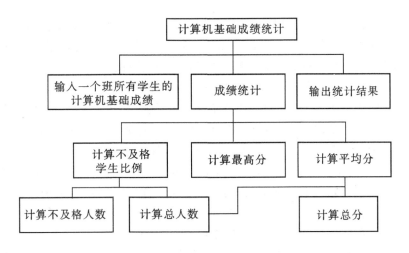

图 1-3　自顶向下功能分解图

2. 结构化程序设计的基本结构

采用结构化程序设计方法编写的程序,具有结构良好、易读、易理解、易维护等特点。结构化程序设计仅仅使用顺序、选择和循环等三种基本控制结构。

1)顺序结构

顺序结构是最简单的一种结构,计算机在执行顺序结构的程序时,按语句出现的先后顺序执行。在如图 1-4(a)所示的顺序结构中,计算机先执行 A 操作,再执行 B 操作。

2)选择结构

当程序需要根据某种条件的成立与否有选择地执行一些操作时,应使用选择结构。这种结构包含一个判断框,根据给定的判定条件,从两个分支路径中选择执行其中的一个。从图 1-4(b)中可以看出,无论执行哪一个分支路径,程序都要通过汇合点 b。这个 b 点是选择结构的出口点。

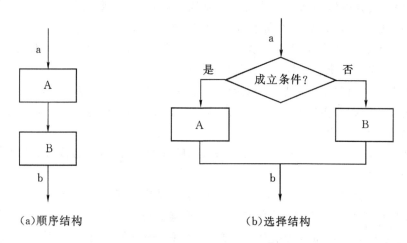

(a)顺序结构　　　　　　　　　　　(b)选择结构

图 1-4　顺序结构与选择结构流程图

3)循环结构

循环结构用于描述重复执行一些相同或相似的操作。要使计算机能够正确地完成循环操作,就必须使循环在执行有限次数后退出。因此,循环的执行要在一定的条件下进行。根据循环条件的位置不同,循环结构分为“当循环”和“直到循环”两种。

(1)当循环:当循环的流程如图 1-5(a)所示。程序从 a 点进入循环,首先判断循环条件是否成立,如果成立则执行 A 操作;之后再次判断条件是否成立,若仍然成立,则再执行 A 操作,如此反复,直到某次循环条件不成立而不再执行 A 操作,而是从 b 点退出循环。显然,进入当循环后,如果一开始条件就不成立,则 A 操作一次都不执行。

(2)直到循环:直到循环的流程如图 1-5(b)所示。程序从 a 点进入循环,执行 A 操作后判断退出条件是否成立,如果不成立则再次执行 A 操作并再次判断退出条件是否成立,若仍然不成立,则再次执行 A 操作,如此反复,直到某次退出条件成立不再执行 A 操作,而是从 b 点退出循环。显然,在进入直到循环后,A 操作至少执行一次。

顺序、选择和循环三种基本结构有一些共同的特点:只有一个入口;只有一个出口;基本结构中的每一部分都有机会被执行。也就是说,对每一个框来说,都应当有一条从入口到出口的路径通过它。**注意**:循环结构内不能存在“死循环”(即无终止的循环)。

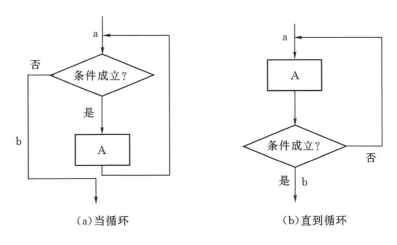

(a)当循环　　　　　　　　　　　(b)直到循环

图 1-5　循环结构流程图

3. 程序设计的应用

初学者往往把程序设计理解为简单的编制一个程序。实际上,程序设计包括多方面的内容,而编制程序只是其中一个方面。下面结合例子,简要说明如何使用结构化程序设计方法进行程序设计。

【**例 1.2**】假如汽车 1 的极限行驶速度为 60 km/h,每百公里油耗为 5 L;汽车 2 的极限行驶速度为 80 km/h,每百公里油耗为 7 L。若 A、B 两地相距 240 km,两车都以极限速度行驶,求两车由 A 地行驶到 B 地分别需要的时间和耗油量。要求使用结构化程序设计方法。

◆解题分析:

(1)根据"自顶向下,逐步求精"的原则,将问题分解为如图 1-6 所示的 4 个过程。

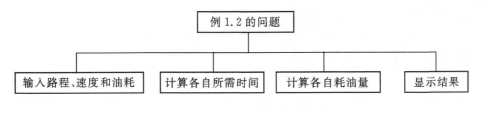

图 1-6　问题分解

第 1 个过程:输入路程和汽车 1、汽车 2 速度的值。

第 2 个过程:时间 1＝路程/速度 1,时间 2＝路程/速度 2。

第 3 个过程:耗油量 1＝路程/100 * 百公里油耗 1,耗油量 2＝路程/100 * 百公里油耗 2。

第 4 个过程:显示结果。

这个例子比较简单,经过第一轮的分解,各过程的任务已很具体、明确,因此不必再分。对于复杂问题,可在第一轮分解的基础上继续分解,直到不需再分为止。

(2)采用 3 种基本控制结构编写程序,用伪代码表示如下。

```
BEGIN                                    / * 程序开始 * /
    Input Distance = 240                 / * 输入路程 Distance * /
```

```
        Input Speed1 = 60
        Input Speed2 = 80                    / * 输入速度 Speed * /
        Input FuelEco1 = 5
        Input FuelEco2 = 7                    / * 输入百公里油耗 FuelEco * /
        Time1 = Distance / Speed1            / * 计算汽车 1 所需要的时间 Time1 * /
        Time2 = Distance / Speed2            / * 计算汽车 2 所需要的时间 Time2 * /
        FuelNeed1 = Distance/100 * FuelEco1  / * 计算汽车 1 所需要的时间
                                                 Time1 * /
        FuelNeed2 = Distance/100 * FuelEco2  / * 计算汽车 2 所需要的时间
                                                 Time2 * /
        Output Time1,Time2,FuelEco1,FuelEco2 / * 显示结果 * /
    END                                      / * 程序结束 * /
```

1.2.2 面向对象程序设计

尽管结构化程序设计方法已得到广泛使用,但它是面向过程的,当程序较复杂时,容易出错且难以维护。目前,结构化程序设计方法已不能满足现代软件开发的要求,取而代之的是面向对象的程序设计(Object-Oriented Programming,OOP)。

1. 面向对象程序设计概述

面向对象的程序设计方法是 20 世纪 80 年代初出现的。采用面向对象的方法解决问题,是将复杂系统抽象为一个个"对象",以"对象"为思考问题的出发点,涉及哪个对象的功能,便由哪个对象自己去处理;不同对象之间通过消息或事件发生联系,各对象依据接收到的消息或事件进行工作。目前,这种"对象+消息"的面向对象的程序设计模式有取代"数据结构+算法"的面向过程的程序设计模式的趋向。

面向对象的程序设计有如下优势:

(1)符合人们的思维习惯,便于分析复杂而多变化的问题。

(2)易于软件的维护和功能的扩展。

(3)可重用性好,能用继承的方式减少程序开发所花的时间。

(4)与可视化技术相结合,改善了工作界面。

2. 面向对象程序设计的基本概念

关于面向对象程序设计方法,人们对其概念有许多不同的看法和定义,但都涵盖了对象及其属性、方法,以及类和实例等几个基本要素。

1)对象

对象(Object)是面向对象程序设计方法中最基本的概念。对象是现实世界中可以独立存在、可以区分的实体,也可以是一些概念上的实体。例如,一本书、一个人、一所学校,甚至一个地球,这些都是对象。还有一些抽象事件,例如一次演出、一次球赛、一次借书等,也都可以看作是对象。这些实体和抽象事件通常都既有静态的属性,又有动态的行为(即"方法")。对象是将描述这些实体属性的数据及施加其上的所有操作封装在一起所构成的统一体。

例如,一辆汽车是一个对象,其属性包括颜色、型号、载重量、极限速度、油耗等,其方法包括启动、刹车等;一个窗口也是一个对象,其属性包括大小、颜色、位置等,其方法包括打开、关闭等。

2）类和实例

类（Class）是具有共同属性和共同方法的对象的集合，是同类对象的抽象，它描述了属于该对象类型的所有对象的性质，而一个对象则是其对应类的一个实例（Instance）。

要注意的是，当使用"对象"这个术语时，既可以指一个具体的对象，也可以泛指一般的对象，但使用"实例"这个术语时，必然是指一个具体的对象。例如，Integer 是一个整型类，它描述了所有整数的性质。因此，任何整数都是整数类的对象，而一个具体的整数 123 则是 Integer 类的一个实例。

类是关于对象性质的描述，它同对象一样，包括一组数据属性和作用于数据上的合法操作。例如，窗体中有 3 个圆，一个是半径为 3 cm 的红色圆，一个是半径为 4 cm 的绿色圆，一个是半径为 1 cm 的黄色圆，它们的位置、半径和颜色均不相同，可看成是 3 个不同的对象，但由于它们都有相同的属性（圆心坐标、半径、颜色）和操作（显示自己、放大或缩小半径、在屏幕上移动位置等），因此是同一类事物，可用 Circle 类来定义。

3. 面向对象程序设计的特点

面向对象程序设计具有封装、继承和多态性等特点。

1）封装

封装（Encapsulation）是把对象的属性和操作结合成一个独立的系统单位，并尽可能隐藏对象的内部细节。封装是一种信息隐藏技术，目的是将对象的使用者和对象的设计者分开，用户只能看到对象封装界面上的信息，不必知道实现的细节。封装可降低开发过程的复杂性，提高效率和质量，也能保证程序中数据的完整性和安全性。

2）继承

继承（Inheritance）是表示类之间相似性的机制，可以从一个类生成另一个类。子类（也称派生类）继承了父类和祖先类的数据和操作。例如，把"车"抽象为一个类，则"汽车""摩托车""自行车"都继承了"车"的性质，因而是"车"的子类。父类是所有子类的公共属性的集合，而子类则是父类的一种特殊化，可增加新的属性和操作。使用继承的主要优点是提高软件复用性、降低编码和维护的工作量。

3）多态性

多态性（Polymorphism）是指同样的消息被不同的对象接受而产生完全不同的行为。例如，"启动"是"车"类都具有的操作，如"汽车"的"启动"是"发动机点火—启动引擎"，而"自行车"的"启动"是踩脚踏板。多态的特点可大大提高程序的抽象程度和简洁性，降低类和模块之间的耦合性，有利于程序的开发和维护。

4. 面向对象程序设计的应用

采用面向对象技术的开发过程一般分为面向对象分析（Object-Oriented Analyzing，OOA）、面向对象设计（Object-Oriented Designing，OOD）和面向对象编程（Object-Oriented Programming，OOP）三个阶段。下面结合实例，简要说明面向对象的程序设计方法。

【例 1.3】用面向对象程序设计方法编程实现例 1.2 的问题求解。

◆解题分析：根据面向对象程序设计的思想，汽车 1 和汽车 2 都是对象，具有多种属性和方法，同属于"汽车"这个类。本例用到"汽车"类的"极限速度"和"百公里油耗"这两个属性以及"计算行驶时间"和"计算耗油量"这两种方法。设计程序可分如下两步。

(1)设计"Car"类,该类有两个属性和两种方法,见表1-1。

表1-1　Car类

属性1	属性2	方法1	方法2
Speed	FuelEco	Time()＝Distance / Speed	FuelNeed()＝Distance / 100 ＊ FuelEco

(2)将"Car"类实例化为"Car1"和"Car2",分别计算其行驶时间。

```
Public Distance = 240          /＊输入行驶距离＊/
Car1 = New Car                 /＊实例化"汽车1"＊/
Car1. Speed = 60               /＊为"汽车1"的属性赋值＊/
Car1. FuelEco = 5
Time1 = Car1. Time()           /＊调用"汽车1"的Time方法计算汽车1所需时间＊/
FuelNeed1 = Car1. FuelNeed()   /＊调用"汽车1"的FuelNeed方法计算汽车1耗油量＊/
Car2 = New Car                 /＊实例化"汽车2"＊/
Car2. Speed = 80               /＊为"汽车2"的属性赋值＊/
Car2. FuelEco = 7
Time2 = Car2. Time()           /＊调用"汽车2"的Time方法计算汽车2所需时间＊/
FuelNeed1 = Car2. FuelNeed()   /＊调用"汽车2"的FuelNeed方法计算汽车2耗油量＊/
Print Time1,Time2,FuelNeed1,FuelNeed2    /＊显示结果＊/
```

对比两种程序设计方法,结构化设计方法把数据和处理数据的计算全部放在一起,当功能复杂之后,就会显得很混乱,且容易产生很多重复的代码。而面向对象设计方法,把一类数据和处理这类数据的方法封装在一个类中,让程序的结构更清晰,不同的功能之间相互独立,更有利于进行程序的模块化设计。

1.2.3　程序设计的一般过程

一般来说,程序设计可以分为以下6个步骤。

(1)问题分析。程序设计面临的首要任务是得到问题完整和确定的定义,确定程序的输入、输出内容和格式。

(2)算法设计。算法设计即制定出计算机运算的全部步骤。确定算法是计算机程序设计的一个重点。

(3)流程的描述。算法确定后,根据算法的描述绘制出算法流程图。

(4)程序编写。选择一种计算机语言,以程序的形式将算法描述出来。

(5)程序的运行、调试。完成源代码的编制后要上机运行程序,以发现程序中隐藏的语法或逻辑错误并予以纠正。调试过程中,要用各种可能的输入数据对程序进行测试和分析,对不合理的数据进行适当的处理,直至获得预期的结果。

(6)文档整理。写出一份技术报告或程序说明书,包括题目、任务要求、原始数据、数据结构、算法、程序清单、运行结果、所用计算机系统配置、使用的编程方法及工具、操作说明等,以便作为资料交流或保存。

1.3　算法

本节将介绍算法的基本概念以及算法的 5 种表示方法,阐述基本的算法设计思想,举例说明一些常用的算法及应用。

1.3.1　算法概述

算法是一组有穷的规则,规定了解决某一特定类型问题的一系列运算,是对解题方案准确、完整的描述。算法依赖于数据的存储结构,其执行效率与数据结构的优劣有很大关系。

1. 算法的基本特征

算法具有确定性、可行性、有穷性、输入和输出等 5 个基本特征。

(1)确定性。算法的每一种运算必须有确定的意义。

(2)可行性。算法的每一步操作都必须是可行的,即每步操作均能在有限时间内完成。

(3)有穷性。算法在执行了有限条指令后一定要终止。

(4)输入。一个算法有 0 到多个输入,在运算开始之前要给出所需数据的初值。

(5)输出。一个算法产生一个或多个输出,输出是同输入有某种特定关系的量。

2. 算法的基本要素

算法的基本要素包括对数据的运算、操作及其控制结构。

(1)对数据的运算与操作。计算机系统中基本的运算和操作包括以下 4 类。

①算术运算:主要包括加、减、乘、除等运算。

②逻辑运算:主要包括"与""或""非"等运算。

③关系运算:主要包括"大于""小于""等于""不等于"等运算。

④数据传输:主要包括赋值、输入、输出等操作。

(2)算法的控制结构。一个算法的功能不仅取决于所选用的操作,还与各操作的执行顺序有关,这个执行顺序称为算法的控制结构。算法的控制结构给出了算法的基本框架。一个算法一般由顺序、选择、循环这三种基本控制结构组合而成。

1.3.2　算法的表示

一个算法可采用不同的形式表示或描述,以便交流和阅读。一般情况下,算法可通过自然语言、传统流程图、N-S流程图、伪代码,以及计算机语言等方式来描述。其中,用计算机语言描述的算法即为程序。

1. 自然语言

自然语言就是人们日常使用的语言,可以是汉语、英语或其他语言。用自然语言描述算法具有通俗易懂的优点,但也有如下一些缺点。

(1)描述较繁琐。往往要用一段繁琐的文字才能说清楚所要进行的操作。

(2)易出现"歧义性"。自然语言不太严格,往往要根据上下文才能正确判断算法的含义。

(3)有一定的局限性。用自然语言来描述顺序执行的步骤尚可,但对于算法中包含的判断和转移情况,则不容易描述。

【例1.4】用自然语言描述求解5!。

步骤1:给变量t赋初值1,给计数器i赋初值2。

步骤2:进行一次累乘,将乘积赋给t,即$t \times i \rightarrow t$。

步骤3:计数器加1,即$i+1 \rightarrow i$。

步骤4:判断i是否大于5,是则往下执行,否则执行步骤2。

步骤5:输出t的值,即5!的最终结果。

2.传统流程图

传统流程图是用一些框图、流程线以及文字说明来描述算法的一种方法,具有直观、形象、容易理解的特点。美国国家标准化协会(American National Standard Institute,ANSI)规定了一些常用的流程图符号,如图1-7所示。例1.4中求解5!的过程可用如图1-8所示的流程图来描述。

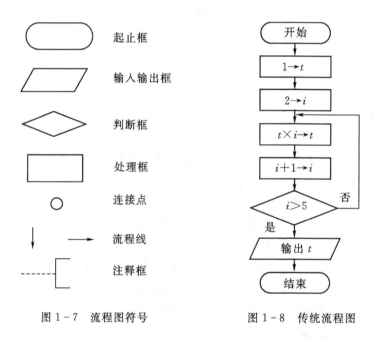

图1-7 流程图符号   图1-8 传统流程图

传统流程图用流程线指出执行顺序,对流程线虽没有严格的限制,但不允许无规律地使流程转向。流程的跳转只能发生在顺序、选择、循环三种基本结构内,而不能发生在各结构之间,这就是结构化程序设计的思想。

3.N-S流程图

随着结构化程序设计的兴起,1973年美国学者纳西(I. Nassi)和施内德曼(B. Shneiderman)共同提出了称为N-S流程图的算法表示形式。N-S图中去掉了传统流程图中带箭头的流向线,全部算法以一个大的矩形框表示,该框内还可以包含一些从属于它的小矩形框。N-S图简化了控制流向,更适于结构化程序设计。图1-9表示了结构化程序设计的三种基本结构(顺序、选择和循环)的N-S图。

N-S流程图具有如下明显的优点。

(1)功能明确,即图中的每个矩形框所代表的特定作用域可以明确地分辨出来。

(2)保证程序整体是结构化的,保证程序结构具有单一的入口和出口。

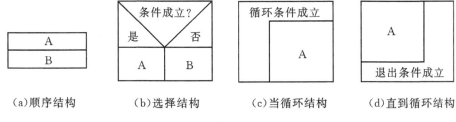

（a）顺序结构　　　（b）选择结构　　　（c）当循环结构　　　（d）直到循环结构

图 1-9 三种控制结构的 N-S 流程图

（3）容易实现和表示嵌套结构。

例如，例 1.4 的算法可以用如图 1-10 所示的 N-S 图来表示。

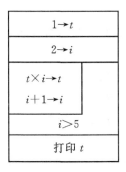

图 1-10　例 1.4 的 N-S 图

4.伪代码

伪代码是一种介于自然语言与程序设计语言之间，既具有自然语言的灵活性，又接近于程序设计语言的描述方法。用伪代码所描述的算法一般不能直接作为程序来执行，需转换成用某种程序设计语言所描述的程序。伪代码描述算法无固定和严格的语法规则，只要便于书写和阅读就行。

例如，例 1.4 的算法可用伪代码描述如下。

```
BEGIN
    Input t = 1, i = 2
    Repeat
        t = t ×i
        i = i + 1
    Until i ＞ 5
    Output t
END
```

5.计算机语言

计算机无法识别自然语言、流程图和伪代码。要使计算机解题，就要用计算机语言描述算法。只有用计算机语言编写的程序（当然还要编译成可执行的目标程序）才能被识别和执行。

例如，例 1.4 算法的流程用 Visual Basic 语言描述如下。

```
Public Sub Conduct( )
```

```
Dim t As Integer, i As Integer
t = 1
i = 2
Do
    t = t * i
    i = i + 1
Loop Until i > 5
Print "The value of 5! is"; t
End Sub
```

1.3.3 常用算法及应用

算法是解决实际问题的基本思想,是计算机程序设计的灵魂,也是程序设计时需要最先考虑的。掌握算法是设计正确、高效程序的基础。

常用的基本算法有变量交换、求最值、穷举,以及查找、排序、字符串操作等;进阶算法有递推法、递归法、回溯法、贪心法、分治法等。这里主要介绍其中较为基本的几种,对于其他算法,有兴趣的读者可自行查阅本书后续内容或其他相关书籍。

1.变量值的交换

变量是在程序执行过程中数值会发生变化的量,常被用来存放数据。每个变量代表计算机中的一个存储单元,通过对变量值的各种操作,可以实现对内存数据的操作。而其中最基本最常用的操作就是变量值的交换。

交换问题在现实生活中广泛存在。两个人交换座位,只要各自去坐对方的座位就行了,这属于直接交换。一瓶酒和一瓶醋互换,就不能直接从一个瓶子倒入另一个瓶子,而必须借助一个空瓶子。先把酒倒入空瓶,再把醋倒入已腾空的酒瓶,最后把原空瓶中的酒倒入刚刚腾空的醋瓶。这种酒和醋的交换属于间接交换。

【例 1.5】交换 x 和 y 这两个相同类型的变量的值。

◆解题分析:计算机程序是按照一定顺序执行的,如果使用直接交换,即先将 x 的值存入 y 中,再将 y 的数据存入 x 中,显然是无法达到目的的,因为执行完第一步后,y 的值已经被 x 覆盖,执行第二步毫无意义。因此,在计算机中交换两个变量的值,必须采用间接交换法,借助中间变量 t(相当于空瓶子)来实现,如图 1-11 所示。

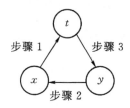

图 1-11 交换算法示意图

具体实施步骤如下。

步骤 1:将 x 值存入中间变量 t 中,即 $x \rightarrow t$。

步骤 2:将 y 值存入变量 x 中,即 $y \rightarrow x$。

步骤 3：将中间变量 t 的值存入 y 中，即 $t \to y$。

该算法过程可用图 1-12 所示流程图表示。

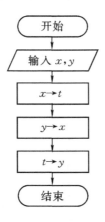

图 1-12　例 1.5 的流程图

同理，多个变量交换也可以通过中间变量 t 实现，处理步骤与两个变量类似。变量值交换是很多算法（如排序和数组操作）的基础，使用频率非常高。

2. 求最值

求最值也是常用的算法，是很多复杂算法的基本组成。最大值与最小值的求法一致，这里以求最大值为例。要在若干个数中求最大值，不妨先取第一个数作为初值放入结果变量 max 中，然后与后一个数比较，若后者较大，则将其赋给 max，如此继续与后一个数比较，最终使 max 中的数成为最大数。

【例 1.6】 输入 10 个正整数，找出其中最大的数。

◆解题分析：根据求最大值的算法，先将一个正整数 x 存入 max 变量作为初值，另设一变量 i 作为计数器，每比较一次其值加 1。再输入第二个正整数，与 max 的值比较，较大的值存入 max，…。经过 9 次比较后，max 的值即为 10 个数中最大的数。具体步骤如下。

步骤 1：输入一个正整数 x，放入 max 中。

步骤 2：用 i 统计比较次数，其初值置为 1。

步骤 3：判断 i 是否小于 10，若是则往下执行，否则执行步骤 8。

步骤 4：输入下一个正整数，放入 x 变量。

步骤 5：比较 x 和 max 中的数，若 $x > $ max，则将 x 的值送给 max，否则 max 值不变。

步骤 6：计数加 1，即 $i+1 \to i$。

步骤 7：返回步骤 3。

步骤 8：输出 max 的值。

该算法过程可用图 1-13 所示流程图表示。

3. 累加与累乘

累加与累乘分别是指在某个值的基础上依次连续加上或乘以一些数，是常用的算法。在计算机中，通常使用循环结构实现累加或累乘。计算过程中使用一个变量来存放每次运算的结果，当循环结束时，该变量的值即为累加或累乘的结果。

例如，例 1.4 中求 5! 的过程采用的就是累乘算法。

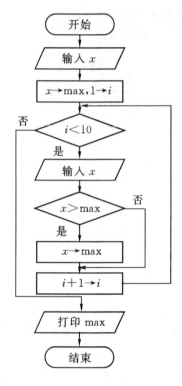

图 1-13　例 1.6 的流程图

4. 穷举法

穷举法也称为枚举法或试凑法,也是程序设计中常用的一种算法。它的解题思路是,在找不到解决问题的一般规律时,将所有可能的解逐一进行检验,从而得到所有符合条件的解。穷举法常用于解决"是否存在""有多少种可能"等类型的问题。

穷举法主要通过循环结构实现,其优点是算法比较简单,但缺点也很明显。当列举的可能情况较多时,计算工作量会很大,程序的执行速度相对较慢。因此,在设计穷举算法时,应尽量优化方案,以减少运算量。

【例 1.7】找出公元 1000 年到公元 2000 年中所有的闰年。

◆解题分析:闰年的计算方法是:年份能被 4 整除,且不能被 100 整除的是闰年;能被 4 和 100 整除,又能被 400 整除的是闰年。即通常所说的"四年一闰,百年不闰,四百年再闰"。该问题可用穷举法在 1000～2000 之间逐一判断。算法流程图如图 1-14 所示。

【例 1.8】判断整数 m 是否为素数。

◆解题分析:素数又叫质数,是指除了 1 和自身之外,不能被任何整数整除的数。判别 m 是否为素数的算法是:用 2 至 $m-1$ 之间的整数依次去除 m,只要有一个数能整除 m,则说明 m 不是素数,否则 m 是素数。这个过程也就是在 2 至 $m-1$ 中寻找是否有 m 的因子的过程,可通过循环和选择结构实现。

◆解题步骤:

步骤 1:给因数变量 i 赋初值为 2。

步骤 2:判断 i 是否小于 m,若是则往下执行,否则输出"m 是素数"并结束。

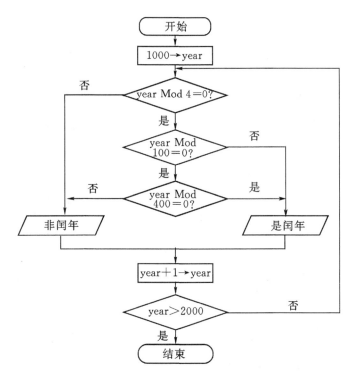

图 1-14　例 1.7 的流程图

步骤 3:判断 m 是否能被 i 整除,若是则输出"m 非素数"并结束,否则往下执行。

步骤 4:i 加 1,即 $i+1 \to i$。

步骤 5:执行步骤 2。

该算法过程可用图 1-15 所示流程图表示。

此种算法虽然比较简单,但如果 m 过大,则程序的执行时间会因循环次数过多而加长,此时,可对算法稍加改进。显然,m 是否为素数,只需测试 $m/2$ 以下是否有真因子即可。因此可将步骤 2 中的判断条件改为 i 是否小于 $m/2$。这样在不影响结果的前提下,减少了程序的循环次数和执行时间(实际上,用 $\sqrt{m}$ 代替 $m/2$ 的效果更好)。

6.递推法

递推法又称迭代法,是利用问题本身所具有的一种递推关系来求解的方法,其基本思想是把一个复杂的计算过程转化为简单过程的多次重复。能采用递推法构造算法的问题有重要的递推性质,即在求解过程中,某一步要用到它自身的上一步(或上几步)的解,前一个(或前几个)状态和后一个状态间存在着一定的函数关系。这样,程序可从第一步出发,根据递推规律,获得需要的解。递推法的关键在于找到正确的递推规律,然后使用循环语句或函数的调用来实现。

【例 1.9】输出斐波那契数列的前 20 项。

◆解题分析:斐波那契数列的形式是:1,1,2,3,5,8,13,……,其发明者是意大利数学家列昂纳多·斐波那契(Leonardo Fibonacci)。该数列的规律是从第 3 项开始,每一项都等于前两项之和。求斐波那契数列项是典型的递推问题,从第 3 项开始,每一项都与其前两项存在着 $F_n = F_{n-2} + F_{n-1}$ 的递推关系。

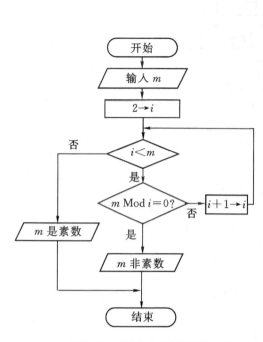

图 1-15 例 1.8 的流程图

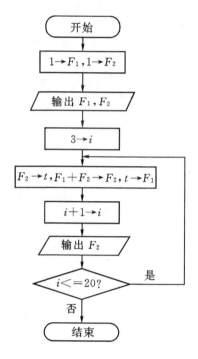

图 1-16 例 1.9 的流程图

◆解题步骤:

步骤 1:将 F_1 和 F_2 的初值赋为 1 并输出,计数器 i 赋初值 3。

步骤 2:计算数列的第 i 项,即 $F_2 \to t, F_1 + F_2 \to F_2, t \to F_1$。

步骤 3:i 加 1,即 $i+1 \to i$。

步骤 4:输出 F_2。

步骤 5:判断 i 是否小于等于 20,若是则返回步骤 2,否则程序结束。

算法流程图如图 1-16 所示。

习 题 1

一、填空题

1.一个程序通常包括两方面的内容,一方面是对数据的描述,即_____;另一方面是对操作步骤的描述,即_____。

2.程序设计语言经历了_____、_____、_____三个发展阶段。

3.结构化程序设计的 3 种基本逻辑结构为顺序、选择和_____。

4.结构化程序设计的主要原则有_____、_____和模块化。

5.面向对象程序设计具有_____、_____和_____等特点。

6.类(Class)是具有共同属性和共同_____的对象的集合,是同类对象的抽象。而一个对象则是其所属的一个_____。

7.算法具有确定性、_____、_____、输入和输出等五个基本特征。

8.常用的算法可通过自然语言、_____、_____、_____和计算机语言等来描述。

二、选择题

1.下列选项中,属于计算机软件的是_____。

　　A.软盘　　　　　　　　　　　　　B.磁带

　　C.程序设计人员的设计思路　　　　D.存储在磁盘中的程序及相关文档

2.下列不属于计算机程序内容的是_____。

　　A.算法　　　　　　　　　　　　　B.软件说明文档

　　C.面向对象语言　　　　　　　　　D.数据结构

3.20 世纪 60 年代,由 Dijkstra 提出的用来增加程序设计效率和质量的方法是_____。

　　A.模块化程序设计　　　　　　　　B.结构化程序设计

　　C.标准化程序设计　　　　　　　　D.并行化程序设计

4.程序调试的目的是_____。

　　A.证明程序的正确性　　　　　　　B.找出程序中存在的所有错误

　　C.证明程序中存在错误　　　　　　D.尽可能多地发现并纠正程序中的错误

5.下面选项中,不是结构化程序设计特点的是_____。

　　A.使用模块化的设计思想　　　　　B.自顶向下完成程序设计

　　C.可重用性好　　　　　　　　　　D.具有良好易读性的程序结构

6.下面不属于面向对象程序设计语言的是_____。

　　A.PASCAL　　　　B.C#　　　　　C.Java　　　　　D. Visual Basic

7.下面对"对象"这一概念描述错误的是_____。

　　A.任何对象都必须有继承性　　　　B.对象是属性和方法的封装体

　　C.对象间的通信靠消息传递　　　　D.操作是对象的动态属性

8.面向对象程序设计的优点不包括_____。

　　A.可重用性好,继承的方式减少了程序开发的时间

　　B.易于软件的维护和功能的扩展

　　C.采用了"数据结构＋算法"的设计方法

　　D.符合人们的思维习惯,便于分析问题和建立模型

9.下面事物中,不属于"计算机"类对象的是_____。

　　A.笔记本电脑　　　B.服务器　　　　C.平板电脑　　　D. Windows 7

10.不是"智能手机"对象属性的是_____。

　　A.电池容量　　　　B.上网　　　　　C.屏幕尺寸　　　D.操作系统

11.下面对传统流程图的表述不正确的是_____。

　　A.使用几种常用的框图表示算法

　　B.有三种常用的结构

　　C.流程线代表程序执行的顺序

　　D."当"与"直到"循环结构可以互换

三、简答题

1.什么是程序？什么是程序设计？

2.结构化程序设计的三种基本结构是什么？画出相应的流程图。

3.结构化程序设计方法和面向对象程序设计方法各有何特点？

4.算法的描述方法有哪些？各有什么优缺点？

5.根据图 1-14,写出例 1.7 的解题步骤。

第 2 章　Visual Basic 概述

Visual Basic 是 Microsoft 公司开发的一种可视化的、面向对象和采用事件驱动方式的高级程序设计语言,可用于开发 Windows 环境下的各类应用程序。Visual Basic 自产生以来,经过了不断的完善和发展,也产生过多个版本,深为广大软件开发者所喜爱。本书以 Visual Basic 6.0 为开发平台,向读者介绍程序设计基础知识及 Windows 应用程序开发技术。

本章将简要介绍 Visual Basic 的发展史、特点以及 Visual Basic 6.0 版的集成开发环境,并通过一个短小而完整的程序来说明 Visual Basic 应用程序的结构和开发步骤。

2.1　Visual Basic 的版本及特点

自 1991 年 Visual Basic 1.0 诞生以来,Visual Basic 的功能得到了不断加强和完善,因而也产生了 Visual Basic 的多个版本。本节主要介绍 Visual Basic 的各个版本及 Visual Basic 的特点。

2.1.1　Visual Basic 的版本

Visual Basic 是随着 Windows 3.0 操作系统的推出而产生的。它的最早版本是 1991 年推出的 Visual Basic 1.0 版,1992 年 11 月推出了 Visual Basic 2.0 版本,1993 年 5 月推出了 Visual Basic 3.0 版,1995 年 9 月推出了 Visual Basic 4.0 版,1997 年 3 月推出了 Visual Basic 5.0 版,1998 年 6 月推出了 Visual Basic 6.0 版。从 2002 年开始,Microsoft 公司将 Visual Basic 与.NET Framework 结合而成为 Visual Basic .NET(VB.NET),将 Visual Basic 推向一个新的高度。最新版本 Visual Basic 2015 也带来了许多令人愉悦的新功能。

2.1.2　Visual Basic 的特点

Visual Basic 是由早期的 BASIC 语言发展而来的,但绝不能简单地认为它只是 BASIC 的升级。因为在 Visual Basic 中,不仅实现了可视化的程序设计方法,更重要的是它采用了面向对象的程序设计技术和 ActiveX 等技术,使得 Visual Basic 成为了一种全新的程序设计语言。不论对专业人员还是初学者来说,Visual Basic 都提供了整套的开发工具,可以说它是开发 Windows 应用程序最迅速、最简捷的工具。Visual Basic 有如下主要特点。

(1)Visual Basic 是可视化的、面向对象的高级程序设计语言。它拥有图形用户界面 (GUI)和快速应用程序开发(RAD)系统,开发过程"所见即所得"。使用面向对象程序设计方法,程序员可依照自己的意图创建对象,并将待处理的问题映射到每个对象上。面向对象的三大特点是"封装""继承"和"多态",这是一种先进的程序设计方法。

(2)Visual Basic 采用了事件驱动的编程技术。用 Visual Basic 开发的应用程序,各模块的代码并不是按照预定的顺序执行的,而是在响应不同的事件时来选择执行的。这些事件可由用户操作(如按某一命令按钮)触发,也可由操作系统和应用程序所发的消息触发,这非常有利于程序员设计出人机界面非常友好的应用程序。

（3）Visual Basic 具有丰富的系统接口。Visual Basic 的功能强大，可与 Windows 专业开发工具 SDK 相媲美。可使用 Windows 提供的广泛应用程序接口（API）函数，以及动态链接库（DLL）、对象的链接与嵌入（OLE）等技术，可轻易地使用 DAO、RDO、ADO 连接数据库，或轻松创建 ActiveX 控件，来高效地开发功能强大、界面丰富的 Windows 应用软件系统。

（4）Visual Basic 简单易学、编程效率高。无论从任何标准来说，Visual Basic 都是世界上使用人数最多的语言。在设计界面时，程序员甚至不需要编写任何代码，而只将所需控件（如命令按钮、文本框等）用鼠标拖放到窗口的指定位置即可，编程效率极高。

2.2　Visual Basic 6.0 开发环境

Visual Basic 6.0 集成开发环境（Integrated Development Environment，IDE）是提供设计、编辑、测试、编译等应用程序所需的多种功能和工具的一个集成环境。这些工具相互协调，使用便利，大大减轻了应用程序的开发难度。

2.2.1　Visual Basic 6.0 的启动

正确安装 Visual Basic 6.0 后（安装非常简单，在此不再赘述），就会在"开始"/"程序"里看到 Visual Basic 的程序项。单击 Windows 桌面左下角的"开始"按钮，再选择"程序"/"Microsoft Visual Basic 6.0 中文版"/"Microsoft Visual Basic 6.0 中文版"，即可启动 Visual Basic 6.0 集成开发环境。成功启动后，屏幕上将出现"新建工程"对话框，如图 2-1 所示。

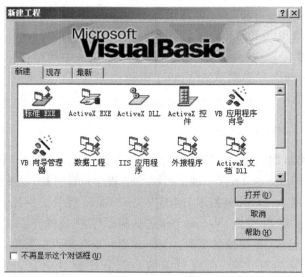

图 2-1　"新建工程"对话框

选择新建"标准 EXE"，单击"打开"按钮，即可打开如图 2-2 所示的 Visual Basic 6.0 集成开发环境。

标题栏　菜单栏　工具栏　工程窗口　窗体设计器　工程资源管理器

工具箱　　　　　　　　　　　　窗体布局窗口　属性窗口

图 2-2　集成开发环境窗口

2.2.2　Visual Basic 6.0 的界面布局

由图 2-2 可见,Visual Basic 6.0 集成开发环境的布局由标题栏、菜单栏、工具栏、窗体设计器、工程资源管理器、属性窗口、工具箱、窗体布局窗口等组成。

1. 标题栏

标题栏位于窗口顶部,用于显示当前打开的工程名称和状态。在 Visual Basic 6.0 中,工程状态有下面三种。

(1)设计状态:启动 Visual Basic 并建立或打开工程后,标题栏中的显示为"工程 1—Microsoft Visual Basic [设计]"。其中方括号中的"设计"表示当前的工作状态是"设计状态"。

(2)运行状态:标题栏中的显示为"工程 1—Microsoft Visual Basic [运行]"。

(3)中断状态:标题栏中的显示为"工程 1—Microsoft Visual Basic [Break]"。

注意:这里的"工程 1"是应用程序的名字,每个应用程序应该有各自的名字,程序员可根据实际情况来命名和修改。

2. 菜单栏

菜单栏共有 13 个菜单项,包括了 Visual Basic 6.0 所需的命令,其中常用的菜单项和功能有如下几种。

(1)文件:用于工程的新建、添加、移除和保存,以及生成可执行文件等。

(2)编辑:用于文本和代码编辑。

(3)视图:用于显示或隐藏各种窗口和工具栏等。

(4)工程:用于添加窗体或模块以及设置工程的属性。

(5)格式:用于在设计用户界面时调整窗体中控件的位置。

(6)调试:用于调试程序,包括单步执行、设置断点等。

(7)运行:用于运行、中断和停止程序。

3. 工具栏

工具栏中放置了使用较频繁的菜单命令,以便在设计程序时更方便地使用这些命令。工具栏共包括四种:标准工具栏、编辑工具栏、查错工具栏和窗体编辑工具栏。

4. 窗体设计器和代码编辑器

窗体设计器和代码编辑器是用来设计程序外观和编辑程序代码的用户接口。一个应用程序可包括若干个窗体。针对每个窗体,工程窗口中都可包含窗体设计器(图 2-3)和代码编辑器(图 2-4)。

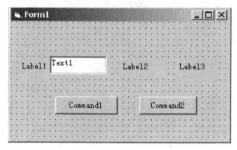

图 2-3 窗体设计器

图 2-4 代码编辑器

窗体设计器用来设计窗体的外观及控件布局。人机交互所需的各种数据,大部分都要通过窗体或窗体中的控件来完成。设计应用程序时,窗体设计器就像是一块画布。在这块画布上,可以布置程序所需要的各种控件,这就完成了程序设计的第一步——界面设计。

代码编辑器用于编写程序代码。所有程序的逻辑代码,都可在这里编辑完成。

5. 工程资源管理器

在工程资源管理器(图 2-5)中,包含一个应用程序所有的文件清单。这些文件可分为如下几类。

（1）工程文件（.vbp）和工程组文件（.vbg）。每个工程对应一个工程文件。当一个程序包含两个以上的工程时，这些工程就构成一个工程组。使用"文件"菜单的"新建工程"命令可以建立一个新的工程。

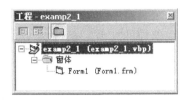

图 2-5　工程资源管理器

（2）窗体文件（.frm）。每个窗体对应一个窗体文件，窗体及其控件的属性和代码信息都存放在该文件中。一个应用程序可以有多个窗体（最多 255 个）。使用"工程"菜单中的"添加窗体"可以增加一个新窗体。

（3）标准模块文件（.bas）。标准模块是一个纯代码性质的文件，由程序代码组成，主要用于声明全局变量和定义一些通用过程。标准模块不属于任何一个窗体，但其中的过程可被任一窗体的程序调用。标准模块可以通过"工程"菜单的"添加模块"命令建立。

（4）类模块文件（.cls）。Visual Basic 提供了大量预定义的类，同时也允许用户通过类模块定义自己的类。每个类都用一个类模块文件来保存。

（5）资源文件（.res）。资源文件是一个纯文本文件，其中存放的是文本、图片、声音等多种资源的文件。

此外，在工程资源管理器窗口的顶部还有 3 个按钮，其中，查看代码按钮用于查看当前文件的代码；查看对象按钮用于查看相应的窗体；切换文件夹按钮用于在各类文件所在的文件夹中切换。

6. 属性窗口

属性窗口用于手工设置控件（含窗体）的属性。属性窗口分为两列，左列显示某对象的属性名称，右列显示相应的属性值，如图 2-6 所示。

图 2-6　"属性"窗口

这里值得说明的是，在编写程序时不提倡使用属性窗口来修改控件的属性值，因为这样做的话程序清单中不会体现出属性的设置情况，不利于阅读和程序的维护。除非有些属性不得不通过手工修改，一般应通过程序代码来修改控件的属性。

7. 工具箱

从图 2-2 可以看出，位于左侧的部分，我们称其为工具箱。工具箱由若干工具图标组成，它们是 Visual Basic 6.0 应用程序的构件，而这些构件被称为控件。

工具箱中的工具分为两类,一类是 Visual Basic 预设的内部控件(在图 2-2 所看到的都是内部控件);另一类称为 ActiveX 控件,这些控件只在需要时通过"工程"/"部件"菜单来加入。

8.窗体布局窗口

窗体布局窗口用于调整应用程序中各个窗体在屏幕中的初始位置及窗体间的相对位置,通过鼠标拖动窗口中屏幕上的窗体模型即可完成。

2.2.3 联机帮助

Visual Basic 具有大量的语法规则、函数定义及函数参数说明等,要想准确地记住它们可不是一件轻而易举的事情。为了给程序员创造一个良好的开发环境,使得程序开发者能够方便、高效、准确地开发应用程序,Visual Basic 6.0 开发环境为我们提供了很好的联机帮助功能。

1.联机帮助的内容

Visual Basic 6.0 的联机帮助系统提供的帮助信息可以说是面面俱到,它所包括的内容主要有如下几个方面。

(1)Visual Basic 6.0 的使用手册:提供有关使用 Visual Basic 6.0 强大功能的概念性信息。

(2)语言参考:提供包括 Visual Basic 6.0 的编程环境和广泛的关于语言的信息。

(3)Visual Basic 6.0 的联机链接:提供指向互联网中有关 Visual Basic 6.0 信息的超链接。

(4)Microsoft 产品支持服务:提供技术支持信息。

以上这些联机帮助内容包含在被称为"MSDN(Microsoft Developer Network)Library Visual Studio 6.0"的系统文件中。因此,在安装 Visual Basic 6.0 开发系统的同时,应该将MSDN 也一同装上,否则将无法实现联机帮助功能。

2.联机帮助窗口

在 Visual Basic 6.0 开发环境中,单击菜单栏中"帮助"项下的各个命令,即可打开如图2-7所示的联机帮助窗口。

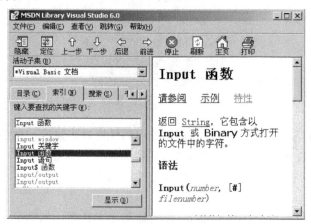

图 2-7 MSDN 帮助窗口

在这里,最好在"活动子集"中选定"Visual Basic 文档",这样可将左侧列表框中的非 Visual Basic 内容以淡色显示,以便能更方便地找到所需的帮助信息。

在 MSDN 帮助窗口中的左侧有 4 个选项卡,分别为"目录""索引""搜索"和"书签"。选择"目录"后,左侧列表框会出现整个联机文件的目录树结构。选择"索引"后,显示按字母顺序排序的关键词列表。选择"搜索"时,可通过匹配方式搜索相应的内容。对于想多次查询的内容,可利用添加书签的方式在"书签"中实现。

3. 上下文相关帮助

上下文相关意味着不必搜索"帮助"菜单就可直接获得有关词条的帮助信息。例如,要想获得代码编辑窗口中某个关键词(如属性名、对象名等),可以先单击这个关键词,然后按 F1 键,系统会自动找到相关内容。同样,单击窗体中的对象后按 F1 键,系统也会找到有关该对象的帮助信息。

Visual Basic 6.0 的许多部分都是上下文相关的,在相关部分按 F1 键,就可显示有关该部分的帮助信息。上下文相关部分包括:Visual Basic 6.0 内的各个窗口,如属性窗口、代码编辑窗口等;工具箱中的控件;窗体或文件中的对象;属性窗口中的属性;Visual Basic 6.0 中所有的关键词;错误信息。

2.3　Visual Basic 程序的结构及开发步骤

本节将通过建立一个简单而完整的程序实例(例 2.1)来说明 Visual Basic 应用程序的初步概念、基本结构和开发步骤。

2.3.1　一个简单而完整的 VB 程序

【例 2.1】编写程序,显示文本框中所输字符的 ASCII 码,如图 2-8 所示。

图 2-8　程序运行画面

要完成本程序设计,可按如下步骤进行。

(1)选择菜单栏的"文件"/"新建工程",打开如图 2-1 所示的"新建工程"对话框。在对话框中选择"标准 EXE",按"确定"按钮,出现如图 2-2 所示的窗口。

(2)在新建的窗体上添加 3 个标签 A 控件 Label1、Label2 和 Label3,1 个文本框 abl 控件 Text1,2 个命令按钮 控件 Command1 和 Command2,并将它们摆放到适当的位置。方法是先双击工具箱中相应的图标,将控件添加到窗体上,再拖动控件到合适的位置,最后形成如图 2-3 所示的窗口。

(3)在工程资源管理器窗口中,单击工程名"工程 1",将属性窗口的工程"名称"属性值修改为 examp2_1(不建议使用默认的"工程 1")。此后就会发现标题栏和工程名都发生了变化。

(4)双击窗体空白处,打开代码编辑窗口(图2-4)。在 Form_Load()过程体中输入下列代码(粗体部分是系统自动形成的,不必逐字敲入,下同)。

Private Sub Form_Load()
```
    Label1.Caption = "字符"
    Text1.Text = ""
    Label2.Caption = "ASCII 码:"
    Label3.Caption = ""
    Command1.Caption = "显示 ASCII 码"
    Command2.Caption = "退出"
```
End Sub

(5)双击第一个命令按钮,在 Command1_Click()过程体中输入下面代码。

Private Sub Command1_Click()
```
    Label3.Caption = Asc(Text1.Text)
    Text1.SetFocus
```
End Sub

(6)双击第二个命令按钮,在 Command2_Click()过程体中输入下面代码。

Private Sub Command2_Click()
```
    End
```
End Sub

(7)检测程序的运行结果。执行菜单栏中的"运行"/"启动"命令(也可单击工具栏中的"启动"按钮▶),程序开始运行,其运行画面如图2-8所示。这时,在文本框中输入一个字符(如A)后,按"显示 ASCII 码"按钮,即可看到该字符所对应的 ASCII 码值(如65)。按"退出"按钮可结束程序。

总览例2.1的程序设计过程,整个程序包括程序界面和程序代码两大部分。上述步骤中的(1)~(2)完成界面的设计,(4)~(6)完成3段程序代码的编写。

上述各段代码的执行时机各有不同。其中,第1段代码 Form_Load()在程序加载时执行,完成各控件的属性设置;第2段代码 Command1_Click()在单击 Command1("显示 ASCII 码")按钮时执行,显示输入字符的 ASCII 码;第3段代码 Command2_Click()在单击 Command2("退出")按钮时执行,以结束程序。

2.3.2 Visual Basic 程序的几个基本术语

1.对象

Visual Basic 是一种面向对象的程序设计语言。那么什么是对象呢? 从现实生活来讲,要做一件复杂工作可能需要多人分工完成,每个人都明确自己所从事工作的范围和处理问题的方法,当某件事情发生或需要做某个工作时,相应的责任人就执行自己的任务。这样,大家按部就班地通过完成各自的任务来共同完成一件复杂的工作。不妨把这里的每个人理解为对象。具体到程序设计中,对象就是将数据和处理数据的过程(函数和子程序)封装到一起而生成的新的数据类型。例2.1中的窗体、Label、TextBox 和 Command 等都可被看成是对象。

2. 属性

属性就是对象所具有的性质和状态特征,如人有姓名、性别和年龄等特征。而例 2.1 中的标签和命令按钮都有 Caption 属性,文本框有 Text 属性。一个对象可以有多个属性,属性的表示方法是在对象名后加由"点"(.)引导的属性名。要改变属性值,可通过赋值语句(如 Command1. Caption = "显示 ASCII 码")来完成,也可直接在属性窗口中通过人工修改完成。

Visual Basic 的窗体和对象都有其各自的属性,而有些属性则适用于大多数对象。

(1)Name:设置对象名称,作为访问对象属性和方法的依据。

(2)Appearance:设置对象的外观。

(3)BackColor:设置显示文字或绘制图形时的背景颜色。

(4)ForeColor:设置前景颜色。

(5)Font:设置对象文本的字体、字号和属性。

(6)Caption:设置一些在不接受键盘输入的对象上要显示的文本。

(7)Text:设置在接受输入的对象上要显示的文本。

(8)Width、Height:设置对象的尺寸(宽和高)。

(9)Left、Top:设置对象的左边框和上边框位置(左上角坐标)。

(10)TabIndex:设置对象的<Tab>键的次序。当按<Tab>键时,焦点根据 TabIndex 值所指示的顺序从一个对象移到另一个对象。

(11)Enabled:设置对象是否(True/ False)可用,True(默认)表示可用;False 表示不可用,显示为灰色。

(12)Visible:设置对象是否(True/ False)可见,True(默认)表示可见;False 表示不可见。

3. 方法

对象除了具有其性质和状态外,还有它们能做出的行为。例如,人除具有各自的身高、体重、肤色等特征外,还可以做出走路、骑车、说话等动作。Visual Basic 中的对象也是如此,它们除具有各自的性质和状态特征外,也能做出某些行为,这些行为就称为对象的"方法"。例如,Form 对象具有"显示"(Show)和"隐藏"(Hide)的动作,表示为 Form1. Show 和 Form1. Hide 方法。例 2.1 中 Text1 控件的 SetFocus 方法使"焦点"置于 Text1 控件之上,以便反复输入字符。

4. 焦点

所谓"焦点"是指对象接收鼠标或键盘输入的能力。放置在窗体中的多个对象拥有一个共同焦点,只有获得了焦点的对象才可以接受用户的输入。一般来说,能响应键盘和鼠标输入的对象都能获得焦点。

除了使用 SetFocus 方法使对象获得焦点以外,使用鼠标或 Tab 键也可使焦点在对象之间移动。一般来说,对象的 Tab 顺序由建立时的先后顺序决定,当然也可通过改变对象的 Index 属性值来调整。

此外,只有对象的 Enabled 和 Visible 属性都为 True 时,它才能接受焦点。

5. 事件与事件驱动程序

对象不会无缘无故地执行某个操作,只有在受到外界的请求时才会做出反应而执行某个动作。这种请求对象执行某个动作或回答某些信息的要求,称为"消息"或"事件"。

当对象接到消息或发生某个事件(如按某个命令按钮)后所执行的程序,称为事件驱动程序。Visual Basic 的事件驱动程序都表示为一个"过程"。

例如，当窗体加载时，会触发一个 Form 的 Load 事件，它所执行的程序就是 Form_Load（）。当按了 Command1 这个按钮，就会触发 Command1 的 Click 事件，从而执行 Command1_Click（）过程。

许多事件伴随其他事件的发生而发生。例如，当 DblClick 事件发生时，Click、MouseDown 和 MouseUP 事件也会发生。

2.3.3　Visual Basic 应用程序的结构

应用程序的结构是指组织指令代码的方法，它决定着指令代码存放的位置和执行顺序。每个应用程序都是由若干个过程（含事件驱动程序）、窗体以及其他模块组成的。这些过程被封装在窗体模块或其他模块中。这些过程的执行顺序决定于对象事件的触发顺序。

Visual Basic 应用程序的结构如图 2-9 所示。

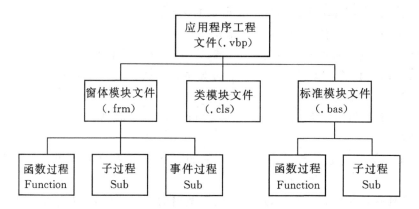

图 2-9　Visual Basic 应用程序的结构

1. 过程

为了简化程序设计任务，可以将一个大的程序分割成若干较小的逻辑部件，每个部件完成一项相对单一的任务，这些部件就被称为"过程"。过程可被多个事件触发并反复被调用，从而可以大大减轻代码的编写工作量，同时也提高了程序的调试效率，更便于日后应用程序的维护。

在 Visual Basic 中，过程可分为不返回值的 Sub 过程、返回值的 Function 过程以及设置对象引用的 Property 过程。

2. 基本模块

在 Visual Basic 中，存储程序代码的载体称为模块。基本模块有三种类型：窗体模块、标准模块和类模块。这些模块都可包含声明和过程。

1）窗体模块

窗体是指窗口和对话框，是应用程序与用户的交互界面，也是应用程序的基础。窗体除具有大小、位置、背景色等属性外，它还包含一组相关的操作代码。窗体的这些属性和代码被封装到一个文件中，这就是窗体模块或叫窗体文件，其扩展名是".frm"。一般来说，用 Visual Basic 编写的应用程序都至少包含一个窗体模块。

总之,窗体文件包括了窗体和其他对象(含控件)的属性、过程(含事件过程和通用过程)以及常量、变量、类型和外部过程的窗体级声明等。

写入窗体模块的代码是该窗体所属的具体应用程序专用的,窗体模块的代码也可以引用该应用程序内的其他窗体或对象。

添加窗体模块,可通过执行菜单栏的"工程"/"添加窗体"来进行。

2)标准模块

在标准模块(文件扩展名为.bas)中存放的是那些与特定窗体或对象无关的代码,且只含有 Visual Basic 代码。

当一个过程要被多个窗体中的程序调用时,应将该过程放在标准模块中。要想在标准模块中编写程序,可先单击"工程资源管理器"窗口中的标准模块的名字,然后单击"工程资源管理器"窗口左上角的"查看代码"图标,打开该模块的代码窗口后,即可在其中输入代码了。

标准代码模块中可包含常量、变量、类型、外部过程和全局过程的全局声明或模块级声明。应用程序中的每个模块都可以访问标准模块中的过程和声明。

标准模块的添加,可通过执行菜单栏的"工程"/"添加模块"来进行。

3)类模块

类是 Visual Basic 为了描述具有相同特征的对象而引入的。类模块(文件扩展名为.cls)是用来创建对象的样板,它包含所创建对象的状态描述和方法定义,而对象只是类的一个实例。在 Visual Basic 中,类模块是面向对象编程的基础。程序员可在类模块中编写代码,建立新对象,而这些新对象可以包含自定义的属性和方法。类模块和窗体模块类似,只是没有可见的用户界面。

在 Visual Basic 应用程序中,除了可以包含上述介绍的几类模块外,还可以包含 ActiveX 文档、ActiveX 设计器与用户控件等。它们虽然是具有不同文件扩展名的新模块,但从编程的角度讲,这些模块与窗体模块类似。

2.3.4　Visual Basic 应用程序的开发步骤

一般来说,在 Visual Basic 6.0 中开发应用程序,需要经历 5 个步骤:①设计用户界面;②设置对象的属性;③编写程序代码;④调试程序;⑤保存和编译程序。

下面,结合开始建立的程序 examp2_1,来进一步说明开发 Visual Basic 应用程序的过程与步骤。

步骤 1:设计用户界面

用户界面是由窗体和其他对象(如控件)组成的,一个应用程序可以有多个窗体(最大不超过 255),所有的控件都放在窗体中,程序中的所有信息都要通过窗体和控件显示出来,这些窗体和控件就组成了应用程序的最终用户界面。在这一步骤中主要是要建立工程,添加窗体,建立控件对象,并设计界面的外观等工作。

设计用户界面的具体过程请参见第 2.3.1 节中建立 examp2_1 的步骤(1)和(2)。

步骤 2:设置对象的属性

设置对象的属性主要是改变应用程序中各个对象的外观显示特征和内在特性。程序中的很多控制流程和计算结果的显示都依赖于对象的属性来完成。对象的属性有"只读"和"可写"

之分。如果一个对象某个属性的值可以获得但不能被改变,就称这种属性是"只读"的;如果这个属性是可以设置其值的,就称为是"可写"的。

设置对象属性的方式有两种:一种是在应用程序界面设计阶段使用属性窗口手工进行;另一种是通过编写代码由程序动态完成。但有的对象属性只能通过一种方式设置。

采用第二种方式来设置控件的属性是我们极力倡导的,这样可以通过程序清单清楚地观察属性设置情况,具体可参见前述程序中的 Form_Load()和 Command1_Click()过程。Form_Load()过程中的 6 行代码都是改变相关控件的属性的,主要是为了改变用户界面的初始外观。而在 Command1_Click()过程中的 Label3.Caption=Asc(Text1.Text)则是为了显示计算结果,即显示与输入字符相对应的 ASCII 码。

本例 Form_Load()过程中修改对象属性的每行程序代码,都可以被前一种手工修改属性的方式所取代。下面以修改 Command1 对象的 Caption 属性为例(见图 2-10),谈一谈用第一种方式设置对象属性的方法及步骤。

图 2-10 修改属性

(1)在属性窗口中的对象下拉列表中选择 Command1 对象(还可通过单击窗体中的 Command1 对象按钮来完成选择)。

(2)单击属性窗口中左边属性列中的 Caption 属性。

(3)在该属性的右边一列添上要修改的属性值"显示 ASCII 码"。

步骤 3:编写程序代码

这是开发 Visual Basic 应用程序最为重要的一步。在这个步骤中,需完成两件事情:一是确定要使用哪些控件的哪些事件;二是编写相应事件过程的程序代码。

(1)首先,要打开如图 2-4 所示的程序代码编辑窗口,有以下四种方法可供选择:①双击窗体空白处或窗体中的控件;②单击菜单栏中的"视图"/"代码窗口"命令;③按 F7 键;④单击工程资源管理器窗口中的"查看代码"按钮。

(2)其次,要选择编程对象和事件。方法是通过代码编辑窗口的"对象列表"选择对象;通过"过程/事件列表"选择事件。

(3)最后,将程序代码写入事件过程架构中。事件过程的开头和结尾由系统自动生成,如:

```
Private Sub Form_Load()
    ……
End Sub
```

程序员只需把代码填入其中即可。

步骤 4:调试程序

当应用程序代码初步编写完成后,要对其功能进行检测和调试,以便发现问题并改正之。对于较小程序的调试可能比较简单。但对于结构较复杂、代码较多的程序,调试就会比较复杂,需要一定的手段、方法和步骤。

(1)运行程序。在 Visual Basic 6.0 环境下,单击工具栏中的"启动"按钮▶来运行应用程序(单击"结束"按钮■可终止运行),这种运行属于"解释运行"。解释运行的过程是逐行读取程序代码,将其转换为相应的机器码,然后予以执行。如果程序中有语法错误,就会立刻指示错误发生的过程和具体位置。例如,如果在上述程序中故意设置一处错误,Text3.Text＝""(实际上未添加 Text3 控件),则运行后弹出错误窗口以显示错误发生的原因和错误号,如图2-11所示;如果按"调试"按钮,则会指出错误发生的位置,如图 2-12 所示。

图 2-11　错误窗口

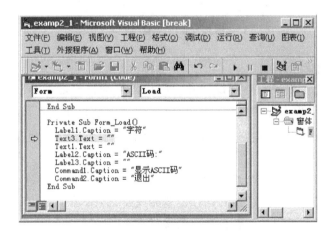

图 2-12　指出语法错误发生的位置

(2)设置断点。当程序虽无语法错误而有逻辑错误时,则不会弹出错误窗口,但得不到预期的运算结果。为了排除此类错误,需采用设置断点的方法,跟踪观察某些代码的执行情况。程序每执行到断点处就会暂停,此时将鼠标置于某个变量即可看到变量的值。设置断点的方法是在代码窗口中,用鼠标单击某条语句的左侧边界区域并产生一个圆点,每一个圆点代表一个断点,如图2-13所示。当程序调试完毕时,一定要取消所有断点,取消方法是再次单击代码左侧的圆点。

(3)使用"立即"窗口。为了方便调试,Visual Basic 6.0 提供了一个"立即"窗口。在这个

图 2-13 设置断点

窗口中可直接为变量赋值,并用"?"查看表达式或程序中某个变量的值,以帮助排除错误。运行程序时,会自动打开立即窗口,如图 2-14 所示。单击菜单栏中的"视图"/"立即窗口"也可以打开"立即"窗口。

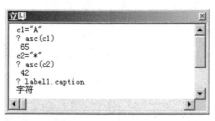

图 2-14 "立即"窗口

步骤 5:保存和编译程序

(1)保存程序。应用程序的外观设计和程序代码都编排好之后,要及时将其保存到文件中,以便将工程(包括界面布局和代码)长久保存。保存程序的方法如下。

①单击工具栏中的"保存"按钮 🖫 ,或者单击菜单栏中的"文件"/"保存工程"命令(或"工程另存为"命令)。

②如果是从未存过的新工程,系统则首先打开"文件另存为"对话框,以保存标准模块文件(.bas)和窗体文件(.frm),选择适当的保存位置和文件名后,单击"保存"按钮,如图 2-15 所示。这里,强烈建议每个工程使用各自独立的文件夹。

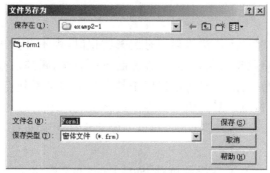

图 2-15 "文件另存为"对话框

③然后,系统会弹出"工程另存为"对话框,以便保存工程文件(.vbp),选择适当的保存位置(使用与上一步相同的文件夹)和文件名后,单击"保存"按钮,如图 2-16 所示。

图 2-16 "工程另存为"对话框

(2)再次打开程序。用上面的方法可以将应用程序以文件的形式保存到磁盘上,下次开机并启动 Visual Basic 6.0 后,可以把已经保存在磁盘上的程序再次打开,以便对其进行修改。打开程序的方法如下。

①单击工具栏中的"打开"按钮 ,或者单击菜单栏的"文件"/"打开工程"命令,打开"打开工程"对话框,如图 2-17 所示。

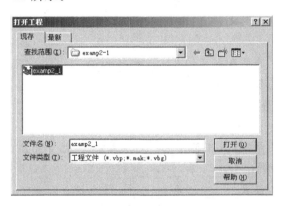

图 2-17 "打开工程"对话框

②选择要打开的工程文件,并按"打开"按钮即可。

(3)编译程序。设计完成的应用程序要想脱离 Visual Basic 6.0 开发环境而成为真正的 Windows 应用程序,必须对其进行编译,生成.exe 可执行文件。虽然在 Visual Basic 6.0 环境中也有"编译运行"(单击"运行"/"全编译执行"),但那是一个临时的运行状态,是用来检测程序的编译效果的,并未形成可执行文件。生成可执行文件的操作步骤如下。

①单击菜单栏中的"文件"/"生成 examp2_1.exe"命令,则弹出"生成工程"对话框,如图 2-18所示。

②选择要保存的文件路径和文件名(可使用默认文件名),单击"确定"按钮,即可生成.exe 可执行文件。

生成可执行文件后,在 Windows 环境下双击该文件名,即可运行程序。

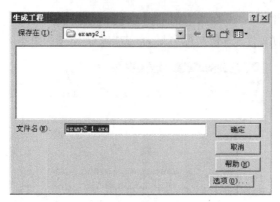

图 2-18 "生成工程"对话框

习 题 2

一、填空题

1. Visual Basic 6.0 开发环境中，"文件"菜单项主要用于对工程的_____、_____、_____、_____，以及生成_____等。

2. 一个应用程序可包含的文件有：工程文件与工程组文件、_____、_____、_____和_____等。

3. 标准模块主要用于声明和定义一些_____和_____，它不属于任何一个窗体，但其中的过程可被任一窗体的程序调用。

4. 工程文件、窗体文件和标准模块文件的文件名后缀分别是_____、_____和_____。

5. 要改变一个对象的属性值，可通过_____来完成，也可直接在_____中人工修改。

6. 窗体设计器主要用于_____和_____。

7. 属性窗口用于手工设置_____和_____的属性。

8. 窗体布局窗口用于调整应用程序中各个窗体在屏幕中的_____及_____的相对位置。

9. 对象所具有的性质和状态特征称为_____；对象所能做出的行为称为_____；对象接到消息或发生某个事件后所执行的程序，称为_____。

10. 设计 Visual Basic 应用程序，一般要经历_____、_____、_____、_____和_____等步骤。

11. 程序中可能存在的错误一般分为两类，即_____和_____。

12. 当程序中存在逻辑错误时，应使用_____并结合"立即"窗口进行调试。

13. 在安装 Visual Basic 6.0 时，若没有安装_____，则将无法实现联机帮助功能。

14. 要保存和打开程序，可使用菜单栏中的_____菜单项。保存程序时，除了要保存工程文件外，还要保存_____和_____等文件；而打开程序时，则只需打开_____文件即可。

15. 窗体中的每个控件都有一个唯一的名字，以作为访问它们的依据。要设置控件的名

称,应使用它的＿＿＿＿＿＿＿属性。要控制一个控件是否有效和可见,可分别对它的＿＿＿＿＿＿＿和
＿＿＿＿＿＿＿属性进行设置。

二、简答题

1.什么是对象? 对象的属性、方法和事件有何不同?

2.Visual Basic 6.0 应用程序主要包括哪些模块?

3.开发 Visual Basic 6.0 应用程序的基本步骤是什么?

4.如何将应用程序生成可执行文件?

第 3 章 数据类型与表达式

同其他程序设计语言一样，Visual Basic 也提供了多种数据类型，使用不同类型的常量或变量来存储不同的数据。数据可以取哪些值，存储时需占用多大的空间以及能进行哪些运算，这都取决于它们的类型。本章介绍 Visual Basic 的数据类型、常量、变量及表达式等相关知识。

3.1 数 据 类 型

Visual Basic 6.0 提供有基本数据类型和复杂数据类型，复杂数据类型以基本数据类型为基础。掌握数据类型是进行程序设计的基础。

3.1.1 基本数据类型

1.基本数据类型列表

Visual Basic 6.0 的基本数据类型有多种，归纳起来有数值型、字符串型、布尔型、日期型、对象型和可变型，而数值型又包括字节型、整型、长整型、单精度浮点、双精度浮点和货币型。

Visual Basic 6.0 的基本数据类型如表 3-1 所示。

表 3-1 **Visual Basic 的基本数据类型**

数据类型	存储空间（字节）	取值范围
Byte（字节型）	1	$0 \sim 255$
Boolean（布尔型）	2	True 或 False
Integer（整型）	2	$-32768 \sim 32767$
Long（长整型）	4	$-2147483648 \sim 2147483647$
Single（单精度浮点）	4	负数时：$-3.402823E38 \sim -1.401298E-45$ 正数时：$1.401298E-45 \sim 3.402823E38$
Double（双精度浮点）	8	负数时：$-1.79769313486232E308 \sim$ 　　　　$-4.94065645841247E-324$ 正数时：$4.94065645841247E-324 \sim$ 　　　　$1.79769313486232E308$
Currency（货币型）	8	$-922337203685477.5808 \sim$ 922337203685477.5807
Date（日期型）	8	100 年 1 月 1 日～9999 年 12 月 31 日
Object（对象型）	4	任何 Object 引用

续表

数据类型	存储空间(字节)	取值范围
String(变长字符串)	10＋字串长度	0～大约 21 亿
String * size(定长字符串)	字串长度	0～65535
Variant(可变类型,数值)	16	任何数字值,最大可达 Double 的范围
Variant(可变类型,字符)	22＋字串长度	与变长 String 有相同的范围

2. 基本数据类型的说明

1) 字节型

字节型(Byte)数据类型表示无符号整数,它不能表示负数。除一元减法外,所有可对整数进行操作的运算符均可操作字节型数据。在进行一元减法运算时,Visual Basic 首先将字节型数据转换为符号整数,再进行运算。

2) 布尔型

布尔型(Boolean)数据类型(也称逻辑型)是一种只有 True 和 False 两态数值的数据类型。布尔型变量的缺省值为 False。在 Visual Basic 中,当把布尔型数据转换成数值时,False 转换成 0,而 True 转换成－1;当把数值转换成布尔型数据类型时,0 转换成 False,而"非 0"转换成 True。

3) 整型

整型(Integer)数据的运算速度较快,而且比其他数据类型占用的内存要少。整型数据除了表示一般的整数外,还可表示数组变量的下标和标识枚举类型的变量等。

4) 长整型

长整型(Long)数据表示的范围较大,占用的存储空间也较多,运算速度比整型数据要低。因此,能用整型的时候不要用长整型。

5) 单精度浮点

单精度浮点型(Single)数据表示带小数的实型数,有效位数为 7 位。通常以指数形式(科学记数法)来表示,如用 2.35E＋3 表示 2350。

6) 双精度浮点

双精度浮点型(Double)数据也表示带小数的实型数,但有效位数为 15 位。通常也以指数形式来表示,但以"D"或"d"来表示指数部分,如用 2.35D＋3 表示 2350。

7) 货币型

货币型(Currency)数据是为计算货币而设置的定点数据类型,它的精度要求较高,支持小数点右面 4 位和小数点左面 15 位。货币型数据的小数点是固定的,称为定点数据类型。

8) 日期型

日期型(Date)数据存储为 8 个字节浮点数值形式,可以表示的日期范围从 100 年 1 月 1 日到 9999 年 12 月 31 日,时间可从 0:00:00 到 23:59:59。任何可辨认的文本日期都可以赋值给日期型的变量,这时日期文字须以一对"♯"号括起来。例如:

♯ **August 1,2013**♯ 或 ♯ **1 Aug 2013** ♯ 或 ♯2013−11−11 10:23:58♯

其他的数值型数据需要转换为日期型时,小数点左边的值表示日期信息,即从 1899 年 12 月 31 日开始所经过的天数;而小数点右边的值则表示时间。Visual Basic 默认午夜为 0,中午为 0.5。负整数表示 1899 年 12 月 31 日之前的日期。

日期型数据可以与数字型(如 Integer、Long、Double 等)数据进行加减运算。例如:

```
dim d1 as Date, d2 as Date
d1 = now()                  '将当前的日期和时间赋给 d1
d2 = d1 + 1                 'd1 + 1 的结果是从当前时间推后一天,即明天的这个时间
d2 = d1 + (1/24/60)         'd1 + (1/24/60)表示从当前时间推后 1 分钟(1 天有 24 小
                            '时,1 小时有 60 分钟)
```

9)对象型

对象型(Object)数据可以是任何 Object(对象)的引用。

10)字符串

字符串型(String)数据存储的是一个字符序列。在程序代码中,使用一对用英文双引号括起来的一串字符或汉字来表示一个字符串常量。例如,下列都是合法的字符串常量。

```
"How do you do ! "
"Visual Basic 程序设计"
```

字符串分为变长字符串和定长字符串两类。如果不加特殊说明,字符串变量或参数是一个变长字符串,随着对字符串所赋数据的不同,它的长度也会发生变化。变长字符串最多可包含约 20 亿个字符(**注意**:Visual Basic 中,一个汉字算 1 个字符),而定长字符串最长可达 65400 个字符。如果字符串的长度为 0,则称为空字符串。

字符串变量的声明用如下方式描述。

```
Dim  NameStr  As   String       '声明 NameStr 为变长字符串变量
Dim  SexStr   As   String * 2   '声明 SexStr 为长度为 2 的字符串
```

在定长字符串中,如果赋予的字符个数少于字符串的长度,则系统自动用 chr(0)补齐;如果赋予字符串的长度太长,则系统会直接截去超出部分的字符。

在标准模块中,可将定长字符串声明为 Public 或 Private。但在窗体和类模块中,必须将定长字符串声明为 Private。

11)可变型

可变型(Variant)数据是能够存储所有系统定义类型的数据。在运算过程中,如果变量是可变型,则不必对这些数据进行显式转换,Visual Basic 会自动完成任何必要的转换。如果在声明变量时不加类型说明,则编译系统会自动认为是一个可变类型的变量。

例如:

```
Dim  AnyValue               '声明为可变类型
AnyValue = "88"             '此时 AnyValue 是字符串"88"
AnyValue = AnyValue - 8     'AnyValue 会自动转成 88,然后减去 8,结果是数值 80
AnyValue = "Z" & AnyValue   'AnyValue 会先转成"80",再做字符串连接运算,结果
                            '是"Z80"
```

Variant 数据类型还包含 3 种特定的值:Empty、Null 和 Error。

(1)Empty 值

在赋值前,可变型变量具有 Empty 值。Empty 值是异于 0,0 长度字符串(″ ″)或 Null 值的特定值。可以用 IsEmpty()函数测定一个变量是否为 Empty 值。

当具有 Empty 值的可变型变量参加运算时,根据表达式的不同,可能会作为 0(数值型)或 0 长度字符串(″ ″)(字符串型)来处理。

只要将任何值(包括 0、0 长度字符串或 Null)赋予可变型变量,Empty 值就会消失。而将关键字 Empty 赋予可变型变量,就可将其值恢复为 Empty。

(2)Null 值

Null 值通常用于数据库应用程序,表示未知数据或丢失的数据。可用 Null 关键字为变量赋予 Null 值,用 IsNull()函数测定一个变量是否为 Null 值。

如果将 Null 值赋予可变型以外的任何其他类型的变量,则将出现可以捕获的错误。而将 Null 值赋予可变型变量则不会发生错误,Null 值通过包含可变型变量的表达式传播,可以从任何具有可变型返回值的函数过程返回 Null 值。

(3)Error 值

在可变型数据中,Error 是特定的值,它指出过程中已发生的错误状态。但是,与其他类型错误不同,这里并未发生正常的应用程序级的错误处理。因此,程序员和应用程序本身可根据 Error 值进行取舍。

可利用 CVErr()函数将实数转换成错误值的方法来建立一个 Error 值。

3.1.2　复杂数据类型

如果把前面所讲述的数据类型叫做基本数据类型的话,那么这里要讲的用户自定义类型和枚举类型可称为复杂数据类型。

1. 用户自定义类型

用户自定义类型是指使用用 Type 语句定义的数据类型。有的书中也将该类型叫做记录类型或结构类型。用户自定义类型可以包含多个数据元素,各个元素可以具有不同的数据类型。用户自定义类型的说明格式如下。

```
[ Public | Private ]   Type   <用户自定义类型名>
    <元素名 1>   As   <数据类型名>
    <元素名 2>   As   <数据类型名>
        ……
    <元素名 n>   As   <数据类型名>
End Type
```

例如:

```
Public  Type  Student
    name   As  String * 8
    sex    As  String * 2
    score  As  Single
End Type
```

这样就定义了一个新的数据类型 Student,它由 3 个元素组成,分别表示学生的"姓名""性别"和"分数"。有了上面类型的定义,就可以定义相应的变量并访问它们了。

```
Dim  Stud1  As  Student,Stud2  As  Student
Stud1.name = "刘翔"
Stud1.sex = "男"
Stud1.score = 85.5
Stud2 = Stud1
```

注意:

①引用自定义类型变量的元素时,应用"."使变量名和元素名连接。

②自定义类型的声明不能放在过程中,而应放在窗体模块或标准模块中。在窗体模块中只能使用 Private 关键字。

2. 枚举类型

当一个变量只允许具有某几个可能的值时,可以采用枚举类型。所谓枚举就是指,将变量可能的取值一一列举出来作为枚举类型的"成员",变量的取值只限于这些成员所代表的值的范围之内。使用枚举类型的变量编写程序,有利于提高程序的可读性,也避免出现由于意外赋值所造成的难以预料的后果。

定义枚举类型的一般格式如下。

[**Public | Private**] **Enum** <**枚举类型名**>

        <**成员名 1**>[=<**常数表达式**>]

        <**成员名 2**>[=<**常数表达式**>]

        ……

        <**成员名 n**>[=<**常数表达式**>]

    End Enum

说明:

①枚举类型的声明不能放在过程中,而只能放在窗体模块、标准模块和类模块的声明部分。

②默认情况下,枚举类型被定义为 Public。

③<常数表达式>表示枚举类型中各个成员的值,类型为 Long;如果省略常数表达式,则成员的值采用默认值,即成员 1 的值为 0,后面的值依次加 1。

例如,我们定义一个表示红绿灯的枚举类型为

```
Enum Traffic
    redLamp = 1
    greenLamp = 2
    amberLamp = 3
End Enum
```

该说明也可写成

```
Enum Traffic
    redLamp = 1
    greenLamp
```

```
        amberLamp
    End Enum
```

定义一个新的类型之后,就可以利用 Traffic 来声明变量了,例如:

```
    Dim  Traf1  As  Traffic
    Traf1 = greenLamp        Traf1 的值为 2
```

3.2 标识符与关键字

程序代码是由一系列的标识符、关键字、运算符和注释信息组成的。正确区分标识符与关键字,是进行程序设计的基本要求。合理定义和使用标识符,会为应用程序的编写和维护带来很多便利。

3.2.1 标识符

1.什么是标识符

标识符是用来标记应用程序中的常量、变量、对象、过程和函数等名字的一串符号。在应用程序编写过程中,程序员可以通过这些标识符来对它们所代表的数据或过程进行操作。

2.标识符的命名规则

在 Visual Basic 中,标识符的命名必须遵循如下几条规则。

(1)标识符必须以英文字母开头,由字母、数字或下划线组成,不能包含标点符号。

(2)标识符最长不能超过 255 个字符;表示控件、窗体、类和模块的名字不能超过 40 个字符。

(3)不能和关键字同名。

(4)变量名的最后一个字符可以是类型说明符。

(5)标识符可以使用汉字。

例如,abc、x1%、examp1_1、姓名、China 等都是合法的标识符,而 2b、x%1、abc.x、And、a+b 等都是非法的标识符。

注意:在定义标识符时,应尽量做到"见名知义",以提高应用程序的可读性。一般地应该能从标识符上知道它们所代表数据的"意义""数据类型"和"对象类别"等信息。例如,表示姓名可以用 strName 标识符;表示年龄可以用 intAge 标识符;表示一个"确定"命令按钮可以用 CmdOK 标识符。

另外,表示变量的标识符如果末尾有类型说明符,在引用时可去掉类型说明符。

3.2.2 关键字

任何程序设计语言都保留了一些具有特定含义的词汇,它们不能被随便引用,必须严格按照语法规则出现在各种语句中。这些词汇就称为关键字。例如,前面介绍的 Byte、Integer、Long、Single、Double 等各种数据类型的名称,用于定义数据类型的 Public、Private、Type、End,各语句中的特定词 If、Then、Else、For、Next、Do、Loop、While、Case、Sub、Function,内部函数名称,以及系统定义的符号常量等,都是关键字。

程序设计的初学者常常将标识符和关键字搞混,这应引起足够重视。标识符是程序员自己命名的,关键字则是系统预留的,任何时候二者都不能同名。

3.3 常量与变量

常量和变量都是用来存储数据的。要设计程序,就离不开常量和变量。本节主要介绍常量和变量的各种类型及声明方法。

3.3.1 常量

在程序执行过程中,其值不发生变化的量称为常量。在 Visual Basic 中有两种类型的常量:直接常量和符号常量。

1. 直接常量

直接常量就是在程序代码中以直接明显的形式给出的数据。例如,"This is a string."是一个字符串常量,其长度是 17;而 128 是一个整数常量。

对于八进制和十六进制的整型或长整型数据,也可以直接以常量的形式表示。在八进制的数字前冠以"&"或"&0";在十六进制前要冠以"&H"或"&h"。它们都可以带正负号。如果表示长整型数据,则应在数字序列后加"&"。例如:

－&012 表示十进制的－10,整型;

&016& 表示十进制的 14,长整型;

&H1F 表示十进制的 31,整型;

－&h1e& 表示十进制的－30,长整型。

整型的八进制数的绝对值取值范围是 &0~&177777;十六进制数的绝对值取值范围是 &H0~&HFFFF。长整型的八进制数的绝对值取值范围是 &0~&37777777777&;长整型的十六进制数的绝对值取值范围是 &H0&~&HFFFFFFFF&。

在 Visual Basic 中,判断常量的数据类型时,有时存在多义性。例如,3.14 可理解为单精度类型,也可理解为双精度类型。在默认情况下,Visual Basic 将选择需要内存容量最小的方法处理,故 3.14 被看成单精度类型。

为了显式地指明常量的类型,可在常量后面加上类型说明符。这些说明符有:

%——整型;

&——长整型;

!——单精度浮点型;

#——双精度浮点型;

@——货币型;

$——字符串型。

例如,3.14# 是一个双精度浮点型常数;100.05@ 是一个货币型常数。

2. 符号常量

在程序设计中,经常遇到一些多次出现或难于记忆的常数值。为了提高代码的可读性和可维护性,我们可定义一些常量,用标识符来代替应用程序中出现的常数值。

常量定义的一般格式为

[**Public** | **Private**] **Const** <常量名> [**As** <类型>]=<表达式>

其中,表达式只能是常量或常量的计算式,其作用是为符号常量提供常值;在一行中可以说明多个常量,它们之间用逗号隔开;可在常量名后加上类型说明符;在标准模块中,可用 Public 定义全局常量,用 Private 定义局部常量,默认情况下为局部常量。

例如:

```
Const  Pai  As  Double = 3.14159
Const  Pai3 = 3 * Pai
Const  Max = 100 , China = "中华人民共和国"
Const  Sunday% = 0
Const  Tuesday& = 2
```

有几点说明如下:

(1)在程序代码中引用符号常量时,通常省略类型说明符。例如,在上述说明后,可用 Sunday 和 Tuesday 来代替 Sunday%和 Tuesday&。

(2)符号常量一旦被声明,就不能在代码中修改其值。

(3)根据常量声明的位置不同,其作用域也不同。在窗体模块和类模块中不能声明 Public 常量。

(4)"[ ]"中的内容是可选的,"< >"中的内容是必须提供的,"|"表示前后内容选择其一。

3. 系统常量

Visual Basic (4.0 以上版本)为用户预定义了一系列有各种不同用途的符号常量,用户在编写代码时不用说明即可引用。例如:

(1)VbRed 表示颜色常量中的红色,其值为 255,整型。

(2)VbSunday 表示星期日,其值为 1,整型。

(3)VbCrLf 表示回车换行。

要查找这些系统常量,可使用"对象浏览器"。单击菜单栏中"视图"/"对象浏览器"命令(或直接按"F2"键,或直接按工具栏中的"对象浏览器"按钮），即可打开"对象浏览器"窗口,如图 3－1 所示。

图 3－1　"对象浏览器"窗口

3.3.2 变量

变量是指在程序执行过程中其值可以变化的量。变量代表的实际上是计算机中的某种数据类型的存储单元。每个变量都有一个变量名,借助变量名就可以访问到内存中的数据。

1.变量的声明

变量的声明其实就是通知应用程序,按照变量的类型事先为其分配适当的存储空间。在 Visual Basic 中,声明变量有显式声明和隐式声明。

1)普通变量的声明

用说明语句可以显式地声明一个变量,其一般格式为

Dim <变量名> [**As** <数据类型>]

例如:

```
Dim  IntAge  As  Integer
Dim  StrName  As  String
```

有几点说明如下:

(1)如果省略 As 子句,则声明的变量为 Variant 类型。

(2)在过程内部用 Dim 或 Private 关键字声明的变量是局部变量,它只在本过程中有效,过程一旦结束,其值也即刻消失。

(3)在不同过程中可以声明同名的局部变量,它们互不影响。

(4)在同一过程或同一模块内,不得对同一变量进行多次声明,否则将出现错误。

(5)声明变量时,不允许使用赋值号("=")来给变量赋初值,而是自动赋予一个默认值。不同的类型有不同的默认值:数值型为 0,变长字符串为 0 长度字符串(""),定长字符串则用 chr(0)填充,Variant 型为 Empty(空值)。

【例 3.1】输入一正方体边长,求表面积和体积。

◆界面设计:新建一个窗体,在窗体上添加两个命令按钮▨,具体见表 3-2。

表 3-2 例 3.1 的控件说明

控件类型	控件名称	用 途	主要属性
命令按钮	Command1	计算面积	Caption="显示面积"
命令按钮	Command2	计算体积	Caption="显示体积"

◆程序代码:

```
Private Sub Command1_Click()
    Dim a As Single
    Dim result As Single
    a = InputBox("请输入边长")
    result = 6 * a * a
    Print "边长 = "; a, "表面积 = "; result
End Sub
Private Sub Command2_Click()
```

```
Dim a As Single
Dim result As Single
a = InputBox("请输入边长")
result = a ^ 3
Print "边长 = "; a, "体积 = "; result
End Sub
```

在这个例子中,两个事件过程使用了相同的变量名,但并不会造成混乱。

2)静态变量的声明

前面提到,用 Dim 或 Private 声明的变量会随着过程的结束而被释放,但有时希望过程结束后变量还能保留其值,这时就要用到静态变量。

声明静态变量要用 Static 关键字,用其他关键字声明的变量都是自动变量。静态变量的声明格式为

Static　＜变量名＞　［As　＜数据类型＞］

【例 3.2】计算按压命令按钮次数。

◆界面设计:新建一个窗体,在窗体上添加 1 个命令按钮▨、2 个标签**A**,具体见表 3 - 3。

表 3 - 3　例 3.2 的控件说明

控件类型	控件名称	用　途	主要属性
标签	Label1	提　示	Caption＝"按压次数"
标签	Label2	显示结果	Caption＝""
命令按钮	Command1	执行操作	Caption＝"按压计数"

◆程序代码:

```
Private Sub Command1_Click()
    Static n As Integer
    n = n + 1
    Label2.Caption = n
End Sub
```

程序运行之后,每按压一次"按压计数"按钮,"按压次数"便会加 1。运行结果如图 3 - 2 所示。

图 3 - 2　测试静态变量

3)隐式声明

在 Visual Basic 中,使用一个变量之前并不一定要求显式地声明。使用时,系统以该名自动创建一个变量,默认它为 Variant 类型,并赋予其初值为 Empty(空值)。

例如,下列程序中未显式声明 result 变量是允许的。

```
Private Sub Command1_Click()
    Dim a As Single
    a = InputBox("请输入边长")
    result = 6 * a * a
    Print "边长 = "; a, "表面积 = "; result
End Sub
```

变量的隐式声明看似比较方便,但有时会导致一些难以检查的错误和难以预料的结果。因此,建议大家按照规范去做,在使用变量前先去声明它。

为了强制这样做,可在程序模块的声明段(放在首行好了),加入一行 Option Explicit 语句。也可执行菜单栏中的"工具"/"选项"的"编辑器"选项卡,选中"要求变量声明"选项,如图 3-3 所示。这样就会在任何新建模块中自动加入 Option Explicit 语句。

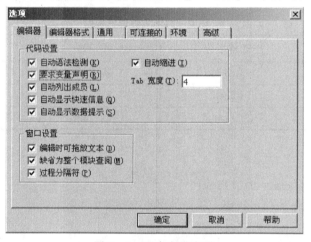

图 3-3 要求变量声明

2. 变量的作用域

变量的作用域就是变量有效的作用区间,只有在有效范围内,变量才能被程序所访问。根据作用范围的不同,变量可分为局部变量和全局变量。

1)局部变量

局部变量只能在声明它们的过程(或模块)中有效。声明局部变量所使用的关键字有:Dim、Static、Private。隐式声明的变量也是局部变量。

在过程中声明的局部变量称为过程级变量。过程级变量一般使用 Dim 和 Static 来声明。过程级变量只在声明它的过程内有效,过程一旦结束,过程内声明的变量也被释放。

在模块(含窗体模块和标准模块)内声明的局部变量称为模块级变量。模块级变量一般使用 Private 来声明,其一般格式为

Private <变量名> [**AS** <数据类型>]

模块级变量可被在该模块内定义的所有过程引用。

2）全局变量

全局变量的作用范围最大，它可以被所有模块和所有过程访问。当引用另一模块中的全局变量时，应在变量名前加上其所在模块的模块名作为前缀。声明全局变量要用 Public 或 Global 关键字，其一般格式为

Public　＜变量名＞　［As　＜数据类型＞］

允许一个过程内的变量与其他过程或模块内的变量同名，它们实际代表了不同的存储单元，被视为不同的变量。

3.4　运算符与表达式

表达式是程序设计语言中的基本语法单位，它表达一种求值规则。表达式由常量、变量、函数和运算符构成。下面介绍运算符和表达式的有关知识。

3.4.1　运算符

对基本数据类型的运算，常用一些简洁的符号来描述，这些符号即为运算符。根据参与运算的数据类型的不同，运算符分为算术运算符、字符串连接运算符、关系运算符和逻辑运算符。

1. 算术运算符

算术运算符用来对数值型数据执行算术运算。Visual Basic 提供了 8 种算术运算符，见表 3－4。

表 3－4　Visual Basic 算术运算符

优先级	运算	运算符	表达式例	实例	结果
1	幂	^	X ˆ Y	2 ˆ 8	256
2	取负	—	−X	X＝−10	−10
3	乘法	*	X * Y	3 * 7	21
3	浮点除法	/	X /Y	5/2	2.5
4	整数除法	\	X \ Y	7\2	3
5	取模	Mod	X Mod Y	9 Mod 2	1
6	加法	＋	X＋Y	7＋8	15
6	减法	−	X−Y	8−3	5

下面对这些运算符略做说明。

1）ˆ运算符

ˆ运算符用来计算一个数的指数幂，其结果通常是 Double 或 Variant 类型。若左操作数为负实数，则右操作数必须为整数。

2）＊运算符

＊运算符用来进行两个数的乘法运算。运算结果的数据类型通常与最精确表达式的数据

类型相同。精确度由低到高的顺序是:Byte、Integer、Long、Single、Currency、Double。但下列情况例外:

(1)如果两个操作数一个是 Single,另一个是 Long,则结果转换成 Double。

(2)如果结果的数据类型是 Long、Single 或 Date 变体,且超出正确范围,则结果将转换成含有 Double 的 Variant。

(3)如果结果的数据类型是 Byte 变体,且超出正确范围,则结果将转换成 Integer 变体。

(4)如果结果的数据类型是 Integer 变体,且超出正确范围,则结果将转换成 Long 变体。

3)/运算符

/运算符用来进行两个数的除法运算,并返回一个浮点数。运算结果可为浮点类型也可为 Integer 类型,这决定于运算结果。

4)\运算符

\运算符用来对两个数进行除法运算,并返回商的整数部分。当操作数带有小数时,Visual Basic 首先对其四舍五入取整,然后进行除法运算。结果的任何小数都被舍弃。

5)Mod 运算符

Mod 运算符用于取模运算,其结果是第一个操作数整除以第二个操作数所得的余数。如果操作数为实数,Visual Basic 首先对其进行四舍五入取整,然后求模。运算结果的符号取决于左操作数的符号。例如:

10 Mod 3 结果为 1;

15.6 Mod 5.6 结果为 4;

-5 Mod 3 结果为 -2。

2. 字符串连接运算符

字符串连接运算是将两个字符串合并在一起,形成一个新字符串的运算。字符串连接运算符有两个:"&"和"+"。这两个运算符在进行字符串连接运算时是等价的,但由于"+"运算符的两义性,为避免发生疑惑,建议在进行字符串连接运算时,只使用"&"。

有几点说明如下:

(1)如果操作数不是 String 型,则系统会将其转换成 String 变体,结果也是 String 变体。

(2)如果两个操作数都是 String 型,则结果也是 String 型。

(3)如果两个操作数都是 Null,则结果也是 Null。

(4)当只有一个操作数是 Null 时,则将其作为长度为 0 的字符串("")。

(5)Empty 也将作为长度为 0 的字符串("")。

例如:

```
"Visual " &  "Basic"        '结果为"Visual Basic"
"MP" & 3                    '结果为"MP3"
```

3. 关系运算符

关系运算符也称比较运算符,用于对两个表达式的值进行比较,结果是一个 Boolean 类型(逻辑型)的值,即真(True)或假(False)。Visual Basic 提供了 8 个关系运算符,见表 3-5。

表 3 - 5　关系运算符

运算符	测试关系	表达式例	实例	结果
=	相等	X＝Y	"ABCD"＝"AbcD"	False
<> 或 ><	不等	X<>Y 或 X><Y	"ABCD" <> "AbcD"	True
<	小于	X < Y	3<5	True
<=	小于等于	X<=Y	8<=4+3	False
>	大于	X > Y	"abc" > "bcd"	False
>=	大于等于	X>=Y	8>=7	True
Like	比较样式	X Like Y	"abc" Like " * abch"	True
Is	比较对象变量	X Is Y	Command1 Is Command2	False

Visual Basic 把任何非 0 值都认为是真,但一般以－1 表示真;以 0 表示假。有几点说明如下:

(1)如果操作数是字符串,则以先后次序逐一比较每个字符的 ASCII 码的大小。

(2)左右操作数一般要求类型相同。如果类型不同,则按形式值进行转换后再比较。例如:

```
158 = "158"        ' 结果为 True
231 = "abc"        ' 会出现运行错误,类型不匹配
```

(3)在 Like 运算中,可使用通配符。"?"表示任何单一字符;" * "表示任意多个字符;"♯"表示任意一个数字(0～9)。

(4)Is 运算符用来比较两个对象的引用变量,如果两个操作数引用了相同的对象,则结果为真(True),否则为假(False)。

4. 逻辑运算符

逻辑运算也称为布尔运算。逻辑运算的操作数为逻辑值,运算符有 6 种,见表 3 - 6。

表 3 - 6　逻辑运算符

优先级	运算	运算符	说　明
1	非	Not	对原值取反
2	与	And	如两个表达式的值都为 True,则结果为 True;否则为 False
3	或	Or	如两个表达式的值都为 False,则结果为 False;否则为 True
4	异或	Xor	如两个表达式的值相同,则结果为 False;否则为 True
5	等价	Eqv	如两个表达式的值相同,则结果为 True;否则为 False
6	蕴含	Imp	当第一个表达式为 True,而第二个为 False 时,结果为 False;其他情况为 True

逻辑运算的真值表(－1 表示 True,0 表示 False)见表 3 - 7。

表 3 - 7　逻辑运算真值表

X	Y	Not X	X And Y	X Or Y	X Xor Y	X Eqv Y	X Imp Y
−1	−1	0	−1	−1	0	−1	−1
−1	0	0	0	−1	−1	0	0
0	−1	−1	0	−1	−1	0	−1
0	0	−1	0	0	0	−1	−1

3.4.2　表达式

1. 表达式的定义

在 Visual Basic 中,通过运算符将各种常量、变量、函数以及括号等连接起来的式子,叫做表达式。根据运算符的不同,表达式可分为算术表达式、字符串表达式、关系表达式和逻辑表达式。举例如下。

算术表达式:2+3　　2^3　　　8+3 * 5　　(5+3)^(1+2)　　8+Sin(3.14/6)

字符串表达式:"中国" & "人民"　　"Visual " & "Basic"　　"abc" & CStr(128)

关系表达式:5>3　　8<>12　　vbSunday>vbMonday　　a>=0

逻辑表达式:a<>0 And b>0　　myday>=vbSunday　And　mymonth >6

　　　　　　(a,b,myday,mymonth 都是变量)

2. 表达式的执行顺序

在一个表达式中往往含有多种运算符,计算机按怎样的顺序进行计算呢? 一般顺序如下:

(1)首先进行函数运算。

(2)其次进行括号内的运算。

(3)再次进行算术运算,其优先顺序为:^ 、−(负数)、(* ,/)、\ 、Mod、(+,−)。

(4)接着进行字符串运算(&)。

(5)然后进行关系运算(=,>,>=,<,<=,<>)、Like、Is。

(6)最后是逻辑运算,其优先顺序为:Not、And、Or、Xor、Eqv、Imp。

习　题　3

一、填空题

1._____用于标记用户自定义的常量、变量、类型、控件、过程、函数等的名字。

2.整型数占_____个字节的存储空间。长整型数占_____个字节。Byte 型数占_____个字节。

3.若一个变长字符串定义后未被赋值,则它的值为_____。

4.对含有多种类型运算的表达式,各种运算的优先顺序从高到低依次是_____、_____、_____和_____。

5.为了显式地指明常量的类型,可在常量名后面加上_____。

6. 为使编译程序自动检查变量的声明,在程序的首行要加上＿＿＿＿＿＿＿＿＿＿＿＿＿＿语句。

7. 关系表达式的运算结果是＿＿＿＿＿＿＿型。

8. 在 Like 运算中,可使用通配符"?""＊"和"♯"。它们表示的意义分别是＿＿＿＿＿、＿＿＿＿＿＿＿＿＿和＿＿＿＿＿＿。

9. 自定义类型的声明不能放在＿＿＿＿＿＿＿中,而应放在＿＿＿＿＿＿＿中。

10. 变量的声明有＿＿＿＿＿＿＿和＿＿＿＿＿＿＿两种。

二、选择题

1. 下列不能作为变量名字的是＿＿＿＿＿＿。
   A. ABCD_09　　　　B. btnOK　　　　C. 999medicine　　D. cba

2. 下列选项中,为双精度类型变量的是＿＿＿＿＿＿。
   A. x%　　　　　　B. X&　　　　　　C. X♯　　　　　　D. X!

3. 能够正确表达 $0 < x < 10$ 成立的逻辑表达式的是＿＿＿＿＿＿。
   A. x>0 or x<5　B. x>0 and x<10　C. x>0 & x<10　D. x>0 , x<10

4. 表达式 $2 * 3\hat{\ }2 + 2 * 8/4 + 3\hat{\ }2$ 的值是＿＿＿＿＿＿。
   A. 31　　　　　　B. 64　　　　　　C. 49　　　　　　　D. 22

5. 25 Mod 3 的值是＿＿＿＿＿＿。
   A. 2　　　　　　　B. 1　　　　　　　C. 8　　　　　　　D. 4

6. 下列可作为 Visual Basic 的变量名的是＿＿＿＿＿＿。
   A. Filename　　　B. A(A+B)　　　C. A%D　　　　　D. 1.34E+10

7. 设 a、b、c 都为整型变量,其值分别为 3、6、9,下面程序段的输出结果是＿＿＿＿＿＿。

   a = b : b = c : c = a

   print a;b;c

   A. 3 6 9　　　　　B. 6 3 9　　　　　C. 9 6 3　　　　　D. 6 9 6

8. 以下关系表达式中,其值为假的是＿＿＿＿＿＿。
   A. "ABC" < "ABc"　　　　　　B. "VisualBasic" = "visualbasic"
   C. "the" <> "then"　　　　　　D. "Integer" > "Int"

9. 表达式 $5 + 66 \backslash 7 * 3 \text{ Mod } 5$ 的值是＿＿＿＿＿＿。
   A. 8　　　　　　　B. 7　　　　　　　C. 4　　　　　　　D. 32

10. 假设 $a=2$、$b=3$、$c=4$、$d=5$,则表达式 3>2 * b Or a=c And b<>c Or c>d 的值是＿＿＿＿＿＿。
    A. 2　　　　　　　B. True　　　　　C. False　　　　　D. −1

11. 表达式 $(2635 \backslash 10\hat{\ }2) \text{Mod } 10$ 的值是＿＿＿＿＿＿。
    A. 67.6　　　　　B. 6.35　　　　　C. 26　　　　　　　D. 6

12. 假设 $a=23.357$,则表达式 $\text{Int}(a * 10\hat{\ }2 + 0.5) / 10\hat{\ }2$ 的值是＿＿＿＿＿＿。
    A. 23　　　　　　B. 23.362　　　　C. 23.36　　　　　D. 23.35

三、简答题

1. 基本数据类型有哪些? Variant 类型有什么特点?

2.什么是标识符? 命名标识符有哪些规则?

3.什么是系统常量? 请举出几个系统常量的例子。

4.什么是静态变量? 它有什么特点?

5.声明变量有哪些方式? 它们的区别是什么?

第4章 程序流程控制

程序流程控制是程序设计的重要内容,无论采用哪种程序设计语言都是如此。计算机程序的控制流程可分为顺序结构、分支结构和循环结构3种,本章将分别予以介绍。

4.1 顺序结构

程序都是由语句序列组成的,而当这些语句没有遇到可改变执行顺序的控制语句时,总是按照从左至右,自上而下的顺序执行,这时的代码结构就叫做顺序结构。

4.1.1 语句的书写规则

在介绍实际的程序语句之前,先介绍一下语句的书写规则。

1.语句的一般书写格式

Visual Basic 语句的一般格式为

［行号｜标签］语句

行号和标签主要用来标示语句行,以便需要的时候从别处转来这里执行。行号和标签的作用是相同的,但都不是必须的,如果有,应遵守下面的规则。

(1)行号必须从第一列开始,可以是任何数值,但应按从上到下的顺序依次递增;

(2)标签可以是任何字符的组合,以字母开头,以冒号(:)结尾。

2.分行

有时一个语句在一行写不下,这时要用续行符,即"　_"(一个空格后跟一下划线)。例如:

```
S = "鹅,鹅,鹅," & _
    "曲项向天歌。" & _
    "白毛浮绿水," & _
    "红掌拨青波。"
```

上面的语句等同于

```
S = "鹅,鹅,鹅," & "曲项向天歌。" & "白毛浮绿水," & "红掌拨青波。"
```

3.并行

并行就是在一个物理的编辑行内写两个以上的语句,并行时用英文冒号(：)将多个语句隔开。例如:

```
pai = 3.14159 : China = "中华人民共和国"
```

4.1.2 几个简单语句

在进入正式编写程序代码之前,先来介绍几个语句。这些语句虽然简单,但较为常用。

1.注释语句

在编写程序代码时,考虑到日后对程序的维护,在有些关键地方或难于理解的地方要加上一些注释信息,这时需使用注释语句。注释信息不会影响程序代码的意义和功能。

◆格式:

Rem <注释内容>

或

′<注释内容>

◆说明:

①其中的第二种形式,既可以用在其他代码语句的后面,也可独自占据一行。而第一种形式最好是独占一行,如一定要放在其他语句的后面,需用冒号分隔。请参见前面的例子。

②注释语句是非执行语句,它只起注释作用,编译程序不会去理会它。

2. 赋值语句

赋值语句是程序中最基本的语句,也是为变量和控件属性赋值的主要方法。其作用是把一个表达式的值赋给一个变量或控件的属性。

◆格式:

<变量名>=<表达式>

或

<对象名>.<属性>=<表达式>

例如:

Rem 赋值语句的例子

Pai = 3.14159   ′将 3.14159 赋给 Pai 变量

Command1.Caption = "显示 ASCII 码"   ′将"显示 ASCII 码"赋给 Command1 的
                                        ′Caption 属性

Stud1.name = "刘翔"   ′将"刘翔"赋给自定义类型变量的 name 属性

◆说明:

①赋值语句中的"="不同于关系运算中的"="运算符。这里的"="是将右面表达式的值赋给左面变量或控件属性,所以下面的语句才有意义。

n = 2

n = n + 1

②在给控件属性或复杂类型变量赋值之前,它们必须已经存在或已被定义。

③赋值号("=")左右两边的数据类型要相同或具有"赋值相容"性。所谓"赋值相容"就是当"="两边的数据类型不同时,Visual Basic 能够自动将右边的数据转换成左边变量所能接纳的类型。当然,并不是所有的类型或数据都能进行转换,当不能转换时,赋值操作会产生一个"类型不匹配"的错误。例如,下列赋值语句是允许的。

Dim   intX   As   Integer

Dim   strX   As   String

strX = "123"

intX = strX

Text1.text = 369

而 intX = "ABC"将会产生错误。

3. 数据输出语句

这里的数据输出,指的是将程序执行的中间或最终结果输出到窗体或打印到纸上。在 Visual Basic 中,输出数据的途径主要有两种:一种是使用赋值语句,为可视控件的属性(如 Label 的 Caption 属性或 TextBox 的 Text 属性)赋值;另一种是使用某些对象的 Print 或其他方法。这里只介绍后一种。

1)Print 方法

◆格式:

　　[<对象名>.]**Print** 　[<输出列表>]

◆说明:

①<对象名>是具有 Print 方法的对象名称。Print 方法可以将"输出列表"中的内容在对象上输出。如果省略对象名,则表示当前窗体。具有 Print 方法的对象有:窗体(Form)、图片框(Picture)和打印机(Printer)。Printer 是打印机的预定义对象名。例如:

```
Form1.Print   "中华人民共和国"      '将"中华人民共和国"输出到 Form1 窗体
Print   "中华人民共和国"            '将"中华人民共和国"输出到当前窗体
Picture1.print "中华人民共和国"     '将"中华人民共和国"输出到 Picture1 图片框
Printer.Print   "中华人民共和国"    '把"中华人民共和国"输出到打印机
```

②当输出列表中有多个输出项时,可使用","和";"来控制打印格式。使用","按标准格式输出;使用";"按紧凑格式输出。例如,执行下面程序的数据输出结果如图 4-1 所示。

```
Dim a As Integer, b As Integer
a = 30
b = 20
Print              '输出一空行
Print "a + b = ", a + b
Print
Print "a * b = "; a * b
```

图 4-1　Print 方法测试(1)

③也可使用空格函数 Spc(n)和跳格函数 Tab(n)来控制数据输出的位置。Spc(n)在当前位置显示 n 个空格;Tab(n)指定输出项在第 n 列显示。上面程序做如下修改后,其输出效果见图 4-2。

```
Dim a As Integer, b As Integer
a = 30
b = 20
Print              '输出一空行
Print Tab(8);
Print "a + b = ";Spc(1); a + b
Print
Print Tab(8);
Print "a * b = "; a * b
```

图 4-2　Print 方法测试(2)

2)PrintForm 方法

Visual Basic 除了可以通过 Printer. print 方法直接在打印机上输出表达式的结果外,还可通过窗体的 PrintForm 方法把整个窗体打印出来。

◆格式:[<**窗体名**>.]**PrintForm**

◆说明:如果省略窗体名,则打印当前窗体。

【**例 4.1**】打印当前窗体。

在窗体中添加 2 个命令按钮 Command1 和 Command2,再将窗体的"AutoRedraw"属性设置为 True。编写如下事件过程代码。

```
Option Explicit
Private Sub Command1_Click()
        FontName = "courier"
        FontSize = 16
        CurrentX = 700
        CurrentY = 500
        Print "欢迎学习 Visual Basic !"
End Sub
Private Sub Command2_Click()
        PrintForm        '打印窗体
End Sub
Private Sub Form_Load()
        AutoRedraw = True
        Command1.Caption = "显示"
        Command2.Caption = "打印"
End Sub
```

程序的运行结果如图 4 - 3 所示。**注意**:使用 PrintForm 方法时,一定要将窗体的 AutoRedraw 属性置为 True。

图 4 - 3　打印窗体

4. 暂停语句

◆格式:**Stop**

◆说明:

①Stop 语句可以放在程序的任何地方,用来暂停程序的执行,相当于在程序代码中设置断点,当遇到 Stop 语句,系统会自动打开"立即"窗口(Debug),以方便程序员跟踪调试。

②Stop 语句一般在调试程序阶段使用,调试完成后,在生成.exe 文件之前应将所有的 Stop 语句删除。

5. 结束语句

◆格式:**End**

◆说明:

①程序执行 End 语句时,将终止当前程序,释放所有变量,并关闭所有数据文件。End 语句虽然不会影响程序的运行,但没有 End 语句,程序不会正常结束。因此,为了避免不必要的麻烦,应用程序应该具有 End 语句,并通过它来结束程序。

②End 语句除用于结束程序外,在不同的结构中还有以下一些别的用途:

End　Sub　　　　用于结束一个 Sub 过程;

End　Function　　用于结束一个 Function 函数;

End　If　　　　　用于结束一个 If 结构;

End　Type　　　　用于结束一个自定义类型的定义;

End　Select　　　用于结束情况语句。

4.2　分支结构

分支结构是一种常用的基本结构,它根据测试条件的不同来执行不同的操作。分支结构控制程序的执行方向。分支语句有三种形式:单行结构、多行块结构和 Select Case 结构。

4.2.1　单行结构条件语句

◆格式:**If　＜条件表达式＞　Then　＜语句 1＞　〔 Else　＜语句 2＞〕**

◆功能:当＜条件表达式＞为 True 时,执行＜语句 1＞,否则执行＜语句 2＞。

◆说明:＜语句 1＞和＜语句 2＞都是单行语句或用":"隔开的多个语句,总之要在一行内写完。

【例 4.2】输入学生成绩,如果大于或等于 60 分,显示"及格",否则显示"不及格"。

◆界面设计:在窗体中添加表 4-11 所列的 5 个控件。

表 4-1　例 4.2 的控件说明

控件类型	控件名称	用　途	主要属性
标签	Label1	"成绩"提示	
标签	Label2	显示结果	
文本框	Text1	输入成绩	
命令按钮	Command1	"显示结果"按钮	
命令按钮	Command2	"清除"按钮	

◆程序代码:

```
Option Explicit
Private Sub Command1_Click()
```

```
        Dim score As Single
        score = Text1.Text
        If score >= 60 Then Label2.Caption = "及格" Else Label2.Caption = "不及格"
End Sub
Private Sub Command2_Click()
        Label2.Caption = ""
        Text1.Text = ""
End Sub
Private Sub Form_Load()
        Label1.Caption = "成绩"
        Label2.Caption = ""
        Text1.Text = ""
        Command1.Caption = "显示结果"
        Command2.Caption = "清除"
End Sub
```

启动程序后,输入 68 并按"显示结果"按钮,即可显示"及格";按"清除"按钮后,会清除成绩和结果,以便再次输入。执行结果如图 4-4 所示。

图 4-4　例 4.2 的执行结果

4.2.2　块结构条件语句

如果在分支内执行的操作比较复杂,不能在一个逻辑行内书写完毕,就不能再使用单行结构条件语句,而应使用块结构条件语句。

◆格式:

If ＜条件表达式 1＞ **Then**
　＜语句块 1＞
［**ElseIf** ＜条件表达式 2＞ **Then**
　＜语句块 2＞］
……
［**Else**
　＜语句块 n＞］
End If

◆功能:如果＜条件表达式 1＞为 True,则执行＜语句块 1＞;如果＜条件表达式 2＞为 True,则执行＜语句块 2＞;……;如果前面条件表达式都不为 True,则执行＜语句块 n＞。

◆说明：

①在这种结构中,必须以 If 开头,以 End If 结尾,二者成对出现。

②系统对各<条件表达式>的测试,按照从上到下的顺序依次进行,如果发现某个表示式为 True 时,就执行其后面的语句块,执行完就去执行 End If 后的语句。

③程序最多只执行一个语句块的操作,如果有多个条件表达式为 True,则只执行第一个为 True 的条件表达式后面的语句块,之后就去执行 End If 后的语句。

④如果所有条件表达式的值都为 False,则执行 Else 后的语句;如果 Else 块不存在,则什么也不执行,而是直接执行 End If 后的语句。

【例 4.3】把例 4.2 改为:如果分数为 90 以上,则显示"优秀";如果 80 分以上,则显示"良好";如果 60 分以上,则显示"及格";如果 59 分以下,则显示"不及格"。

只需把 Command1_Click()事件过程改写如下。

```
Private Sub Command1_Click()
    Dim score As Single
    score = Text1.Text
    If score >= 90 Then
        Label2.Caption = "优秀"
    ElseIf score >= 80 Then
        Label2.Caption = "良好"
    ElseIf score >= 60 Then
        Label2.Caption = "及格"
    Else
        Label2.Caption = "不及格"
    End If
End Sub
```

执行程序后,在文本框中输入"98"并按"显示结果"按钮,则显示"优秀",如图 4-5 所示。

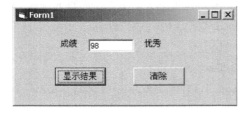

图 4-5 例 4.3 的界面

值得说明的是,块结构条件语句可以嵌套使用。也就是说,在一个块结构的某个分支内,还可以包含另一个块结构条件语句。这适用于比较复杂的情况。

例 4.3 中的程序并不是完美的,在没有输入成绩的情况下按"显示结果"按钮,会出现类型不匹配的错误,导致应用程序崩溃,为此对其做如下修改。

```
Private Sub Command1_Click()
    Dim score As Single
```

```
        If Text1.Text = "" Then              '外层 If 块
            Label2.Caption = "请输入成绩。"    '如果未输入成绩则提示
            Beep                              '发出"嘀"声报警
        Else
            score = Text1.Text                '已输入成绩,转入正常处理
            If score >= 90 Then               '内层 If 块
                Label2.Caption = "优秀"
            ElseIf   score >= 80 Then
                Label2.Caption = "良好"
            ElseIf   score >= 60 Then
                Label2.Caption = "及格"
            Else
                Label2.Caption = "不及格"
            End If                            '内层 If 块结束
        End If                                '外层 If 块结束
    End Sub
```

4.2.3   IIf 函数

除了前面介绍的分支结构语句能够根据不同的条件而进行不同的操作外,IIf 函数也具有类似的功能,只是功能较为简单。

◆格式: **IIf(＜条件＞,＜表达式 1＞,＜表达式 2＞)**

◆说明:

①IIf 是一个函数,不是一个语句。

②其功能是,当＜条件＞为 True 时,返回＜表达式 1＞的值;否则返回＜表达式 2＞的值。

③要求＜表达式 1＞、＜表达式 2＞以及接收该函数结果的变量的类型要一致。

例如,可以对例 4.2 的 Command1_Click()过程做如下修改,其效果是一样的。

```
    Private Sub Command1_Click()
        Dim score As Single
        score = Text1.Text
        Label2.Caption = IIf ( score >= 60,"及格","不及格")
    End Sub
```

上述程序中的 Label2.Caption ＝IIf (score >= 60,"及格","不及格")代替了前例中的 If score >= 60 Then Label2.Caption＝"及格" Else Label2.Caption＝"不及格"。显然,使用 IIf 函数有时可以使程序得到简化。

4.2.4   多分支选择结构语句

多分支选择结构语句(Select Case)也称情况语句,它的功能与具有多个分支的块结构条件语句(If...Then...ElseIf)相同,只是结构更加清晰。

◆格式：

Select　Case　<测试表达式>

　　　Case　<测试值列表 1>

　　　　　<语句块 1>

　　　[Case　<测试值列表 2>

　　　　　<语句块 2>]

　　　　　……

　　　[Case　Else

　　　　　<语句块 n>]

　　End Select

◆功能：将<测试表达式>的值依次与<测试值列表 1>，<测试值列表 2>，……的值比对，如果与某个<测试值列表>相匹配，则执行该分支的<语句块>；如果无匹配的<测试值列表>，则执行 Case Else 分支的语句块；当执行完某个分支的语句块之后，就结束本结构，转去执行 End Select 后的程序。

◆说明：

①多分支选择结构语句以 Select Case 开始，以 End Select 结束，二者成对出现。

②<测试表达式>可以是数值表达式或字符串表达式。

③只执行第一个与<测试表达式>相匹配的<测试值列表>后的<语句块>。

④<测试值列表>和<测试表达式>的类型要一致。

⑤<测试值列表>可以是下列 3 种形式，3 种形式也可混用。

a)用","隔开的多个表达式。它们之间是逻辑"或"的关系。例如，Case 1,3,5 表示如果<测试表达式>的值等于 1 或 3 或 5 时，则执行其后的语句块。

b)用关键字 To 表示的一个范围。例如，Case 1 To 5 表示如果<测试表达式>的值落在 1 和 5 之间(含 1 和 5)，则执行其后的语句块。

c)使用 Is 关系运算表达式。适用的运算符包括：<、<=、=、>、>=、<>。例如，Case Is >3 表示如果<测试表达式>的值大于 3，则执行其后的语句块。

d)混合用法。例如，Case 1, 5 to 7, Is > 9 表示如果<测试表达式>的值等于 1 或 5—7 或大于 9 时，执行其后的语句块。

例如，对例 4.3 的 Command1_Click()过程做如下修改，会使结构更加清晰。

```
Private Sub Command1_Click()
    Dim score As Single
    score = Text1.Text
    Select　Case　score
        Case　Is >= 90
            Label2.Caption = "优秀"
        Case　80 To 89
            Label2.Caption = "良好"
        Case　Is >= 60
            Label2.Caption = "及格"
```

```
        Case  Else
            Label2.Caption = "不及格"
      End Select
   End Sub
```

4.3 循环结构

在应用程序设计中,为了简化程序、节约内存或提高编程效率,可能需要反复执行某一段程序。把这种有规律地反复执行某一段程序的现象叫做"循环",这段被反复执行的程序代码叫做"循环体",把具有这种特性的程序代码结构叫做"循环结构"。

循环结构包括 For...Next(计数循环)、WhileW...end(当循环)和 Do...Loop(Do 循环)。

4.3.1 For...Next 循环

For...Next 循环也叫计数循环,适用于循环次数确定的场合。

◆格式:

For **＜循环变量＞＝＜初值＞** **To** **＜终值＞** ［**Step** **＜步长＞**］
    ［**＜循环体 1＞**］
    ［**Exit For**］
    ［**＜循环体 2＞**］
Next ［**＜循环变量＞**］

◆说明:

①循环结构以 For 开始,以 Next 结束。Next 后的＜循环变量＞可省略,且不影响结果。

②＜循环变量＞是一个数值型变量,起循环控制和计数器的作用,其起始值为＜初值＞。

③＜步长＞是一个数值型表达式,省略默认为 1。当＜步长＞为正时,＜初值＞应小于＜终值＞;当＜步长＞为负时,＜初值＞应大于＜终值＞。

④每次执行循环体前先检查＜循环变量＞的值,当它落在＜初值＞和＜终值＞范围内时,执行循环体,遇到 Next 自动加＜步长＞,并再次返回循环开始重新检查＜循环变量＞的值,如此循环往复,直到有一次＜循环变量＞的值"越过"＜终值＞,结束循环并转而执行 Next 后的语句。这里"越过"的意思要看＜步长＞的正负,正数理解成"大于",负数理解成"小于"。

⑤如果遇到 Exit For 语句,则跳出循环,转至执行 Next 后的语句。

⑥循环体的执行次数可按 $Int((＜终值＞-＜初值＞)/＜步长＞)+1$ 公式计算。

⑦循环可以嵌套使用。

此外值得说明的是,对于 For…Next 循环语句,还有一种形式也很有用,它不是靠计数器来控制循环的,而是通过遍历集合或数组中的每个元素来控制;它针对每一个元素都执行一次循环体。在此也一并将它列出,其格式如下。

For **Each** **＜变量名＞** **In** **＜集合或数组名＞**
    ［**＜循环体 1＞**］
    ［**Exit For**］
    ［**＜循环体 2＞**］

  Next ［＜变量名＞］

其中的＜变量名＞必须是 Variant 类型。由于该结构涉及数组或集合的知识,待学习了数组知识后再加以深入学习和使用。

  【例 4.4】编写程序,计算自然数 7 的阶乘,即 7!。

  ◆解题分析:这是一个累乘算法的应用实例,先定义一个变量并赋初值,再通过循环结构来实现变量自身与循环变量的多次乘法,并将结果赋予自身,最终达到题目要求的结果。

  ◆界面设计:在窗体中添加表 4 - 2 所列的 2 个控件。

表 4 - 2　例 4.4 的控件说明

控件类型	控件名称	用　途	主要属性
标签	Label1	显示计算结果	
命令按钮	Command1	"显示结果"按钮	

  ◆程序代码:

```
Option Explicit
Private Sub Command1_Click()
    Dim factorial&, i&                          '声明两个长整型变量
    factorial = 1
    For i = 2 To 7                              '计算 7!
        factorial = factorial * i
    Next
    Label1.Caption = "7! = " & Str(factorial)   '将结果显示出来
End Sub
Private Sub Form_Load()
    Caption = "计算阶乘范例"                      '修改窗体的标题栏
    Command1.Caption = "显示结果"
    Label1.Caption = ""
End Sub
```

执行程序后按"显示结果"按钮,会得到如图 4 - 6 所示的计算结果。

图 4 - 6　计算阶乘范例

  【例 4.5】在窗体上显示 300～350 之间的偶数,要求每行显示 5 列。

  ◆解题分析:要找出 300～350 之间的所有偶数,只需采用穷举法来测试该范围的每个数 i 是否满足 $i \bmod 2 = 0$ 关系式即可。为了判断和显示多个数,可使用循环结构。要实现每行 5

列,可增加一个列计数器 column,每显示一个偶数,计数器＋1,每行满 5 个数后将计数器清零,再开始新的一行。

◆界面设计:在窗体中添加 1 个命令按钮 Command1 用于执行单击事件过程。

◆程序代码:

```vb
Option Explicit
Private Sub Command1_Click()
        '显示 300～350 之间的偶数,每行 5 列
        Dim i, As integer, column As Integer
        For i = 300 To 350
            If i Mod 2 = 0 Then                    '如果是偶数,准备显示
                If column = 0 Then                 '如果是新行开始,换一新行
                    Print
                    Print Spc(8);
                End If
                Print i;                           '显示偶数
                column = (column + 1) Mod 5        '列计数器＋1,满 5 个清 0
            End If
        Next
End Sub
Private Sub Form_Load()
        Command1.Caption = "显示偶数"
        Me.Caption = "显示 300 - 350 间的偶数"
End Sub
```

该程序使用了 column＝(column＋1) Mod 5 语句,以确保列计数器在 0～4 之间变化,0 表示一行已经满 5 个数。另外,Print Spc(8)是为了在窗体左侧空出 8 个字符。

程序运行后,单击"显示偶数"按钮即得到如图 4-7 所示的结果。

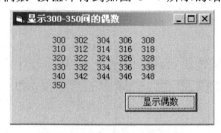

图 4-7 每列显示 5 个偶数

3. 循环嵌套

循环嵌套就是在一个循环结构内还可包含另一个循环结构,嵌套的层数没有限制,但建议不要超过 3 层。在解决某些实际问题时采用循环嵌套是不可避免的。下面以实际例子来说明循环嵌套的使用方法。

【例 4.6】在窗体中打印九九乘法表。

◆解题分析:这是一个循环嵌套的典型实例。外层循环控制行,内层循环控制各行的列。

◆界面设计:在窗体添加一个命令按钮 Command1,如图 4-8 所示。

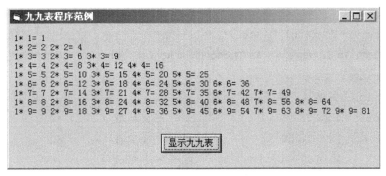

图 4-8　显示九九表范例

◆程序代码:

```
Option Explicit
Private Sub Command1_Click()
    Dim i% , j%
    Print                                        '开始空一行
    For i = 1 To 9                               '外层循环
        For j = 1 To i                           '进入内层循环
            Print Str(j) & " * " & Str(i) & " = " & Str(i * j);   '打印第 i 行第 j 列
        Next                                     '内层循环结束
        Print                                    '另换一行
    Next                                         '外层循环结束
End Sub
Private Sub Form_Load()
    Command1.Caption = "显示九九表"
    Caption = "九九表程序范例"
End Sub
```

执行程序后,按"显示九九表"按钮,即可看到九九表,如图 4-8 所示。

【例 4.7】编写程序,求解"百钱买百鸡"问题。(提示:"百钱买百鸡"是我国古代著名数学问题,具体描述为:3 文钱可以买 1 只公鸡,2 文钱可以买 1 只母鸡,1 文钱可以买 3 只小鸡。要用 100 文钱买 100 只鸡,有多少种购鸡方案? 每种方案各有公鸡、母鸡、小鸡多少只?)

◆解题分析:根据题意不难看出,各种购鸡方案都要满足 100 文钱正好能买 100 只鸡,公鸡数最多 33 只,母鸡数最多 50 只,小鸡数必须是 3 的倍数。如果公鸡、母鸡和小鸡的数量分别用 i、j、k 来表示,则一定满足 $k = 100 - i - j$、$i * 3 + j * 2 + k / 3 = 100$ 和 $k \bmod 3 = 0$。程序的实现可采用三重循环,也可采用本例的两重循环。

◆界面设计:在窗体中添加一个命令按钮 Command1,见图 4-9。

◆程序代码:

```
Private Sub Form_Load()
```

```
            Me.Caption = "百钱买百鸡"
            Command1.Caption = "购鸡方案"
    End Sub
    Private Sub Command1_Click()
            Dim i As Integer, j As Integer, k As Integer
            Print
            Print "公鸡", "母鸡", "小鸡"
            For i = 0 To 33                  'i — —公鸡数
                For j = 0 To 50              'j — —母鸡数
                    k = 100 - i - j          'k — —小鸡数
                    If i * 3 + j * 2 + k / 3 = 100 And (k Mod 3 = 0) Then
                        Print i, j, k
                    End If
                Next
            Next
    End Sub
```

上述程序执行后，按"购鸡方案"按钮，即可显示如图 4 - 9 所示的各种购鸡方案。

图 4 - 9　求解"百钱买百鸡"

4.3.2　While...Wend 循环

While...Wend 循环也称"当循环"，它适用于不知道循环次数的情况，用一个条件来判断何时结束循环。

◆格式：

While ＜循环条件＞

[＜循环体＞]

Wend

◆说明：

①该循环以 While 开始，以 Wend 结束，二者成对出现。

②＜循环条件＞为布尔表达式或数字表达式。进入循环前首先对＜循环条件＞进行测试，当其值为 True(非 0)时，执行循环体，遇到 Wend 时，返回到循环开始，再次对＜循环条件＞进行测试，直到某次＜循环条件＞为 False，程序才跳出循环，转而执行 Wend 后的语句。如果开始时＜循环条件＞即为 False，则循环体一次也不执行。

③循环体应有修改＜循环条件＞的语句，使程序有跳出循环的机会，避免发生"死循环"。

④与其他循环结构一样,这种循环结构也可嵌套。

【例 4.8】编写程序,给定两个整数,求它们的最大公约数。

◆解题分析:根据数学知识,两个整数的最大公约数可通过辗转相除法(欧几里得算法)获得。具体算法是,使两个整数相除,然后反复将除数和余数作为下一次的被除数和除数,当余数为 0 时,其除数即为最大公约数。这是一个典型的应用迭代算法的例子。

◆界面设计:在窗体中添加表 4 - 3 所列的 6 个控件,并根据图 4 - 10 做适当布局。

表 4 - 3　例 4.8 的控件说明

控件类型	控件名称	用　途	主要属性
标签	Label1	提示 a:	
标签	Label2	提示 b:	
标签	Label3	显示结果	
文本框	Text1	输入 a	
文本框	Text2	输入 b	
命令按钮	Command1	执行按钮	

图 4 - 10　求最大公约数

◆程序代码:

```
Option Explicit
Private Sub Command1_Click()
    Dim t As Integer, a As Integer, b As Integer
    a = Val(Text1.Text)
    b = Val(Text2.Text)
    ' 通过辗转相除法求最大公约数
    While b <> 0
        t = a Mod b
        a = b
        b = t
    Wend
    Label3.Caption = "最大公约数:" & a
End Sub
Private Sub Form_Load()
```

```
            Text1.Text = ""
            Text2.Text = ""
            Label1.Caption = "a:"
            Label2.Caption = "b:"
            Label3.Caption = ""
            Command1.Caption = "结果"
    End Sub
```

程序的执行界面如图 4 - 10 所示。

4.3.3 Do...Loop 循环

Do...Loop 循环结构有两种形式，一种是"先测试条件"的 Do...Loop；另一种是"后测试条件"的 Do...Loop。

1. 先测试条件的 Do...Loop 语句

◆格式：

Do ［**While** | **Until** ＜条件表达式＞］

　　［＜循环体 1＞］

　　［**Exit Do**］

　　［＜循环体 2＞］

　Loop

◆说明：

①循环以 Do 开始，以 Loop 结束，程序遇到 Loop 后，再次对＜条件表达式＞进行测试。

②关键字 While 和 Until 选择其一。While 表示当＜条件表达式＞为 True 时执行循环体，为 False 则结束循环；Until 表示当＜条件表达式＞为 True 时结束循环，为 False 时则执行循环体。

③程序遇到 Exit Do 时，跳出循环，转而执行 Loop 后的语句。

④Do...Loop 结构完全可代替 While...Wend 结构。

2. 后测试条件的 Do...Loop 语句

◆格式：

Do

　　［＜循环体 1＞］

　　［**Exit Do**］

　　［＜循环体 2＞］

　Loop ［**While** | **Until** ＜条件表达式＞］

◆说明：

这种后测试条件的 Do...Loop 循环语句和前测试条件的 Do...Loop 语句的功能基本相同，主要区别在于：前测试条件的 Do...Loop 语句在进入循环前先测试＜条件表达式＞，而后测试条件的 Do...Loop 语句则先执行一次循环体，然后测试＜条件表达式＞。因此，后测试条件的 Do...Loop 语句至少执行一次循环体。

【例 4.9】编写程序,求解从拥有第 1 对兔子开始,需几个月可使兔子数达到 100 对以上。(提示:每对兔子每月繁殖 1 对小兔,而子兔从出生后第 3 月起,就开始每月繁殖 1 对小兔。)

◆解题分析:这是一个求解斐波那契(Fibonacci)数列(1,1,2,3,5,8,13,21,…)的问题。该数列的特点是,从第 3 项起,每一项都等于前两项之和。欲求解该题,可采用迭代算法(也称递推法),通过 Do…Loop 循环语句来实现。

◆程序代码:

```
Private Sub Form_Click()
    Dim x1%, x2%, x%, i%
    x1 = 1: x2 = 1
    Print
    Print x1; x2;              '输出第 1、2 项
    i = 2
    Do
        i = i + 1              '月计数器 + 1
        x = x1 + x2            '计算前两项之和
        Print x;               '输出新项
        x1 = x2                '将后项赋给 x1
        x2 = x                 '将新项赋给 x2
    Loop While x < 100         '如不足 100 对兔子,则继续循环
    Print
    Print
    Print Spc(8); "达到 100 对以上兔子需"; i; "个月"
End Sub
```

程序运行后,单击窗体则显示如图 4-11 所示的结果。

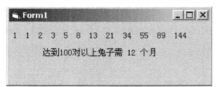

图 4-11　例 4.9 的执行界面

【例 4.10】求满足 $1+2+\cdots+n > 1000$ 的最小的 n 值。

◆解题分析:该问题的求解过程采用累加算法。

◆界面设计:在窗体中,添加表 4-4 所列的 3 个控件。

表 4-4　例 4.10 的控件说明

控件类型	控件名称	用　途	主要属性
标签	Label1	显示结果	
命令按钮	Command1	"确定"按钮	
命令按钮	Command2	"结束"按钮	

◆程序代码：

```
Option Explicit
Private Sub Command1_Click()
    Dim n As Integer, m As Integer
    Do Until m > 1000
        n = n + 1
        m = m + n
    Loop
    Label1.Caption = "n = " & n
End Sub
Private Sub Command2_Click()
    End
End Sub
Private Sub Form_Load()
    Command1.Caption = "确定"
    Command2.Caption = "结束"
    Label1.Caption = ""
End Sub
```

执行程序后,按"确定"按钮,则显示如图 4-12 所示的结果。

图 4-12　例 4.10 的程序界面

4.3.4　闲置循环

Visual Basic 语言具有事件驱动的特点,即某事件发生时才执行相应的程序。应用程序在运行中无任何事件发生时,处于"闲置"(Idle)状态;而在执行某一耗时较长的过程时,处于"忙碌"(Busy)状态,此时将停止对其他事件的处理(如不再接受鼠标、键盘事件,系统处于"假死"状态),直至这一过程处理完毕。为改变这种执行顺序,Visual Basic 提供了闲置循环(Idle Loop)和 DoEvents 语句,来强制打破 CPU 控制权的垄断,将控制权交给周围环境使用,使系统能够接受其他事件。

一般来说,DoEvents 语句一方面可防止 CPU 控制权的垄断;另一方面可防止某程序段运行过快,使快的进程执行完后什么都不做而等待慢的进程,以便应用程序能够协调运行。

【例 4.11】设计一个摇奖程序。

◆解题分析:该问题的求解思路是利用一个循环结构,自动不停地产生一些随机数作为抽奖号,并通过 Label1 控件滚动显示于窗体,直至"停"按钮被按下,展示最后抽奖号码。程序的关键是使用 DoEvents 语句来降低显示速度,并使"停"按钮的 Click 事件能够得到响应,进而改变循环条件,退出奖号滚动循环,展示抽奖结果。

◆界面设计:在窗体中添加表 4 - 5 所列的 3 个控件,并做适当布局,见图 4 - 13。

表 4 - 5　例 4.11 的控件说明

控件类型	控件名称	用　途	主要属性
标签	Label1	显示奖号	
命令按钮	Command1	"抽奖"按钮	
命令按钮	Command2	"停"按钮	

图 4 - 13　例 4.11 的程序界面

◆程序代码:

```
Private flag As Boolean
Private Sub Form_Load()
        Label1.Caption = ""
        Label1.Appearance = 1
        Label1.FontSize = 36
        Label1.Alignment = 2
        Label1.BorderStyle = 1
        Command1.Caption = "抽奖"
        Command2.Caption = "停"
End Sub
Private Sub Command1_Click()
    '"抽奖"按钮
    Dim i As Long
    flag = True
    Randomize
    Do While flag            '奖号滚动循环
        i = Int(65535 * Rnd + 1)
        Label1.Caption = i
        DoEvents
```

```
        Loop
End Sub
Private Sub Command2_Click()
    '"停"按钮
        flag = False
End Sub
```

程序执行后,按"抽奖"按钮,可看到不停滚动的奖号;按"停"按钮则停止滚动,如图 4-13 所示。

值得说明的是,上述程序定义了一个模块级变量 flag,用于控制奖号滚动循环是否持续。可以看出,该循环只在 flag 值为 False 时才会结束,而在循环体中又没有改变 flag 值的语句,因此它其实是一个死循环。要使 flag 的值变为 False,只有执行 Command2_Click()事件过程。然而,如果奖号滚动循环中没有 DoEvents 语句,"停"按钮的 Click 事件是不会被响应的,同时也不会有滚动的效果,就像死机了一样,这是因为计算机速度实在是太快了,根本来不及显示。读者可尝试去掉 DoEvents 语句,然后执行程序体会一下有何异样。

以上介绍了 Visual Basic 中控制程序执行走向的顺序、分支和循环等三种控制结构,以及 DoEvents 语句。除此之外,Visual Basic 还保留了 Basic 早期的一种控制程序走向的语句,即 GoTo 和 On…GoTo 语句。由于它们会影响程序的质量,也不符合结构化程序设计思想的要求,所以应尽量少用它们。不过,我们还是将它们的一般格式书写出来,供大家参考。

◆ GoTo 语句的格式:

GoTo ＜标签 ｜ 行号＞

该语句无条件跳转到指定的行号或标签。

◆ On...GoTo 语句的格式:

On ＜数值表达式＞ **GoTo** ＜行号或标签列表＞

该语句根据＜数值表达式＞的值,决定跳转到＜行号或标签列表＞中第几个"行号"或"标签"所指示的位置。＜数值表达式＞的值为 1 表示转到第 1 个行号(或标签);为 2 则转到第 2 个行号(或标签),依此类推。

习 题 4

一、填空题

1. 改变窗体标题栏文字,应使用_____语句,改变_____的属性值。

2. 注释语句是_____语句,Visual Basic 不对它们进行_____,不影响程序的执行结果。

3. 在 Select Case 结构中,表达式列表要和_____的类型一致。

4. 在 Select Case 结构中,表达式列表有_____、_____和_____3 种形式。

5. 在 For...Next 循环结构中,循环变量的作用是_____。

6. 在后测试条件的 Do...Loop 语句中,循环体至少_____。

7. 一般来说,_____语句一方面可防止 CPU 控制权的垄断;另一方面可防止某程序段运行过快。

二、选择题

1. 下列赋值语句中,_____是正确的。

   A. a! ＝ "abd"　　　B. a％＝"10b"　　　C. 1＋3＝x　　　D. s＄＝35

2. 下列选项中,_____不能交换变量 a％和 b％的值。

   A. t＝b:b＝a:a＝t　　　　　　　　B. a＝a＋b:b＝a－b:a＝a－b

   C. t＝a:a＝b:b＝t　　　　　　　　D. a＝b:b＝a

3. 执行下列程序段后,n 的结果是_____。

   ```
   Dim n As Integer, m As Integer
   Do Until m ＞ 8
        n = n + 1
        m = m + n
   Loop
   ```

   A. 4　　　　　　　B. 5　　　　　　　C. 2　　　　　　　D. 9

4. 执行语句 For I = 1 to 3:I = I + 1:Next 后,变量 I 的值是_____。

   A. 4　　　　　　　B. 3　　　　　　　C. 6　　　　　　　D. 5

5. 在下面程序段中,循环体执行的次数是_____。

   ```
   ForI = 11  to  1  Step  - 3
        Print
   Next
   ```

   A. 3　　　　　　　B. 4　　　　　　　C. 5　　　　　　　D. 0

6. 要在 Select Case N 情况语句中分析 N 的绝对值大于 7,正确的 Case 子句为_____。

   A. Case Is＜－7,Is ＞7　　　　　　B. Case Not(－7 To 7)

   C. Case －7 To 7　　　　　　　　D. Case Abs(N)＞7

7. 执行下段程序后 i 的值为_____。

   ```
   N = 0
   For i = 10 to 0  Step - 2
        N = N + i
   Next i
   ```

   A. 11　　　　　　B. 12　　　　　　C. －2　　　　　　D. －1

8. 执行下列程序后,单击窗体后显示的信息是_____。

   ```
   Private Sub Form_Click()
        For I = 0 To 3
             For J = 0 To I
                  Print Chr(65 + I);
             Next J
             Print
        Next I
   ```

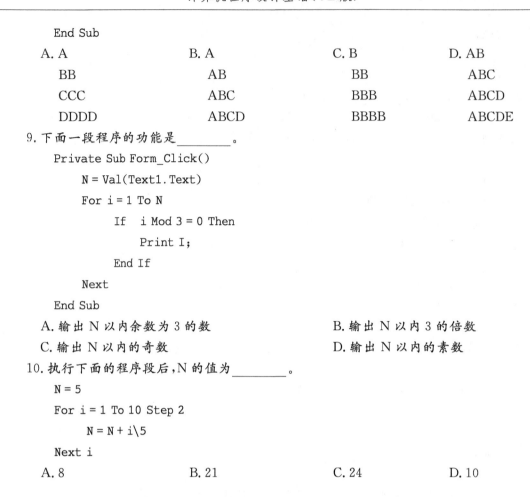

End Sub

A. A   B. A   C. B   D. AB

  BB   AB   BB   ABC

  CCC   ABC   BBB   ABCD

  DDDD   ABCD   BBBB   ABCDE

9. 下面一段程序的功能是_____。

```
Private Sub Form_Click()
    N = Val(Text1.Text)
    For i = 1 To N
        If   i Mod 3 = 0 Then
            Print I;
        End If
    Next
End Sub
```

A. 输出 N 以内余数为 3 的数   B. 输出 N 以内 3 的倍数

C. 输出 N 以内的奇数   D. 输出 N 以内的素数

10. 执行下面的程序段后,N 的值为_____。

```
N = 5
For i = 1 To 10 Step 2
    N = N + i\5
Next i
```

A. 8   B. 21   C. 24   D. 10

三、编程题

1. 改写例 2.1,使得在没有输入字符时提醒用户,避免造成程序崩溃。

2. 计算 $1/2 + 1/2^2 + 1/2^3 + \cdots + 1/2^{10}$ 的值(精确到 4 位小数)。

3. 找出 100 之内的 3 的倍数。结果显示时,每行不超过 6 个数。

4. 任输一个 3 位整数 n,将其个位、十位、百位的数字分离出来。提示:通过 $n \backslash 10^2$ 可去掉百位数后面的所有数字,通过 n Mod 10 可获得个位数字。

5. 找出 3 位数中的所有水仙花数。所谓水仙花数是指:一个 n 位数($n \geqslant 3$),其各位数字的 n 次方的和等于该数本身。例如,407 即为水仙花数,因为 4^3+0^3+7^3=407。

6. 显示 100 之内的所有完数。所谓完数是指,一个数恰好等于它的所有因子之和。例如,6 就是一个完数,因为 6=1+2+3。

7. 采用三层循环来求解"百钱买百鸡"问题。

8. 参照例 4.9 设计程序,计算两年(24 个月)后兔子的数量能达到多少对。

9. 采用 For...Next 循环嵌套,依次设计如图 4-14 所示的 4 个"数字三角"程序。

图 4-14　4 个"数字三角"

四、简答题

1. 顺序结构的特点是什么？

2. If 结构和 IIf 函数有什么区别？

3. 什么叫循环条件？它的作用是什么？

4. 在循环结构中,如何避免死循环？

5. Do...Loop 循环语句中,使用 While 测试条件与使用 Until 测试条件有什么区别？

6. DoEvents 语句的作用是什么？

第5章　数　组

数组是一组有序的数据集合。数组中的每个数据称为这个数组的元素,而这些元素的类型一般是相同的。当元素类型被声明为 Variant 时,各元素也可被赋予不同类型的数据。在现实生活中,常常要处理一批具有相同属性的数据,这时使用数组最为合适。例如,要描述一个班 30 个学生的成绩,可以用 Score(0),Score(1),…,Score(29)来表示,这些变量就可构成一个数组,它们有一个共同的名字 Score;其中的每个 Score(n)就是这个数组的元素;用于区别每个元素的数 n,叫做数组元素的下标。

另外,为了能够处理功能相近的控件,Visual Basic 6.0 还提供了控件数组。

5.1　数组的声明

数组在使用之前必须经过声明。声明数组的目的,就是告诉计算机为其留出所需空间。

5.1.1　一维数组的声明

一维数组可理解为一行相关的数据变量,它们具有相同的名字,彼此通过下标来区别。例如,上面的 Score(1),Score(2),…,Score(n)就是一个一维数组。

◆ 声明格式:**Dim　<数组名>(<下标>)　[As　<数据类型>]**

◆ 说明:

①Dim 是声明数组的关键字。同声明其他变量一样,也可用 Public、Private 和 Static 声明,以指定不同的作用范围和性质。用 Static 声明的数组称为静态数组,静态数组的性质与前面介绍的静态变量的性质相同。

②<下标>是一个整数,用来说明数组元素的下标范围,从而也能决定数组元素的个数。<下标>有两种形式。

a)<下界>　To　<上界>。直接表示出数组第一个元素的下标值和最后一个元素的下标值。<下界>必须小于<上界>。数组元素的个数为 <上界> －<下界> ＋1。

b)只表示出下标的<上界>,<下界>默认为 0。如果<下标>＝n,则说明数组有 n＋1 个元素。要设置默认下标的下界值为 0 或 1,可使用 Option Base {0 | 1}语句。

③<数据类型>用来定义数组中每个元素的数据类型,如果省略,则默认为 Variant 类型。要想使数组中的元素存放不同类型的数据(如字符串、数值),应将数组声明为 Variant 类型。

例如:

Dim　Score(29)　As　Integer

声明了具有 30 个元素的 Score 数组,元素的数据类型都是 Integer;

Dim　Abc(1　To　20)　As　String ＊8

声明了具有 20 个元素的 Abc 数组,元素的数据类型都是定长(8 个字符)的字符串;

Public IntArr（1 **To** 10） **As Integer**

声明了具有 10 个整型元素的全局数组。**注意:**要用 Public 来声明数组,只能在标准模块中进行。

5.1.2 二维数组的声明

二维数组是具有两个下标的数组,它可表示一个 n 行 m 列的数据矩阵。例如,$A(1,1)$、$A(1,2)$、$A(1,3)$、$A(2,1)$、$A(2,2)$ 和 $A(2,3)$ 就组成了一个具有 2 行 3 列的二维数组。

◆声明格式:**Dim ＜数组名＞**（**＜下标 1,下标 2＞**） 〔**As ＜数据类型＞**〕

◆说明:

声明二维数组,除了下标有所区别外,其他情况都和一维数组相同。这里的"下标 1"和"下标 2"分别代表着二维数组的行下标和列下标。例如:

Dim a（10,10） **As Integer**

声明了 11 行 11 列,具有 11 * 11 个元素的二维数组,每个元素都是 Integer 类型;

Dim b（1 **To** 10 , 1 **To** 10） **As Double**

声明了 10 行 10 列,具有 10 * 10 个元素的二维数组,每个元素都是 Double 类型;

Dim c（1 **To** 2 , 1 **To** 3） **As Long**

声明了 2 行 3 列,具有 2 * 3 个元素的二维数组,每个元素都是 Long 类型。

5.1.3 动态数组的声明

前面介绍的数组的声明方式,只能声明具有固定元素个数的数组,Visual Basic 在编译时就为其分配了存储空间。而动态(Dynamic)数组的存储空间不是在声明时分配的,而是在声明之后根据需要动态分配的,使用完后还可随时将数组所占用的内存释放给系统。动态数组的元素个数是可调的,因此动态数组也被称为可调数组。

要想使用动态数组,需要经过两个步骤,即声明数组和分配空间。

1. 声明动态数组

◆格式:**Dim ＜数组名＞**() 〔**As ＜数据类型＞**〕

◆说明:声明动态数组和声明固定数组的语法格式基本相同,只是不要明确维数和下标范围。例如:

```
Dim MyArr() As Integer
```

声明了一个名为 MyArr 的动态数组,其元素的数据类型为 Integer。

2. 为动态数组分配空间

◆格式:**ReDim ＜数组名＞**(**＜下标＞**) 〔**As ＜数据类型＞**〕

◆说明:

①ReDim 的作用是为先前已声明的动态数组重新声明一下,以便申请所需的空间。

②这里＜下标＞的使用格式和意义与声明固定数组时的相同。所不同的是＜下标＞可以使用变量。例如,下面的语句就为动态数组 MyArr 分配了用于存储 10 个整型数的空间。

```
Dim X As Integer
X = 9
ReDim MyArr(X) As Integer
```

③与 Dim 和 Static 等声明语句不同，ReDim 是一个可执行语句，所以只能出现在过程中。

④针对一个动态数组，ReDim 语句可以反复使用，但每次使用时，都会对数组的所有元素进行初始化操作。初始化的结果是将 Variant 类型的元素值置为 Empty；将数值类型的元素值置为 0；将 String 类型的元素值置为 0 长度字符串（" "）；将 Object 类型的元素值置为 Nothing。

⑤如果要重新设置动态数组的大小时，还要保留原来的元素值，则必须在 ReDim 后使用 Preserve 关键字。例如：

    ReDim   **Preserve**   MyArr(20)

使 MyArr 数组增加了元素个数，同时保留了原来的元素内容。

⑥带有 Preserve 关键字时，ReDim 不能改变维数，只能改变最后一维的下标上界，否则会产生"运行错误"。

5.2 关于数组的操作

当一个数组被声明（或已对动态数组分配存储空间）后，就可以对该数组进行某些操作了。这些操作有针对数组元素的，也有针对整个数组的。

5.2.1 对数组的访问

1. 对一般数组元素的访问

数组中的每个元素都可以看成一个独立的变量，在访问这些变量时，通过下标来区分。无论是向元素赋值还是引用元素的值，都可使用赋值语句。例如：

```
Dim  MyArr(3)  As  Integer
Dim  n  As  Integer
For n = 0   To 3
    MyArr(n) = 2 * n
Next
```

执行完这段程序后，数组 MyArr 的 4 个元素即分别被赋值为 0、2、4、6。

2. 对可变型数组的访问

当数组类型被声明为 Variant 或在声明时不做类型说明时，数组的各个元素可以存放不同类型的数据。这种数组就叫可变型数组。例如：

```
Dim  MyArr1(2)
MyArr1(0) = 356
MyArr1(1) = 21.567
MyArr1(2) = "This is a Variant Array. "
```

3. 使用 Array 函数为数组元素赋值

Array 函数返回一个包含 Variant 变量的数组，其调用格式为

       ＜变量名＞＝Array[（＜元素值 1＞,＜元素值 2＞,…,＜元素值 n＞）]

如果不提供＜元素值＞，则创建一个长度为 0 的数组。＜变量名＞所代表的变量，必须声明成 Variant类型。使用 Array 函数生成的数组是一个动态数组，可使用 ReDim 语句进行重新定义。例如，下面的程序段，即可使 OddArr 成为一个含有 5 个元素的数组，并将元素的值打印出来。

```
Dim  OddArr  As  Variant
Dim  n  As  Integer
OddArr = Array(1,3,5,7,9)
For  n = 0 To 4
    Print OddArr(n);
Next
```

值得说明的是,数组不能以整体形式为另一数组赋值,即使它们的元素个数和元素类型都相同也不行,除非被赋值的是一个 Variant 类型变量。

5.2.2 数组的刷新

当需要将数组的所有元素的值清除时,不必使用赋值语句逐个元素地进行,Visual Basic 提供了数组刷新语句 Erase。

Erase 语句可以清除一个或多个用逗号隔开的数组变量,其语句格式为

Erase <数组 1>[,<数组 2>,…,<数组 *n*>]

固定数组刷新后,各元素的值都被置为初始默认值。根据各个元素的类型不同,初值也不同。即:将 Variant 类型的元素值置为 Empty;将数值类型的元素值置为 0;将 String 类型的元素值置为 0 长度字符串("");将 Object 类型的元素值置为 Nothing。

执行下面的代码后,动态数组 Oddrr()的元素将全部被删除,并释放所占的内存,下次引用前,必须使用 ReDim 语句来重新声明。

```
Dim  OddArr  As  Variant
Dim  n  As  Integer
OddArr = Array(1,3,5,7,9)
Erase  OddArr
```

5.2.3 有关数组的函数

1. LBound 函数

LBound 函数用来获得数组中指定维的最小下标值(Long 型),即下界。

◆格式:**LBound**(<数组名>[,<指定维>])

◆说明:

①<指定维>是一个 Long 数值,1 表示第 1 维,2 表示第 2 维,依此类推。省略<指定维>则默认为 1。

②LBound 函数与 UBound 函数都不能应用于后面将要介绍的"控件数组"。

例如,执行下面一段代码后,*n* 的值为 0。

```
Dim  MyArr(3,4)  As  Integer
Dim  n  As  Integer
n = LBound(MyArr)
```

2. UBound 函数

UBound 函数用来获得数组中指定数组维的最大下标值(Long 型),即上界。

◆格式:**UBound**(<数组名>[,<指定维>])

例如,执行下面代码后,n 的值为 4。

```
Dim  MyArr(3,4)  As  Integer
Dim  n  As  Integer
n = UBound(MyArr,2)
```

LBound 函数和 UBound 函数配合使用,可获得一个数组的大小,即

数组 a 的元素个数＝UBound(a)－LBound(a)＋1

假如只知道一维数组 a 的类型而不知其大小,那么如何获得所有元素的值(为所有元素赋值的情况也一样)呢? 可给出下面程序片断来完成这一工作。

```
Dim m As Long , n As Long , i As Long
m = LBound(a)
n = UBound(a)
For i = m To n
    Print a(i) ;
Next
```

注意:当数组 a 中一个元素也没有(动态数组被 Erase 或尚未 Redim)时,引用 LBound(a) 和 UBound(a)将报出"下标越界"的错误。

3. IsArray 函数

IsArray 函数用来测试一个变量是否(True/False)为一个数组。

◆**格式:IsArray(＜变量名＞)**

◆**说明:**如被测变量是数组,则返回 True;否则返回 False。

5.3　控件数组

控件数组就是以若干控件作为数据元素的数组。这些控件具有相同的名称和类型,共享同一个事件过程,但它们都有不同的索引(Index 属性)值,以便区分彼此。

当应用程序有若干个同类控件执行大致相同的操作时,使用控件数组是不错的选择。例如,计算器中的 10 个数字按钮,就可以采用控件数组的方式组织到一起,以便共享同一个事件过程,以简化程序设计。

建立控件数组有两个途径,一个是在界面设计时手工建立;另一个是在程序执行过程中由程序代码建立。

5.3.1　手工建立控件数组

在界面设计时通过手工建立控件数组的步骤如下。

(1)首先在窗体上建立起第一个控件(假设是 Command1)。

(2)再建立下一个控件(假设是 Command2)。

(3)将新建的控件名称属性值也改为 Command1。

(4)此时将弹出一个窗口(如图 5-1 所示),询问是否创建控件数组。单击"是"按钮。

(5)对每个要加入数组的控件重复(2)~(3)(当然也可用"复制"/"粘贴"的方法代替)。

图 5-1 创建控件数组对话框

至此,一个控件数组就建立好了,数组名是 Command1。对于各个控件的引用,由 Command1(Index)来完成。这里的 Index 是在创建控件数组时,系统为每个加入数组的控件自动编制的一个唯一索引号,并赋予控件的 Index 属性。这个 Index 相当于普通数组的下标,但它们是可以不连续的,可在设计时更改(只要不重复),而不能在程序中更改。

双击窗体上数组中的一个按钮,打开代码编辑窗口,这时可以看到在 Command1_Click 事件过程中加入了一个"Index"参数。

Private Sub Command1_Click(Index As Integer)

    ...

End Sub

也就是说,程序执行时,无论单击数组中的哪个按钮都会调用这个事件过程,而按钮的 Index 属性值将传给该过程,以指明用户单击了哪一个按钮。

下面通过一个简单的例子来体会一下采用控件数组编写程序的好处。

【例 5.1】使用控件数组编写程序,显示被单击的按钮名称。

◆界面设计:在窗体中添加表 5-1 所列的控件,并使其中的 3 个按钮组成一个控件数组。

表 5-1 例 5.1 的控件说明

控件类型	控件名称	用 途	主要属性
标签	Label1	显示结果	
命令按钮	Command1(0)	第三个按钮	Index=0
命令按钮	Command1(1)	第三个按钮	Index=1
命令按钮	Command1(2)	第三个按钮	Index=2

◆程序代码:

```
Option Explicit
Private Sub Command1_Click(Index As Integer)
    Label1.Caption = "你按的是" & Command1(Index).Caption
End Sub
Private Sub Form_Load()
    Command1(0).Caption = "第一个按钮"
    Command1(1).Caption = "第二个按钮"
    Command1(2).Caption = "第三个按钮"
End Sub
```

在这个程序中,由于使用了控件数组,使得本该由 3 个 Click 事件过程才能完成的任务,只由一个 Click(Index As Integer)事件过程就完成了。过程中的语句越多,这种优势越明显。

程序执行后,单击任一个按钮,就会显示出该按钮的名称,如图 5-2 所示。

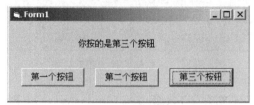

图 5-2 例 5.1 的执行界面

另外,在界面设计阶段要将某一控件从控件数组中删除,只需修改那个控件的名称即可。当然也可用删除键直接将其删除。

5.3.2 通过程序建立控件数组

上面介绍的是在界面设计阶段建立控件数组的方法,但有时需要在程序运行时根据不同情况自动向数组中添加控件实例,这在设计阶段是无法完成的。幸好,Visual Basic 6.0 提供了通过程序代码添加或删除控件数组元素的方法。语法格式如下。

◆添加:**Load　＜控件名＞(Index)**

◆删除:**UnLoad　＜控件名＞(Index)**

说明:

①Load 语句为控件数组增加新元素时,大多数属性(Visible、Index 和 TabIndex 属性除外)值将由数组中具有最小下标的现有元素复制得到。新增控件的 Visible 属性值为 False。

②为使新增控件可见,须将其 Visible 属性设置为 True,并适当改变 Top、Left、Width、Height 等属性值,以调整控件的位置和大小,否则有可能被别的控件遮挡住。

③LBound()和 UBound()函数不能应用于控件数组。但可通过控件数组所提供的 LBound 和 UBound 只读属性来获得控件数组中最低 Index 值和最高 Index 值。通过控件数组的 Count 属性可以获得数组中控件的数量。

另外,根据笔者的经验,即使通过代码建立控件数组,最好也要先手工建立一个小规模(如只有 2 个控件)控件数组,这样,当程序遇到 Load ＜控件名＞(Index)语句时才不会出错。

5.4　数组应用举例

为了使大家对本章的内容能有一个比较直观清晰的了解,也为了帮助大家进一步掌握和熟悉数组的相关内容,下面给出几个应用实例,供大家学习参考。

【例 5.2】生成若干个随机整数(1~10000),统计这些数的奇偶分布情况。

◆解题分析:要统计一组随机数的奇偶分布情况,可采用穷举算法逐个测试它们的奇偶情况,方法是用 2 去除每个数,能整除则为偶数。存放这些随机数,可使用动态数组。

◆界面设计:在窗体中添加如表 5-2 所示的控件,并做适当布局。

表 5 - 2 例 5.2 的控件说明

控件类型	控件名称	用 途	主要属性
标签	Label1~ Label3	提示	
文本框	Text1	输入随机数个数	
文本框	Text2、Text3	显示奇数、偶数个数	
命令按钮	Command1、Command2	"开始""退出"按钮	

◆程序代码：

```
Option Explicit
Private Sub Command1_Click()              '"开始"按钮的 Click 事件过程
    Dim elem As Variant                   '用于 For Each 循环
    Dim i As Long
    Dim n As Long                         '用于记录随机数个数
    Dim OddNum As Long                    '存放奇数个数
    Dim EvenNum As Long                   '存放偶数个数
    Dim RndNum() As Integer               '声明动态数组,用于存放所有的随机数
    n = Val(Text1.Text)
    ReDim RndNum(n - 1) As Integer        '为动态数组分配空间
    Randomize
    For i = 0 To n - 1                    '该循环将所有随机数保存到数组
        RndNum(i) = Int(10000 * Rnd() + 1) '随机产生一个 1~10000 间的整数
    Next
    For Each elem In RndNum               '该循环统计奇偶分布情况
        If elem Mod 2 = 0 Then
            EvenNum = EvenNum + 1
        Else
            OddNum = OddNum + 1
        End If
    Next
    Text2.Text = Str(OddNum)              '输出统计结果
    Text3.Text = Str(EvenNum)
End Sub
'下面过程用于控制"开始"按钮的使能与否.
'保证输入的随机数的个数在有效范围内(1~32767),"开始"按钮才有效
Private Sub Text1_Change()
    If Text1.Text <> "" And Val(Text1.Text) > 0 _
            And  Val(Text1.Text) < = 32767   Then
        Command1.Enabled = True
```

```
        Else
            Command1.Enabled = False
        End If
    End Sub
'下面的过程是当焦点移到 Text1 文本框时触发,其功能是涂蓝所有文本,
'它会让用户输入数据时更方便.读者可自己体验一下有和没有该过程的区别.
Private Sub Text1_GotFocus()
    Text1.SelStart = 0
    Text1.SelLength = Len(Text1.Text)
End Sub
Private Sub Command2_Click()              ' "退出"按钮的 Click 事件过程
    End
End Sub
Private Sub Form_Load()                   '该过程进行初始化工作
    Caption = "统计随机数奇偶分布"
    Label1.Caption = "随机数个数"
    Label2.Caption = "奇数个数"
    Label3.Caption = "偶数个数"
    Text1.Text = ""
    Text2.Text = ""
    Text3.Text = ""
    Text2.Enabled = False                 '下面两行禁止修改显示结果文本框的内容
    Text3.Enabled = False
    Command1.Caption = "开始"
    Command2.Caption = "退出"
    Command1.Enabled = False              '初始化时将"开始"按钮变灰
End Sub
```

在上述程序中,Int(10000 * Rnd()+1)将随机产生一个 1~10000 间的整数。为了生成某个范围内的整数,可以使用下面的公式:

$$\mathbf{Int((Upper-Lower+1) * Rnd()+Lower)}$$

其中,Upper 和 Lower 分别是随机数范围的上限和下限。

Randomize 语句产生随机数种子,它可避免同一序列的随机数反复出现。该语句应该放在 Rnd 函数被调用之前。

该程序并不是最简洁的,完全可以将两个 For 循环合并为一个,并可省略动态数组,只是为了让读者熟悉一下本章的内容,才来使用它们,尤其是我们使用了 For Each... 循环,请读者自己体会一下。该程序执行后的结果如图 5-3 所示。

【例 5.3】编写程序,根据公元年份获得中国干支纪年的年份。提示:公元 4 年为"甲子"年。

◆解题分析:要获得与指定公历年份相对应的干支年份,首先要了解一下干支纪年法的特

图 5-3 例 5.2 的程序结果

点。干支纪年法以"天干"和"地支"为基本元素,并将二者以循环组合的方式形成干支年份。"天干"包含甲、乙、丙、丁、戊、己、庚、辛、壬、癸 10 个元素;"地支"包含子、丑、寅、卯、辰、巳、午、未、申、酉、戌、亥 12 个元素。干支纪年的组合顺序为:甲子,乙丑,丙寅,…,癸酉,甲戌,乙亥,丙子,……循环周期为 60 年,称为一个甲子。

要正确解题,首先要建立如下 2 个表示"天干"和"地支"的数组:

TianGan = array("甲","乙","丙","丁","戊","己","庚","辛","壬","癸")

DiZhi = array("子(鼠)","丑(牛)","寅(虎)","卯(兔)","辰(龙)","巳(蛇)",

"午(马)","未(羊)","申(猴)","酉(鸡)","戌(狗)","亥(猪)")

然后,根据给定的公历年份,计算出其对应的"天干"和"地支"名称的序号 i 和 j,最后再利用 TianGan(i)、DiZhi(j) 来获得"天干"和"地支"名称。

◆界面设计:在窗体中添加如表 5-3 所示的控件。

表 5-3 例 5.3 的控件说明

控件类型	控件名称	用 途	主要属性
标签	Label1	"公历"提示	
标签	Label2	显示结果	
文本框	Text1	输入公历年份	
命令按钮	Command1	"干支年份"按钮	

◆程序代码:

```
Private Sub Command1_Click()
    Dim year As Integer
    year = Val(Text1.Text)
    Dim n As Integer, i As Integer, j As Integer
    Dim TianGan As Variant, DiZhi As Variant
    TianGan = Array("甲","乙","丙","丁","戊","己","庚","辛","壬","癸")
    DiZhi = Array("子(鼠)","丑(牛)","寅(虎)","卯(兔)","辰(龙)", _
            "巳(蛇)","午(马)","未(羊)","申(猴)","酉(鸡)", _
            "戌(狗)","亥(猪)")
    n = (year - 4) Mod 60      '计算指定的公历年份在一个甲子周期中的序号(从
```

```
                      '0算起)
        i = n Mod 10          '计算天干序号
        j = n Mod 12          '计算地支序号
        Label2.Caption = TianGan(i) & DiZhi(j)
End Sub
Private Sub Form_Load()
        Label1.Caption = "公历"
        Label2.Caption = ""
        Text1.Text = ""
        Command1.Caption = "干支年份"
End Sub
```

该程序将 TianGan 和 DiZhi 声明为可变类型，为的是使用 Array() 函数为它们赋值，并使之成为两个数组。程序执行后，输入公历年份后按"干支年份"按钮，则显示相应的干支年份，如图 5-4 所示。

图 5-4　公历年份转干支年份

【例 5.4】生成 10 个 10～100 间的整数，并采用冒泡排序算法按从小到大的顺序排序。

◆解题分析：为了存储 10 个随机数，需先定义一个具有 10 个元素的模块级数组 Arr(0 to 9)；然后通过"原始数据"按钮将这 10 个随机数填入该数组，并显示在窗体中；最后通过"排序"按钮采用冒泡排序算法对 Arr 中的数据进行排序，并显示在窗体中。

结合该题，我们对冒泡排序算法的基本思想说明如下。

(1) 首先从 Arr(0)、Arr(1) 开始，依次对相邻的两个数据进行比较，如果前面的大于后面的，则互换位置；之后比较 Arr(1) 与 Arr(2)，……，最后比较 Arr(8) 和 Arr(9)，使得 Arr(9) 中的数最大，至此完成第一趟排序。

(2) 接着，模仿 (1) 的做法依次比较 Arr(0)～Arr(8)，最后使得 Arr(8) 中的数成为 Arr(0)～Arr(8) 中的最大数，同时也是整个数组中的次大数，至此完成第二趟排序。

(3) 照此做法，依次使 Arr(7) 成为第三大数，Arr(6) 成为第四大数，……，最后 Arr(0) 中的数就是最小的。

◆界面设计：在窗体中添加表 5-4 所列的控件。

表 5-4　例 5.4 的控件说明

控件类型	控件名称	用　途	主要属性
标签	Label1、Label2	"排序前""排序后"提示	
命令按钮	Command1、Command2	"原始数据""排序"按钮	

◆程序代码：

```
Private arr(9) As Integer                    '定义模块级数组变量
Private Sub Command1_Click()
    Dim i As Integer
    Randomize
    For i = 0 To 9                           '生成 10 个随机整数并存于 arr 数组
        arr(i) = Int((100 - 10 + 1) * Rnd() + 10)
    Next
    Cls
    Print                                    '以下语句将排序前的 10 个数显示于窗体
    Print
    Print Spc(8);
    For i = 0 To 9
        Print arr(i);
    Next
End Sub
Private Sub Command2_Click()
    Dim i As Integer, j As Integer, tem As Integer
    For i = 9 To 1 Step - 1                   '下面进行冒泡排序
        For j = 1 To i
            If arr(j - 1) > arr(j) Then       '如果前数大于后数,则互换位置
                tem = arr(j - 1)
                arr(j - 1) = arr(j)
                arr(j) = tem
            End If
        Next j
    Next i
    Print                                    '以下语句将排序后的 10 个数显示于窗体
    Print
    Print Spc(8);
    For i = 0 To 9
        Print arr(i);
    Next
End Sub
Private Sub Form_Load()
    Command1.Caption = "原始数据"
    Command2.Caption = "排序"
    Label1.Caption = "排序前"
```

```
        Label2.Caption = "排序后"
    End Sub
```

该程序值得重视的有两点：一是第一行代码 Private arr(9) As Integer，它不是出现在任何过程中，而是出现在 Form 模块的声明部分，因此数组 arr 属于模块级变量，在本窗体中的其他过程中都有效；二是 Command2_Click() 事件过程中的冒泡排序算法，每完成一趟排序，过滤出一个最大的数，当完成 $n-1$ 趟排序后，排序工作就完成了。

运行该程序后，先按"原始数据"按钮，生成并显示原始数据；再按"排序"按钮，对原 10 个数进行排序后再显示出来，如图 5-5 所示。

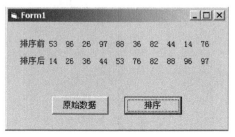

图 5-5 数据排序

通过此例介绍了对一组数据的排序算法，下面通过例 5.5 来介绍与数组相关的数据查找算法。

【例 5.5】为例 5.4 的程序增加数据查找功能，要求采用二分查找算法。

◆解题分析：二分法查找又称折半查找，属于分治算法，要求待查数据一定是有序的（以升序为例）。查找方法是：将要查找的数据 x 与有序数组的中间元素进行比较，若两者相等，则查找成功；若 x 大于中间元素，则以相同的方法在后半部分查找；若 x 小于中间元素，则在前半部分查找。重复上述过程，直至找到或找完为止。

二分法查找的优点是平均查找长度小，缺点是待查数据必须事先排序。

◆界面设计：在例 5.4 的界面基础上，再添加 1 个文本框 Text1、1 个命令按钮 Command3 和 1 个标签 Label3，分别用于输入要查找的数据、执行查找算法和显示查找结果，见表 5-5。

表 5-5 例 5.5 的控件说明

控件类型	控件名称	用 途	主要属性
标签	Label1、Label2	"排序前""排序后"提示	
命令按钮	Command1、Command2	"原始数据""排序"按钮	
文本框	Text1	输入查找数据	
命令按钮	Command3	"查找"按钮	
标签	Label3	显示查找结果	

◆程序代码：这里只列出在例 5.4 基础上新加的代码。

```
    Private Sub Command3_Click()          '折半查找 x 值
        Dim high As Integer, low As Integer, mid As Integer, x As Integer
        Label3.Caption = ""
```

```
    x = Val(Text1. Text)
    low = LBound(arr)                          ' 低位指针
    high = UBound(arr)                         ' 高位指针
    Do While high > = low                      ' 查找循环
        mid = Int((high + low) / 2)            ' 中位指针
        If x = arr(mid) Then                   ' 找到
            Label3. Caption = Str(mid) & "位"
            Exit Do
        ElseIf x > arr(mid) Then
            low = mid + 1                      ' 目标数据在高端,调整低位指针
        Else
            high = mid - 1                     ' 目标数据在低端,调整高位指针
        End If
    Loop
End Sub
Private Sub Form_Load()
    Command1. Caption = "原始数据"
    Command2. Caption = "排序"
    Command3. Caption = "查找"
    Label1. Caption = "排序前"
    Label2. Caption = "排序后"
    Label3. Caption = ""
    Text1. Text = ""
End Sub
```

程序中的 low、high 和 mid 分别是指向数组下标的低位、高位和中位指针,每试找一次,调整一下指针,调整的趋势是三个指针越来越靠近,查找范围越来越小。在查找循环中,如果目标数据能够找到,则会通过 Exit Do 语句退出循环;如果目标数据不可能找到,则一定会出现 high<low 的情况,这时也会退出循环。程序的执行界面如图 5-6 所示。

图 5-6　折半查找

【例 5.6】从键盘依次输入 10 个数,每输入一个数就立即显示在窗体上;10 个数全部输完后,再按照输入时的相反顺序显示在窗体上。

◆解题分析:这是一个数组的堆栈应用实例,整个过程其实是一个"入栈"和"退栈"的过

程。为了实现题目要求,可先定义一个容量足够大的数组 Stack()作为堆栈,通过变量 a 和 InputBox函数接收用户键入的 10 个数,并依次压入 Stack(),同时显示在窗体上。要按输入时的相反顺序显示它们,可将 Stack()中的内容,按照"后进先出"的原则依次显示。堆栈的入栈和退栈操作如图 5-7 所示。

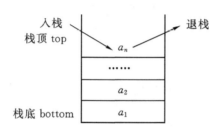

图 5-7 栈示意图

◆界面设计:在窗体中添加表 5-6 所列的控件,并做适当布局。

表 5-6 例 5.6 的控件说明

控件类型	控件名称	用　途	主要属性
标签	Label1	显示原序数据	
标签	Label2	显示逆序数据	
命令按钮	Command1	"开始"按钮	

◆程序代码:

```
Private Stack(1 To 100) As Integer          '定义模块级数组作为堆栈
Private top1 As Integer '栈顶指针
Private Sub Command1_Click()
    Dim a As Integer, i As Integer
    Label1 = "原序:"
    For i = 0 To 9                          '输入 10 个数据,同时显示并入栈
        a = InputBox("输入整数")
        Label1 = Label1 & "  " & Val(a)
        top1 = top1 + 1
        Stack(top1) = Val(a)
    Next
    Label2 = "逆序:"
    Do While top1 > 0                       '所有数据退栈并显示
        a = Stack(top1)
        Label2 = Label2 & "  " & a
        top1 = top1 - 1
    Loop
```

```
End Sub
Private Sub Form_Load()
    Command1.Caption = "开始"
    Label1 = ""
    Label2 = ""
End Sub
```

程序执行后按"开始"按钮,程序便等待用户输入 10 个数据,并同时显示于在窗体的"原序:"提示后。当 10 个数据都输入完成,就自动显示其逆序。

图 5－8　逆序显示数据

【例 5.7】编写程序,实现对数组元素的显示、插入和删除功能。要求插入数据时插在中间位置,删除数据时只删除中间元素。

◆解题分析:数组元素的显示、插入和删除,是数组的基本操作。数组的显示不采用例5.4中的 Print 方法,而使用 Label 控件的 Caption 属性来实现。插入操作的思路是先用 ReDim 语句为数组增加一空位,再将插入点之后的元素依次(先远后近)后移,最后将新元素填入插入位置。删除操作的思路是将删除点之后的元素依次(先近后远)前移,再用 ReDim 语句去除后面的空位。

◆界面设计:在窗体中添加表 5－7 所列的控件。

表 5－7　例 5.7 的控件说明

控件类型	控件名称	用　途	主要属性
标签	Label1	显示数组元素	
命令按钮	Command1～ Command3	"显示""插入""删除"按钮	

◆程序代码:

```
Private arr() As Variant            '定义模块级可变类型动态数组,以便能够
                                    '存储任何数据
Private Sub Command1_Click()        '显示数组元素
    Dim i As Integer, s As String
    For i = LBound(arr) To UBound(arr)
        s = s & arr(i) & "  "
    Next
    Label1.Caption = s
```

```
End Sub
Private Sub Command2_Click()            ' 插入一个三位整数至中间位置
    Dim p% , l% , u% , Item%
    l = LBound(arr)
    u = UBound(arr)
    p = Int((l + u) / 2)
    Randomize
    Item = Int(901 * Rnd() + 100)       ' 产生一个三位整数, 与原来数据相区别
    ReDim Preserve arr(u + 1)           ' 增加一位置
    For i = u To p Step - 1             ' 先远后近依次后移
        arr(i + 1) = arr(i)
    Next
    arr(p) = Item                       ' 添加一个三位整数
End Sub
Private Sub Command3_Click()            ' 删除中间元素
    Dim p% , l% , u% , i%
    l = LBound(arr)
    u = UBound(arr)
    p = Int((l + u) / 2)
    If u > 0 Then                       ' 数组元素多于一个时, 才允许删除操作
        For i = p To u - 1              ' 先近后远依次前移
            arr(i) = arr(i + 1)
        Next
        ReDim Preserve arr(u - 1)       ' 去除最后的空位
    End If
End Sub
Private Sub Form_Load()
    Label1. Caption = ""
    Command1. Caption = "显示"
    Command2. Caption = "插入"
    Command3. Caption = "删除"
    Dim i As Integer
    ReDim arr(9)
    Randomize
    For i = 0 To 9                      ' 生成 10 个 100 以内的整数
        arr(i) = Int(100 * Rnd() + 1)
    Next
End Sub
```

程序执行后, 按"显示"按钮可显示数组当前的所有元素; 按"插入"按钮可插入一个三位的整

数,以便与数组中原有的数据相区别;按"删除"按钮可删除数组中间的一个元素,其中"If u ＞ 0 Then...End if"语句的加入,是为了避免将数组元素删光,那样会出现错误。程序执行界面如图 5－9所示。

图 5 - 9　数组操作

【例 5.8】改进例 4.11,使摇奖号采用某些特定的手机号。

◆解题分析:该问题的求解思路与例 4.11 基本相同,只是奖号不再是自动生成的数字,而是一些特定的手机号。显然,手机号本身不能随机生成,而只能在这些特定的手机号中随机抽取。为实现摇奖功能,可将参与抽奖的手机号事先存入一个数组,然后由机器随机产生一个数组元素的序号,之后将该序号所对应的手机号显示出来。

◆界面设计:同例 4.11。

◆程序代码:

```
Private flag As Boolean
Private a( ) As String              '模块级动态数组,用于存储手机号码
Private Sub Form_Load()
    Label1.Caption = ""
    Label1.Appearance = 1
    Label1.FontSize = 32
    Label1.Alignment = 2
    Label1.BorderStyle = 1
    Me.Caption = "手机抽奖"
    Command1.Caption = "抽奖"
    Command2.Caption = "停"
    ReDim a(4) As String            '重定义并初始化数组 a( )
    a(0) = "13901235635"
    a(1) = "13103152443"
    a(2) = "13603123285"
    a(3) = "13602346759"
    a(4) = "13506322154"
End Sub
Private Sub Command1_Click()
    Dim i As Long, n As Long
    n = UBound(a)                   'a( )的下标上界
```

```
        flag = True
        Randomize
        Do While flag
            i＝Int((n＋1) * Rnd())    '随机定位 a()的一个元素
            Label1. Caption＝a(i)        '显示随机手机号码
            DoEvents
        Loop
    End Sub
    Private Sub Command2_Click()
        flag = False
    End Sub
```

程序首部定义了一个模块级的 String 类型的动态数组 a()，用于存放待抽的手机号码。在 Form_load()过程中，数组 a()得到重新定义和数据初始化。在 Command1_Click()过程中，通过循环中的 i＝Int((n＋1) * Rnd())语句连续不断地随机获得 a()数组的下标 i，并通过 Label1. Caption＝a(i)语句将抽取的手机号滚动显示出来。

程序的执行界面如图 5－10 所示。

图 5－10 例 5.8 的程序界面

【例 5.9】采用控件数组设计程序，统计经常上网人员的年龄分布情况。年龄段分为 17 岁以下、18～29、30～39、40～49、50～59 和 60 岁以上。

◆界面设计：在窗体中建立表 5－8 所列的控件及控件数组，并根据图 5－11 做如下适当布局。

表 5－8 例 5.9 的控件说明

控件类型	控件名称	用　途	主要属性
单选钮数组	Option1(0)～Option1(5)	选择各年龄段	
标签数组	Label1(0)～ Label1(5)	显示各年龄段人数	
标签	Label2、Label4	提示信息	
标签	Label3	显示总人数结果	
命令按钮	Command1	"结束"按钮	

(1)将控件数组 Option1 的 6 个元素 Option1(0),Option1(1),…,Option1(5)调整好摆放位置,以便选择年龄段。

(2)调整控件数组 Label1 的 6 个元素 Label1(0),Label1(1),…,Label1(5)的摆放位置,使它们与 Option1 的每个元素一一对齐,用于显示 6 个年龄段人数的统计结果。

◆程序代码:

```
Option Explicit
Private Sub Command1_Click()        '"结束"按钮
    End
End Sub
Private Sub Form_Load()             '该过程进行初始化工作
    Dim i As Integer
    Caption = "调查单"
    Command1.Caption = "结束"
    Label4.Caption = "请选择您的年龄段"
    Label3.Caption = "0"
    Label2.Caption = "<= 17   18 - 29   30 - 39   40 - 49   50 - 59   >= 60 总人数"
    '上行中,注意调好位置,使各年龄段与上下相应的控件对齐.
    '下面循环将两个控件数组初始化.试想,如果不是数组该有多麻烦.
    For i = 0 To 5
        Option1(i).Caption = ""
        Option1(i).Value = False
        Label1(i).Caption = "0"
    Next
End Sub
Private Sub Option1_Click(Index As Integer)    '单击任一单选钮执行该过程
    Label1(Index).Caption = Str(Val(Label1(Index).Caption) + 1) &"人"
    Label3.Caption = Str(Val(Label3.Caption) + 1) &"人"
End Sub
```

程序的执行结果如图 5 - 11 所示。

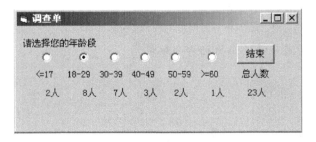

图 5 - 11　例 5.9 的执行结果

习　题　5

一、填空题

1. 一维数组元素的个数可以用公式_____来计算。

2. 要想使数组中的元素可以存放不同的数据类型,应将该数组声明为_____类型。

3. 使用动态数组之前,需要做两个方面的工作,即_____和_____。

4. ReDim 语句可以多次使用,但每次使用时,都会对数组的所有元素进行初始化操作。初始化的结果是将 Variant 类型的元素值置为_____;将数值类型的元素值置为_____;将 String 类型的元素值置为_____;将 Object 类型的元素值置为_____。

5. 使用 ReDim 不能改变维数,只能改变_____。

6. Dim　MyArr(4,5)　As　Integer 语句定义了含有_____个元素的数组。

二、选择题

1. 若有数组说明语句:Dim a(-3 to 7),则数组 a 所包含元素的个数是_____。
   A. 5　　　　　　　B. 8　　　　　　　C. 11　　　　　　　D. 10

2. 设有数组说明语句:Dim b(-1 to 2,-2 to 3),则数组 b 中元素的个数是_____。
   A. 12　　　　　　B. 10　　　　　　C. 24　　　　　　D.20

3. 在下面选项中,错误的是_____。
   A. Dim b As Variant :b = Array(1,3,5)
   B. Dim b : b = Array("A","b","c")
   C. Dim b As Integer : b = Array(1,2,3)
   D. Dim b As Variant :b = Array("1","2","3")

4. 若有数组说明语句:Dim　a()　As　Long,则 a 被声明为_____。
   A. 静态数组　　　B. 动态数组　　　C. 可变数组　　　D. 定长数组

5. 使用 Int(101 * Rnd()) 表达式所生成的随机数的范围是_____。
   A. 0～101　　　　B. 1～102　　　　C. 0～100　　　　D. 1～101

6. 用下面的语句所定义的数组的元素个数是_____。

   Dim A(-3 To 3) As Integer

   A.6　　　　　　　B.7　　　　　　　C.8　　　　　　　D.9

7. 用下面的语句所定义的数组的元素个数是_____。

   Option Base 1

   Dim a(5) As Integer

   A.5　　　　　　　B.6　　　　　　　C.7　　　　　　　D.8

8. 单击窗体后,程序的输出结果是_____。

   Private Sub Form_Click()
       Dim arr
       Arr = Array("1","2","3","4","5","6","7","8","9","0")

```
            Print arr(3);arr(5);arr(8)
        End Sub
```

　　A. 469　　　　　　　B. 357　　　　　　　C. 368　　　　　　　D. 出错

9. 以下程序段的执行结果是_____。

```
        Dim A(1 To 10) As Integer
        For i = 1 To 10
            A(i) = 2 * i
        Next
        Print A(A(2))
```

　　A. 12　　　　　　　B. 6　　　　　　　C. 8　　　　　　　D. 16

10. 执行下面的程序段后,窗体上显示的内容是_____。

```
        Private Sub Form_Click()
            Dim city
            City = Array("西安","洛阳","开封","北京","南京","杭州")
            Print city(1)
        End Sub
```

　　A. 西安　　　　　　　B. 洛阳　　　　　　　C. 北京　　　　　　　D. 开封

三、编程题(使用数组)

　　1. 输入一个正整数 n,计算 1^2＋2^2＋…＋n^2 的值。

　　2. 假设 a()是一个具有 10 个元素的一维数组,请编写程序,将数组中的 10 个数据依次向左轮移一个位置,即 a(0)←a(1)←a(2)←…←a(9)←a(0)。要求通过按钮显示移动后的数据。

　　3. 仿照例 5.4,生成 n 个 10～100 间的整数,并采用冒泡排序法按从大到小的顺序排序。其中,n 由用户通过文本框输入。

　　4. 产生 100 个 1～100 内的随机数,并计算它们的平均值。

　　5. 产生 100 个 0～99 内的随机数,统计它们的区间分布情况(包括绝对数量和百分比)。区间分为 10 段:0～9,10～19,20～29,…,90～99。要求用标签控件数组来显示统计结果。

　　6. 编写程序,向数组的任意位置插入元素,也能删除任意指定位置的元素。

　　7. 编写如图 5-12 所示的程序,功能是:选择某个学生,即可查看其各科成绩。提示:选择学生使用 Option 控件数组,存储学生成绩使用二维数组。

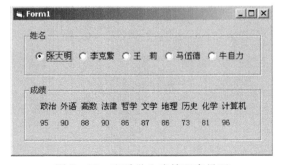

图 5-12　查看学生成绩程序界面

四、简答题

1.定义数组时,其下标有哪几种形式? 它们的意义分别是什么?

2.什么是动态数组? 它有什么特点?

3.什么是控件数组? 使用控件数组有什么优势?

4.在 ReDim 语句中,Preserve 关键字的作用是什么?

第6章　过程与函数

过程与函数在程序设计中是非常重要的。使用过程与函数编写程序,能够最大限度地共享任务和压缩重复代码,也有利于简化程序的设计和提高应用程序的可维护性。

在 Visual Basic 6.0 中,过程包括 Sub 过程和 Function 函数过程,也就是说,函数被视为过程的一种。在后面的叙述中,如无特指,则"过程"一词应包含 Sub 过程和 Function 函数。本章主要介绍 Sub 过程、Function 函数、过程参数的传递、过程的作用域和递归调用等内容。

6.1　过程的概念

6.1.1　什么是过程

在设计一个能够处理复杂任务的应用程序时,人们往往会把这个较大的程序分割成若干较小的、能够完成某种逻辑功能的、相对独立的程序模块。这种程序模块就被称为过程。

使用过程的目的主要是为了优化程序结构,压缩重复代码,提升编程效率,增强程序质量,提高程序的可读性和易维护性。为了让大家体会过程的这些优势,下面分别对前一章的例5.4和例 5.3 的程序代码做一些修改,但保持程序功能及界面无丝毫改变。

【例 6.1】改进例 5.4 程序代码,利用 Sub 过程去除重复代码。

◆解题分析:原例 5.4 程序中的 Command1_Click()和 Command2_Click()过程中都有下面一段相同的代码。

```
Print
Print
Print Spc(3);
For i=0 To 9
        Print arr(i);
Next
```

为了减少代码重复率,有必要将这段重复的代码写成一个 Sub 过程 DisplayArr(),然后在原程序相应的地方用 Call 语句调用,同时可达到相同的效果。

◆优化后的代码:

```
Private arr(9)As Integer                  '定义模块级数组变量
Private Sub Command1_Click()
    Dim i As Integer
    Randomize
    For i = 0 To 9
      arr(i) = Int((100 - 10 + 1) * Rnd() + 10)      '生成 10 个随机整数并存于
                                                     'arr 数组
```

```
        Next
        Cls
        Call DisplayArr        ' 调用显示数组内容的过程,将排序前的 10 个数显示
                               ' 于窗体
    End Sub
    Private Sub Command2_Click()
        Dim i As Integer, j As Integer, tem As Integer
        For i = 9 To 1 Step - 1                ' 进行冒泡排序(升序)
          For j = 1 To i
              If arr(j - 1) > arr(j) Then       ' 如果前数大于后数,则互换位置
                  tem = arr(j - 1)
                  arr(j - 1) = arr(j)
                  arr(j) = tem
              End If
          Next j
        Next i
        Call DisplayArr    ' 调用显示数组内容的过程,将排序后的 10 个数显示于窗体
    End Sub
    Private Sub Form_Load()
        Command1.Caption = "原始数据"
        Command2.Caption = "排序"
        Label1.Caption = "排序前"
        Label2.Caption = "排序后"
    End Sub
    Private Sub DisplayArr()
        Dim i as Integer
        Print
        Print
        Print Spc(8);
        For i = 0 To 9
            Print arr(i);
        Next
    End Sub
```

本程序比原例 5.4 多了一个新的 Sub 过程 DisplayArr(),但重复代码没有了,既减少了代码量,又简化了程序设计,且增强了程序的可读性和可维护性。

【例 6.2】优化例 5.3 的程序代码结构,将"计算干支年份"的功能代码分离出来,形成一个独立的 Function 函数过程 GanZhi(),并由 Command1_Click()过程调用之。

◆解题分析:例 5.3 的 Command1_Click()过程中包含了"获取公历年份"、"计算干支年份"和"显示干支年份"3 种功能的代码,程序结构比较复杂。要实现题目要求,可令 GanZhi()

函数过程的入口参数 year 为公历年份,返回结果为干支年份字符串。

◆改进后的程序代码:

```
Private Sub Command1_Click()
    Dim year As Integer
    year = Val(Text1.Text)
    Label2.Caption＝GanZhi(year)        '调用 GanZhi()函数过程
End Sub
Public Function GanZhi(ByVal year As Integer) As String    '计算干支年份的独立过程
    Dim n As Integer, i As Integer, j As Integer
    Dim TianGan As Variant, DiZhi As Variant
    TianGan = Array("甲","乙","丙","丁","戊","己","庚","辛","壬","癸")
    DiZhi = Array("子(鼠)","丑(牛)","寅(虎)","卯(兔)","辰(龙)","巳(蛇)", _
            "午(马)","未(羊)","申(猴)","酉(鸡)","戌(狗)","亥(猪)")
    n＝(year－4) Mod 60        '计算指定的公历年份在一个甲子周期中
                              '的序号(从 0 算起)
    i＝n Mod 10               '计算天干序号
    j＝n Mod 12               '计算地支序号
    GanZhi＝TianGan(i) & DiZhi(j)     '返回干支年份
End Function
Private Sub Form_Load()
    Label1.Caption = "公历"
    Label2.Caption = ""
    Text1.Text = ""
    Command1.Caption = "干支年份"
End Sub
```

该程序虽然比原例 5.3 多了一个 Function 函数过程 GanZhi(ByVal year As Integer) As String,但 Command1_Click()过程的代码更简练,整个程序的结构更清晰,质量更高,可读性更好。

6.1.2　过程的分类

Visual Basic 6.0 中的过程包括 Sub 过程和 Function 函数(也称函数过程)。Function 函数一般要返回 1 个值,通常出现在表达式中;而 Sub 过程则一般不返回值,以语句的形式被调用。

Sub 过程可分为两类:事件过程和通用过程;而 Function 函数则可分为系统预定义函数(即内部函数)和用户自定义函数。

1)事件过程

事件过程是指当发生某一事件后(如单击或双击鼠标),系统自动调用针对这一事件的事件处理程序。事件过程名通常与事件名相关联,如命令按钮 Command1 的单击(Click)事件过程名为 Command1_Click(),双击(Double)事件过程名为 Command1_DblClick()。事件过程的调用是靠对象的相应事件来引发的。当然,事件过程的代码都是由程序员编写的。

2)通用过程

通用过程是指那些分离的、相对独立的子过程,它通常用来完成某一特定功能,并被其他过程调用。通用过程有的是由系统提供的,而更多的则是要由程序员自己命名和编写(我们叫做自定义过程)的。通用过程是针对事件过程而言的,其调用是要通过显式地指出过程名来完成。

3)预定义函数

Visual Basic 中的预定义函数,是指系统已经编写好的能够完成特定功能的函数。程序员对这些函数只需了解其功能、入口和出口参数的类型,并合理调用即可,既不需要再编写程序代码,也不需要了解它们的内部实现过程。

4)自定义函数

自定义函数是程序员编制的符合自己工程需要的、具有某一独立功能的 Function 函数过程。自定义函数的命名、入口参数的个数与类型、以及返回结果的类型,都由程序员根据实际功能来确定。

6.2　Sub 过程

Sub 过程是包含在 Sub 和 End Sub 语句之间的一组语句,可执行某些操作但一般不返回值(当然,需要时也可返回 1 个或多个值)。

6.2.1　Sub 过程的声明

自定义的 Sub 过程也同变量一样,在使用之前要进行声明。

1.声明格式

[**Private** | **Public**] [**Static**] **Sub** <**过程名**>[(<**参数列表**>)]
　　[<**语句块 1**>]
　　[**Exit Sub**]
　　[<**语句块 2**>]
　End Sub

2.说明

(1)声明中 Sub 和 End Sub 是必不可少的,它们分别置于过程的开始和结尾。在它们之间的语句块称为过程体。

(2)过程体内可以放置 Exit Sub 语句,用于强制过程结束。

(3)Public 表示这是一个公共过程,其他模块中的过程都可调用它。

(4)Private 表示这是一个局部过程,只有同一模块中的过程才可调用它。

(5)Static 表示该过程被调用之后,仍然保留其局部变量的值。

(6)<参数列表>中的各参数都称为形式参数,它们之间要用逗号(",")隔开;形式参数不能是定长字符串变量或定长字符串数组。如果省略＜参数列表＞,则称该过程为无参过程。

3.Sub 过程的建立

要建立自定义 Sub 过程,可在窗体模块或标准模块中直接书写。首先打开窗体模块或标准模块的代码编辑窗口,然后添加过程的声明和过程体的代码。

声明 Sub 过程有两种办法,一种是在窗体模块或标准模块中直接书写;另一种是通过使用"添加过程"对话框。虽然很多人都使用直接书写方式,但我们也来介绍一下使用"添加过程"对话框的方式。

(1)打开代码编辑窗口,单击菜单栏中的"工具"/"添加过程"命令,弹出"添加过程"对话框,如图 6-1 所示。

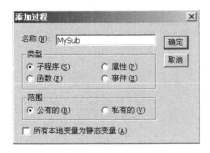

图 6-1 "添加过程"对话框

(2)输入过程名,并选择好过程的类型和作用范围后,按"确定"按钮便可在代码编辑窗口中看到过程声明的 Sub 和 End Sub 结构。此后即可在过程体中填写代码了。

Public Sub MySub()

    …

End Sub

注意:书写完代码后,别忘了保存到文件中,以便日后进行修改。

6.2.2 Sub 过程的调用

无论是事件过程还是通用过程,一般都不会自动执行。事件过程一般是通过触发某个事件来执行的(当然也可通过别的程序调用它来执行),而通用过程必须要在某个过程中通过调用语句才能被执行。过程的调用有两种方法,其调用格式如下。

1.把过程名作为调用语句来使用

◆格式:＜过程名＞ [＜实际参数列表＞]

◆说明:

①＜实际参数列表＞是针对过程声明中的"形式参数"的。实际参数要使用实际的常量、变量或表达式,"实参"与"形参"要在类型、数量和顺序上相匹配。

②这种调用方式不需要包括＜实际参数列表＞的圆括号。

③过程名被当成一个语句来处理。

2.用 Call 语句调用 Sub 过程

◆格式:Call ＜过程名＞[(＜实际参数列表＞)]

◆说明:如果<过程名>所代表的过程本身就没有参数,则(<实际参数列表>)应省掉;否则应给出相应的实际参数,且必须使用圆括号。

【例 6.3】用不同的字符来画 3 个正三角形,行数分别为 3、4、5。

◆解题分析:要画 3 个正三角形当然可以使用 3 段思路相同的程序代码,所不同的只是行数和字符,重复代码必然很多。因此,可考虑将画正三角形的程序代码写成一个 Sub 过程,将字符和行数作为形式参数,并在适当的地方调用,从而减少代码的重复率。

◆界面设计:添加 2 个命令按钮 Command1 和 Command2,分别用于画三角形和结束程序。

◆程序代码:

```vb
Option Explicit
Private Sub Command1_Click()
    Dim s As String
    Dim m As Integer
    s = "A"
    prog1 s, 3                  '调用 Prog1 过程,用"A"画 3 行的正三角形
    s = "B"
    m = 4
    prog1 s, m                  '调用 Prog1 过程,用"B"画 4 行的正三角形
    Call prog1("C", 5)          '调用 Prog1 过程,用"C"画 5 行的正三角形
End Sub
Private Sub Command2_Click()
    End
End Sub
Private Sub Form_Load()
    Me.Caption = "画三角形"
    Command1.Caption = "显示"
    Command2.Caption = "结束"
End Sub
'下面过程画三角形
Public Sub prog1(VarS As String, n As Integer)
    Dim i As Integer, j As Integer
    For i = 0 To n - 1
        Print Spc(10 + Int(n / 2 - i));   '每行前面显示不同数量空格
        For j = 0 To i
            Print VarS & " ";             '显示字符
        Next
        Print
    Next
End Sub
```

执行程序后的结果如图 6 - 2 所示。

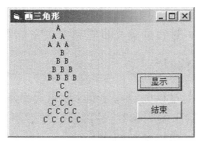

图 6 - 2　例 6.3 的"画三角形"程序界面

◆说明：

①prog1(VarS As String，n As Integer)过程使用了 2 个参数，分别指出画三角形时所用的字符和所画的行数。调用该过程时，只要传入不同的字符和行数即可画出不同的三角形。

②在 Command1_Click()过程中，使用了前面介绍的两种不同的过程调用方法。

③实际参数可使用变量，也可使用常量。

6.3　Function 函数

在 Visual Basic 中，Function 函数也称为函数过程（为表述方便，可简称为函数），它也是一段相对独立的、具有某种功能的程序代码。与 Sub 过程有所不同，函数可以通过函数名直接返回一个计算结果的值，而 Sub 则不能通过过程名直接返回值。

6.3.1　Function 函数的声明

1. Function 声明格式

[**Private｜Public**][**Static**]**Function** ＜函数名＞[(＜参数列表＞)]　_

[**As** ＜数据类型＞]

　　　　　[＜语句块 1＞]

　　　　　[＜函数名＞＝＜表达式＞]

　　　　　[**Exit Function**]

　　　　　[＜语句块 2＞]

　　End Function

2. 说明

(1)声明中 Function 和 End Function 是必不可少的，它们分别置于函数的开始和结尾。在它们之间的语句块称为函数体。

(2)函数体内可以放置 Exit Function 语句，它用于强制函数结束。

(3)Public、Private 和 Static 的意义与在 Sub 过程中是完全相同的。

(4)这里的＜参数列表＞中的每个参数也称为"形式参数"，规则同 Sub 过程。

(5)[As ＜数据类型＞]是指函数返回结果的数据类型，也被称为函数类型。它可以是任何 Visual Basic 的基本数据类型或自定义数据类型，如果省略，则为 Variant 类型。

(6)在函数体中应该至少有一个给函数名赋值的语句，否则，函数返回一个与函数类型相匹配的默认值。函数的返回值,就是最后一次给函数名所赋的值。

3. 函数的建立

Function 函数的建立与 Sub 过程的建立步骤和方式完全相同,在此不再赘述。

6.3.2 Function 函数的调用

Function 函数的调用与 Sub 过程的调用不同,它通常出现在表达式中,并作为表达式的一部分被引用。调用函数时应给出实际参数,并用圆括号括起来。

调用格式:**<函数名>[(<实际参数列表>)]**

说明:<实际参数列表>中的实际参数,要与形式参数在类型、数量和顺序上相匹配。

【例 6.4】 编写程序,计算 3! +5! +7! 的值。

◆解题分析:要计算 3! +5! +7! 的值,需要先分别计算 3!、5! 和 7! 的值,而它们的计算过程和方法都是相同的。为此,先编写一个计算 $n!$ 的函数 Factorial(n),再求得题目所要求的结果就很简单了。

◆界面设计:添加 1 个标签 Label1,用于显示计算结果;添加 1 个命令按钮 Command1,用于结束程序。

◆程序代码:

```
Option Explicit
Private Sub Command1_Click()
    End
End Sub
Private Sub Form_Load()
    Command1.Caption = "结束"
    Label1.Caption = "3! +5! +7! = " & _
        Str(Factorial(3) + Factorial(5) + Factorial(7))    '调用 Factorial 函数
End Sub
Public Function Factorial(ByVal n As Integer) As Long
    Dim i As Integer, tem As Long
    tem = 1
    For i = 2 To n
        tem = tem * i
    Next
    Factorial = tem                '函数返回值
End Function
```

◆说明:

①Function Factorial(ByVal n As Integer) As Long 定义了一个计算 $n!$ 的函数;程序中的 Factorial=tem 语句,将计算结果返回。调用该函数时,传入不同的 n 值,就会返回不同的结果。

②语句

Label1.Caption="3! +5! +7! =" & Str(Factorial(3)+Factorial(5)+Factorial(7))

反复调用了 3 次 Factorial()函数,并将结果转换为字符串赋给 Label1 控件的 Caption 属性,以显示计算结果。程序执行后的结果如图 6-3 所示。

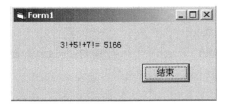

图 6-3　例 6.4 的程序运行结果

【例 6.5】编写程序,输入任一正整数,判断其是否为素数。

◆解题分析:该题目要求对任意输入的一个正整数都能判断出其是否为素数。为此,先编写一个素数判别函数 Prime(x),然后以输入的正整数为实参来调用它。

◆界面设计:在窗体中添加表 6-1 所列的控件,并做适当布局。

表 6-1　例 6.5 的控件说明

控件类型	控件名称	用　途	主要属性
标签	Label1	显示计算结果	
标签	Label2	"整数"提示	
文本框	Text1	输入整数	
命令按钮	Command1	"确定"按钮	

◆程序代码:
```
Private Sub Form_Load()
    Me.Caption = "素数判断"
    Label1.Caption = ""
    Label2.Caption = "整数"
    Text1.Text = ""
    Command1.Caption = "确定"
End Sub
Private Function Prime(ByVal x As Integer) As Boolean
    '判断 x 是否为素数,是则返回 True;否则返回 False
    Dim i As Integer
    Prime = True
    For i = 2 To Sqr(x)
        If x Mod i = 0 Then
            Prime = False          '只要有一个因子,说明 x 就不是素数
            Exit Function          '函数结束,并返回 False
        End If
    Next
```

```
    End Function
Private Sub Command1_Click()
    Dim n As Integer
    n=Val(Text1.Text)
    If Prime(n) Then                    '调用 Prime 函数,判断 n 是否为素数
        Label1.Caption = "是素数"
    Else
        Label1.Caption = "不是素数"
    End If
End Sub
```

该程序定义了一个 Prime(ByVal x As Integer) As Boolean 函数,入口参数 x 是一个正整数,函数的返回值为 True(x 是素数)或 False(x 不是素数)。这样,每按一次"确定"按钮,就调用一次该函数,并以 Text1 中输入的整数作为入口参数,判断其是否为素数,并给出"是素数"或"不是素数"的回应,如图 6-4 所示。

图 6-4 例 6.5 的界面

【例 6.6】编写近似值函数 about (ByVal real As Double,ByVal precision As Integer) As Double。其中 real 为实数;precision 为欲保留的小数位数;返回值为 real 四舍五入后的近似值。要求:对编写的 about 函数进行验证,如图 6-5 所示。

图 6-5 例 6.6 的界面

◆解题分析:欲求得实数 real 的近似值,首先要根据精度要求,将 real 的小数点向右移若干位,之后四舍五入取整,最后将小数点向左移同样位数即可。

◆界面设计:在窗体中添加表 6-2 所列的控件,并做适当布局。

表 6 - 2　例 6.6 的控件说明

控件类型	控件名称	用　途	主要属性
标签	Label1～ Label3	显示提示信息	
标签	Label4	显示计算结果	
文本框	Text1、Text2	输入实数、小数位数	
命令按钮	Command1	"确定"按钮	

◆程序代码：

```
Private Sub Form_Load()
    Me.Caption = "求近似值"
    Label1.Caption = "实数"
    Label2.Caption = "小数位数"
    Label3.Caption = "近似值"
    Label4.Caption = ""
    Text1.Text = ""
    Text2.Text = ""
    Command1.Caption = "确定"
End Sub
Private Sub Command1_Click()
    Dim x As Double, n As Integer
    x = Val(Text1.Text)                    '取得原始实数
    n = Val(Text2.Text)                    '取得精度
    Label4.Caption＝about(x，n)            '显示结果
End Sub
Public Functionabout(ByVal real As Double，ByVal precision As Integer) As Double
    'about - 求近似值函数
    'real - 原实数;precision—精度,即欲保留的小数位数
    about＝Int(real ＊ 10 ^ precision＋0.5) / 10 ^ precision     '返回近似值
End Function
```

上述 about()函数中,表达式 Int(real ＊ 10 ^ precision＋0.5) / 10 ^ precision 可完成使实数 real 的小数点向右移 precision 位,四舍五入取整,再将小数点左移的全过程,结果即为实数 real 四舍五入后的近似值。程序运行界面如图 6 - 5 所示。

6.3.3　常用内部函数

内部函数是 Visual Basic 为用户预定义的函数过程。它们是一种特定的运算,对完成特定的操作。内部函数的一般调用格式为

　　　　＜函数名＞([＜参数表＞])

关于内部函数,需要说明几点:①＜参数表＞中如果有多个参数,用","隔开;②内部函数

以表达式的形式被调用;③实际参数的值,不会受内部函数计算过程的影响而发生改变。

Visual Basic 的内部函数大体上可分为:转换函数、数学函数、字符串函数、时间/日期函数、随机函数、格式转换函数及输入/输出函数。这里只介绍常用的一些内部函数,其他函数请查看 Visual Basic 的联机手册。

1. 类型转换函数

类型转换函数用于数据类型或形式的转换,但并不是所有的数据都能利用转换函数进行转换,只有"赋值相容"的数据之间才能相互转换,转换函数见表 6-3。

表 6-3 转换函数表

函数	结果类型	参数类型	说明
CBool	Boolean	Number	0 为 False,非 0 为 True
CByte	Byte	Number	参数值的范围 0~255
CCur	Currency	Number	参数范围 −922 337 203 685 477.5808~922 337 203 685 477.5807
CDate	Date	有效数值 或字符串	CDate("1 ")＝ ♯1899−12−31♯ CDate(1.5)＝ ♯1:05:00 ♯
CDbl	Double	Number	
CDec	Decimal	Number	
Cint	Integer	Number	四舍五入取整
CLng	Long	Number	
CSng	Single	Number	
CStr	String	Number	
CVar	Variant	Number	
Int	Integer	Number	返回小于或等于参数值的最大整数,例如 Int(−5.4)＝−6
Fix	Integer	Number	截去小数部分
Asc	Integer	String	返回字符串首字母的 ASCII 码
Chr	Variant	Long	返回字符和 Unicode 码。变体:ChrB,ChrW
Val	Double	String	
Str	Variant (String)	Number	返回变体字符串,保留符号位(前导空格)

注:Number 表示有效数值类型。

2. 数学函数

数学函数用于数学运算,见表 6-4。

表 6－4　数学函数表

函数	结果类型	参数类型	说明
Sin	Double	Number	正弦,角度以弧度为单位(下同)1 度＝π/180 弧度
Cos	Double	Number	余弦
Tan	Double	Number	正切
Atn	Double	Number	余切
Sqr	Double	Number	平方根
Exp	Double	Number	e 的指数幂
Log	Double	Number	自然对数
Abs	同参数	Number	绝对值
Sgn	同参数	Number	正负特性。若 0 则 0;若正则 1;若负则－1

3. 字符串函数

字符串函数是对字符串进行处理的函数,见表 6－5。

表 6－5　字符串函数

函数	结果类型	参数类型	说明
Trim	String	String	调用格式:Trim(string) 功能:去掉字符串的前后空格
RTrim	String	String	调用格式:Rtrim(string) 功能:去掉字符串的后空格
LTrim	String	String	调用格式:Ltrim(string) 功能:去掉字符串的前空格
Len	Long	String 或 Variant	调用格式:Len(string ∣ variant) 功能:返回字符串所包含的字符数 说明:汉字算一个字符
Left	Varint (String)	多参数	调用格式:Left(string,length) 功能:截取左起指定长度的字符串。
Right	同上	多参数	调用格式:Rightt(string,length) 功能:截取右起指定长度的字符串。
Mid	同上	多参数	调用格式:Mid(string,start[,length]) 功能:从 start 指定的位置开始,截取 String 中的长度为 length 的字符串。字符串的位置从 1 算起 说明:如果省略 length,则取到末尾为止。如果 start 超出源串,则返回 0 长度字串("")

函数	结果类型	参数类型	说明
InStr	Variant (Long)	多参数	调用格式：InStr([start,]string1,string2[,compare]) 功能：返回被搜索字符串（string2）在接受搜索的字符串（string1）中的位置（从 1 算起） 说明：start 是搜索起点，省略默认为 1。如果指定了 Compare，则一定要有 start，Compare 的可能值（下同）：0（Binary），1（Text 不区分大小写），2（数据库），0（默认）
InStrRev	同上	多参数	调用格式：InStrRev(string1,string2[,start[,compare]]) 功能：基本与 InStr 相同，只是从右至左搜索 说明：start 指定搜索范围（1～start），如省略，默认－1，表示搜索整个字符串
StrComp	Variant (Integer)	多参数	调用格式：StrComp(string1,string2[,compare]) 功能：比较两个字符串 说明：string1>string2，则返回 1；string1<string2，则返回－1；string1＝string2，则返回 0
String	Variant (String)	多参数	调用格式：String(number,character) 功能：返回由 number 个 character 字符组成的字符串。number<256
Space	同上	String	调用格式：Space(number) 功能：返回 number 个空格。
Month Name	String	多参数	调用格式：MonthName(month[,abbreviate]) 功能：返回由 month（1～12）指定的月份名。 说明：abbreviate 是布尔值，为 True 时月份缩写；否则不缩写，默认不缩写。例如，MonthName(1)＝"一月"
Replace	String	多参数	调用格式：Replace(string,find,replacewith[, _start[,count[,compare]]]) 功能：用 replacewith 字符串替换在 string 中找到的 find 字符串。将替换结果返回 说明：start 是查找的起始位置，默认为 1；count 是替换次数，默认为－1，表示全部可能的替换
UCase	Variant (String)	String	调用格式：UCase(string) 功能：将字符串变成大写
LCase	同上	String	调用格式：LCase(string) 功能：将字符串变成小写

注：Variant(String)表示包含 Stirng 类型的变体类型，其他类似。

4. 时间/日期函数

时间/日期函数见表 6-6。

表 6-6　时间/日期函数

函数	结果类型	参数类型	说明
Time	Variant(Date)	无参数	调用格式:Time() 功能:返回系统时间
Date	同上	无参数	调用格式:Date() 功能:返回系统日期
Now	同上	无参数	调用格式:Now() 功能:返回系统日期和时间
Day	Variant(Integer)	Date	调用格式:Day(date) 功能:返回月中第几天(1～31)
Month	同上	Date	调用格式:Month(date) 功能:返回一年中的第几月(1～12)
Year	同上	Date	调用格式:Year(date) 功能:返回年份(yyyy)
WeekDay	同上	Date	调用格式:WeekDay(date) 功能:返回星期几(1～7) 说明:1:星期日,2:星期一,3:星期二,……
Hour	同上	Date	调用格式:Hour(date) 功能:返回小时(0～23)
Minute	同上	Date	调用格式:Minute(date) 功能:返回分钟(0～59)
Second	同上	Date	调用格式:Second(date) 功能:返回秒(0～59)
Datediff	Variant(Long)	Date	调用格式:Datediff(interval,date1,date2) 功能:返回两日期值间的间隔数

其中 Datediff 函数较复杂,下面予以补充说明。

◆格式:Datediff(interval,date1,date2)

◆功能:返回 Variant(Long)类型的值,表示两个指定日期间的时间间隔数目。

◆说明:

①interval 是一个字符型参数,用来表示两日期时间差的时间间隔单位。可选的间隔字

符串有"yyyy"(年)、"q"(季)、"m"(月)、"d"(日)、"ww"(周)、"h"(时)、"n"(分)和"s"(秒)。

②如果 date1 比 date2 来得晚,则返回负数。

假设

    date1＝♯9:5:28♯

    date2＝♯9:6:2♯

则

    datediff("n",date1,date2)返回的值为 1(分钟)

    datediff("s",date1,date2)返回的值为 34(秒)

    datediff("h",date1,date2)返回的值为 0(小时)

5.随机函数

在测试、模拟和游戏程序中,经常使用随机函数。其语句和函数格式如下。

1)随机数语句

◆格式:Randomize ［x］

◆功能:产生随机数种子,避免使同一序列的随机数反复出现。

◆说明:

①x 是整数,它是随机数发生器的"种子数",可以省略。

②该语句要在调用 Rnd 函数前使用。

2)随机函数

◆格式:Rnd(n)

◆功能:产生一个大于等于 0 且小于 1 的随机单精度数。

◆说明:

①n 是一个数值。当 n＜0 时,每次都使用 n 作为随机数种子;当 n＞0(默认)时,以前一个随机数作为种子来产生下一个随机数;当 n＝0 时,产生与最近生成的随机数相同的数。

②为了生成某个范围内的随机整数,可使用下面的公式:

    Int((upper－lower＋1) * Rnd＋lower)

这里,upper 是随机数范围的上限,而 lower 是其下限。例如,Int((100 * Rnd＋1)将产生一个大于等于 1 且小于等于 100 的随机整数。

6.格式转换函数

格式转换函数 Format 的功能是将给定的数据转换成另外的格式,以便输出,其一般格式为

    Format(Expression,Style)

Format 函数可以修饰日期、数值以及字符串型态的数据,其传回值的数据形态为字符串。其中,Expression 的类型可以是日期、数值或字符串表达式;Style 是一些有意义的格式字符串或符号,它们的意义如表 6-7 所示。

表 6-7　Format( )函数的格式串或符号

格式串 或符号	表达式 类型	说明及引用实例	引用结果
0		占位符,每个 0 显示一个数字,不足位用 0 补足,如 Format(x, "0000.0")	0123.5
#		占位符,每个#显示一个数字,不足位不用 0 补足,左对齐,如 Format(x, "####.##")	123.46
@		占位符,每个@显示一个数字,不足位不用 0 补足,右对齐,如 Format(x, "@@@@@@@")	123.456
.		显示小数点,如 Format(x, "####.#")	123.5
%	数值 x=123.456	百分比形式,带%号,如 Format(x, "#####%")	123456%
,		显示千位分割符,如 Format(x, "0,###.##")	0,123.46
E+,E—		指数格式,如 Format(x, "#.######E+")	1.23456E+2
+,—,$		正、负号及 $ 原样显示,如 Format(x, "+####.##$")	+123.456$
\		\号后的内容原样显示,如 Format(x, "####.#\¥")	123.46¥
d		显示日期(1~31),个位前不加 0,Format(x,"d")	29
ddd/dddd		显示缩写(Sun—Sat)或全名(Sunday—Sarurday)的星期,如,Format(x,"ddd");Format(x,"dddd")	Fri Friday
dddddd	日期 x= #11/29/ 2013#	显示长日期(yyyy 年 m 月 d 日),如:Format(x, "dddddd")	2013 年 11 月 29 日
m		显示月份(1~12),个位前不加 0,如 Format(x,"m")	11
mmm/mmmm		显示缩写(Jan~Dec)或全名(Januart~December)的月份,如 Format(x,"mmm")	Nov
y/yyyy		显示一年中的天(1~366)或四位数的年份(0100~9999),如,Format(x,"y");Format(x,"yyyy")	333;2013

续表

格式串 或符号	表达式 类型	说明及引用实例	引用结果
h	时间 x= ♯4:08: 12 PM♯	显示小时(0～23),个位前不加 0,如 Format(x,"h")	16
n		显示分(0～59),个位前不加 0,如 Format(x,"n")	8
s		显示秒(0～59),个位前不加 0,如 Format(x,"s")	12
h:m:s		显示完整时间(时:分:秒),个位前不加 0,如 Format (y, "h:m:s")	16:8:12
hh:mm:ss		显示完整八位时间(时:分:秒),不足两位加 0,如 Format(y, "hh:mm:ss")	16:08:12
<	字符串	将字符串转换成小写输出,如 Format("HELLO ", "<")	hello
>		将字符串转换成小写输出,如 Format("hello", ">")	HELLO
@		输出的字符数小于格式符规定的位数时,前面补空格,如 Format("hello", "@@@@@@@@")	hello
&		输出的字符数小于格式符规定的位数时,前面不补空格,如 Format("hello", "&&&&&&&&")	hello

7. 输入/输出函数

Visaul Basic 提供了 2 个输入/输出函数 InputBox 和 MsgBox,分别用于输入和输出数据。

1)InputBox 函数

◆格式:

InputBox(prompt [,title] [,default] [, xpos , ypos] [, helpfile , context])

◆功能:该函数产生一个输入对话框(见图 6-6)作为输入数据的界面,等待用户输入正文或按下某个按钮,并返回用户输入的 String 数据。

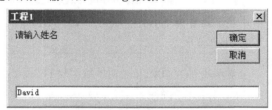

图 6-6 InputBox 输入框

◆说明:

①prompt 是作为提示信息的字符串,最大长度为 1024。如果提示信息过长需要换行,则中间可插入回车换行符 Chr(13)和 Chr(10)或 Chr(13)&Chr(10)。

②title 是对话框的标题。

③default 是输入区的默认信息,如果用户没有输入任何信息,则默认该字符串为输入值;如果省略该参数,则默认为空白。

④xpos,ypos 是两个成对出现的整数值,它们指出对话框左上角相对于屏幕左边和顶边的距离。默认为居中。

⑤helpfile 和 context:helpfile 表示帮助文件名的字符串,context 表示帮助主题目录号的数值,两者成对出现。

⑥如果用户按了"确定"按钮或回车键,则函数返回文本框中的内容;如果按了"取消"按钮,则返回 0 长度字符串("")。

2)MsgBox 函数

◆格式:

MsgBox(prompt　[, buttons]　[,title]　[,helpfile,context])

◆功能:该函数在对话框中显示消息,等待用户单击按钮,并返回一个 Integer 值来标识用户单击的是哪个按钮。

◆说明:

①prompt,title,helpfile 和 context 的意义与 InputBox 函数中的相同。

②buttons 是数值表达式,它指定显示按钮的数目及形式、使用的图标样式、缺省按钮以及消息窗的强制回应。buttons 是由各类值相加而成的值,当同一类中有多个值时只能取一个值,如果省略,则其值为 0。buttons 的参数设置值见表 6-8。

③函数的返回值是一个整数,其各个值的意义见表 6-9。

表 6-8　MsgBox 函数中的 buttons 参数设置值

分类	常数	值	描述
按钮类型与数目	VbOKOnly	0	只显示 OK 按钮
	VbOKCancel	1	显示 OK 和 Cancel 按钮
	VbAbortRetryIgnore	2	显示 Abort、Retry 和 Ignore 按钮
	VbYesNoCancel	3	显示 Yes、No 和 Cancel 按钮
	VbYesNo	4	显示 Yes 和 No 按钮
	VbRetryCancel	5	显示 Retry 和 Cancel 按钮
图标设置	VbCritical	16	显示 Critical Message 图标
	VbQuestion	32	显示 Warning Query 图标
	VbExclamation	48	显示 Warning Message 图标
	VbInformation	64	显示 Information Message 图标
缺省按钮	VbDefaultButton1	0	第一个按钮是缺省值
	VbDefaultButton2	256	第二个按钮是缺省值
	VbDefaultButton3	512	第三个按钮是缺省值
	VbDefaultButton4	768	第四个按钮是缺省值

续表

分类	常数	值	描述
强制返回性	VbApplicationModal	0	应用程序强制返回。应用程序一直被挂起，直到用户对消息框做出响应才继续工作
	VbSystemModal	4096	系统强制返回。全部应用程序都被挂起，直到用户对消息框做出响应才继续工作
其他	VbMsgBoxHelpButton	16384	将 Help 按钮添加到消息框
	VbMsgBoxSetForeground	65536	指定消息框窗口作为前景窗口
	VbMsgBoxRight	524288	指定文本为右对齐
	VbMsgBoxRtlReading	1048576	指定文本为在希伯来和阿拉伯语系中的从右到左显示。

表 6-9 MsgBox 函数的返回值

常数	值	描述	常数	值	描述
VbOK	1	选了 OK 按钮	VbIgnore	5	选了 Ignore 按钮
VbCancel	2	选了 Cancel 按钮	VbYes	6	选了 Yes 按钮
VbAbort	3	选了 Abort 按钮	VbNo	7	选了 No 按钮
VbRetry	4	选了 Retry 按钮			

下面举一个例子来演示一下如何调用 MsgBox 函数。

```
Dim a As Long, s As String
a = MsgBox("请按一按钮", 67, "测试 MsgBox 函数")
If  a = 6 Then
    s = "你按的是 Yes 按钮"
ElseIf a = 7 Then
    s = "你按的是 No 按钮"
Else
    s = "你按的是 Cancel 按钮"
End If
a = MsgBox(s)          ' 第二次调用 MsgBox 函数
```

在这段程序中，开始将 Buttons 的值选择为 67（3＋64），3 表示在对话框中显示"是""否"和"取消"3 个按钮；而 64 表示显示 Information Message 图标。因此，首次调用 MsgBox 函数时会弹出如图 6-7(a)所示的对话框。如果按了"是"按钮，变量 a 得到的值会是 6，这时变量 s 被赋值为"你按的是 Yes 按钮"。当再次调用 MsgBox 函数时，就会显示如图 6-7(b)所示的对话框了。请读者自体会一下,按别的按钮会是什么结果。

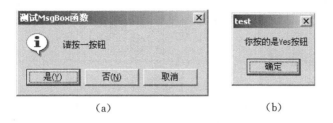

(a)　　　　　　　　　(b)

图 6 - 7　测试 MsgBox 函数

【例 6.7】编写程序,统计输入的文本中汉字和西文字符的个数。

◆解题分析:判断一个字符是否汉字,就看其 ASCII 是否小于 0。统计出汉字数后,再用文本的总长度减去汉字数,即为西文字符个数。为此,应该设计一个函数 HZCount(ByVal s As String) As Long,使其返回给定文本中所包含的汉字个数。

◆界面设计:在窗体中添加表 6 - 10 所列的控件,并做适当布局。

表 6 - 10　例 6.7 的控件说明

控件类型	控件名称	用　途	主要属性
标签	Label1	汉字数	
标签	Label2	西文字符数	
文本框	Text1	输入文本	
命令按钮	Command1	"统计"按钮	

◆程序代码:

```
Private Sub Command1_Click()
    Dim s As String
    s = Text1.Text
    Label1.Caption = "汉字数:" & HZCount(s)
    Label2.Caption = "西文字符数:" & Len(s) - HZCount(s)
End Sub
Private Sub Form_Load()
    Text1.Text = ""
    Label1.Caption = ""
    Label2.Caption = ""
    Command1.Caption = "统计"
End Sub
Public Function HZCount(ByVal s As String) As Long    '统计字符串 s 中的汉字个数
    Dim i As Long, n As Long
    Dim c As String
```

```
        For i = 1 To Len(s)                  '进入汉字统计循环
            c = Mid(s, i, 1)                 '取出第 i 处的 1 个字符
            If Asc(c) < 0 Then n = n + 1     '如果是汉字,计数器加 1
        Next
        HZCount = n
    End Function
```

该程序中使用了系统预定义函数 Mid(String,start,length),它可从 String 字串中取出从第 start 个字符起的 length 个字符。本例是从 s 字串中取出从第 i 个字符起的 1 个字符,即第 i 个字符。

程序的运行界面如图 6-8 所示。

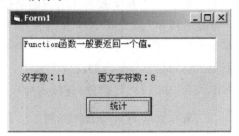

图 6-8　统计汉字和西文字符个数

6.4　过程参数的传递

参数是程序间传递信息的纽带。Visual Basic 的过程参数具有各种不同的类型和传递方式,并在过程声明和调用期间都要遵循一定的规则。在前面的章节中我们还未来得及介绍参数的这些规则,下面将较详细地介绍。

6.4.1　参数的传递方式

程序间的参数传递有两种方式:一种是值传递方式,称为按值传递,其参数称为传值参数;一种是地址传递方式,称为按地址传递,其参数称为传址参数。

1. 按值传递

按值传递参数时,传递的只是实际参数的一个副本,它是被调过程的入口参数。在过程被调用期间,系统会为形式参数开辟临时的存储空间,并把实际参数的值赋给相应的形式参数。即使过程或函数改变了形式参数的值,也不会影响到实际参数原来的值。

在声明过程时,按值传递的形式参数前应使用关键字 ByVal 加以说明。

例如,从下面的程序执行结果可以看出,在 test 过程被调用前后,实际参数 n 的值并未发生变化。这说明,由于 x 在 test 过程中被声明为 ByVal,只是入口参数,所以,尽管 x=x+1 语句改变了形参 x 的值,但不会影响到实参 n,即使二者同名也不会影响。

```
Dim n As Integer
n = 1
Print "调用 test 前 n 的值 = "; n              'n 值为 1
```

```
test n
Print "调用 test 后 n 的值 = "; n                    ' n 的值仍为 1
--------------------------------
Public Subtest (ByVal   x   As   Integer)
     x = x + 1
End Sub
```

【例 6.8】编写函数 digital(ByVal n As Long，ByVal i As Integer) As Integer,其功能是求得整数 n 中第 i 位的数字。i 值的意义为:0 表示个位,1 表示十位,2 表示百位,3 表示千位,……。例如,digital(2635,0)＝5,digital(2635,1)＝3,digital(2635,2)＝6,digital(2635,3)＝2。函数 digital()编写完成后,还要通过按钮的 Click()事件过程来验证其正确性。

◆解题分析:解题的关键有两步,首先通过(n \ 10 ^ i)去掉第 i 位后的所有数字;再对结果做 mod 10 运算去掉第 i 位前的所有数字。也就是说,(n \ 10 ^ i) mod 10 的值即为所求。

◆界面设计:在窗体中添加表 6 - 11 所列的控件,并做适当布局。

表 6 - 11 例 6.8 的控件说明

控件类型	控件名称	用 途	主要属性
标签	Label1、Label2	显示提示信息	
标签	Label3	显示结果	
文本框	Text1、Text2	输入整数 n 和数位代码 i	
命令按钮	Command1	"结果"按钮	

◆程序代码:

```
Public Function digital(ByVal n As Long，ByVal i As Integer) As Integer
     '功能:获得整数 n 中指定位的数字
     'i 值:0 表示个位,1 表示十位,2 表示百位,3 表示千位……
     digital＝(n \ 10 ^ i) Mod 10              '返回整数 n 中的第 i 位数字
End Function
Private Sub Command1_Click()
     Dim n As Long, i As Integer
     n = Val(Text1.Text)                       ' 获取输入的整数
     i = Val(Text2.Text)                       ' 获取要分离的数位代号
     Label3.Caption＝"＝" & digital(n，i)       ' 调用 digital()函数,获得第 i 位数字
End Sub
Private Sub Form_Load()
     Label1.Caption = "整数"
     Label2.Caption = "数位"
     Label3.Caption = ""
     Text1.Text = ""
     Text2.Text = ""
```

```
Command1.Caption = "结果"
End Sub
```

上述 Function digital()函数只有 digital＝(n \ 10 ＾ i) Mod 10 这一行有效代码，它从整数 n 中将第 i 位数字分离出来，并返给函数名，其中形参 n 和 i 都声明为 ByVal 传递方式。

运行程序后，欲求 2635 的百位（$i=2$）数字，只需在"整数"和"数位"文本框中分别敲入 2635 和 2，按"结果"按钮即可得到结果 6，如图 6－9 所示。

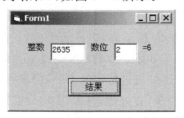

图 6－9　例 6.8 的程序界面

2. 按址传递

按址传递参数时，被调过程通过访问实际参数的存储地址来访问实际参数的内容。调用过程时，系统开辟形式参数的临时存储空间，且把实际参数的地址赋给相应的形式参数，过程通过"间址访问"的方式来访问实际参数。当改变形式参数的值时，实际上是对实际参数的值进行了改变。由此看来，使用按址传递参数是有副作用的，编写程序时需特别注意。当然，也正因如此，传址参数也可作为被调过程的出口参数，来返回一个或多个结果。

在声明过程时，使用关键字 ByRef 可将其后的形式参数说明为按址传递。如果省略 By-Ref，则默认为 ByRef。

例如，把上面的 test 过程中的形参 x 由 ByVal 改为 ByRef。

```
Dim n As Integer
n = 1
Print "调用 test 前 n 的值 = "; n          'n 的值为 1
test n
Print "调用 test 后 n 的值 = "; n          'n 的值为 2
--------------------------------
Public Sub test (ByRef  x  As  Integer)
    x = x + 1
End Sub
```

执行上述程序后你会发现，在 test 过程被调用的前后，n 的值是变化的：调用前为 1，调用后则为 2。这恰好说明，由于 x 在 test 过程中被声明为 ByRef，既是入口参数，也是出口参数，因此，形式参数 x 的变化会直接影响到实际参数 n，而不论二者是否同名。

【例 6.9】编写程序，将任意输入的一个大偶数分解为两个素数之和，如：8＝3＋5、10＝3＋7。

◆解题分析：问题的关键是怎样判断一个整数为素数，因此需要编写一个素数判断函数 Prime()；为将指定的偶数分解为两个素数，可再设计一个 Sub 过程 Goldbach_Conjecture()，用一个 ByVal 参数传入大偶数，用两个 ByRef 参数传回求得的两个素数。

◆界面设计：在窗体中添加表 6－12 所列的控件，并做适当布局。

表 6 – 12　例 6.9 的控件说明

控件类型	控件名称	用　途	主要属性
标签	Label1、Label2、Label4	提示：大偶数、＝、＋	
标签	Label3、Label5	显示两个素数	
文本框	Text1	输入一个大偶数	
命令按钮	Command1	"确定"按钮	

◆程序代码：

```
Private Sub Form_Load()
    Me.Caption = "歌德巴赫猜想"
    Label1.Caption = "大偶数"
    Text1.Text = ""
    Label2.Caption = " = "
    Label3.Caption = ""
    Label4.Caption = " + "
    Label5.Caption = ""
    Command1.Caption = "确定"
End Sub
Private Sub Command1_Click()
    Dim n As Integer, n1 As Integer, n2 As Integer
    n = Val(Text1.Text)
    Goldbach_Conjecture  n，n1，n2    '将大偶数 n 分解成 n1 与 n2 两个素数之和
    Label3.Caption = n1
    Label5.Caption = n2
End Sub
Private Sub Goldbach_Conjecture(ByVal x As Integer，ByRef x1 As Integer， _
ByRef x2 As Integer)
    '将一个大偶数分解为两个素数之和
    For x1 = 2  To  x / 2
        x2 = x － x1
        If Prime(x1)  And  Prime(x2)  Then    '若 x1 和 x2 都是素数，则结束
            Exit Sub
        End If
    Next
End Sub
Private Function Prime(ByVal x As Integer) As Boolean
    '判断 x 是否为素数
    Dim i As Integer
```

```
Prime = True
For i = 2 To Sqr(x)
    If x Mod i = 0 Then
            Prime = False
            Exit Function
    End If
Next
End Function
```

上述程序中值得注意的是,在 Goldbach_Conjec-ture 过程中使用了一个传值参数(x)和两个传址参数(x1、x2),x 向程序传入一个大偶数,x1 和 x2 分别传出经计算获得的两个素数。

程序运行后,输入 488 并按"确定"按钮即得到如图 6-10 所示的结果。

关于参数,再总结说明如下几点。

①当需要保护实际参数时,应采用按值传递

图 6-10　大偶数表示成 2 个素数之和

(ByVal);当需要获得 Sub 过程的操作结果时,应采用按址传递(ByRef)。

②按值传递的实际参数可使用赋值相容的常量、变量和函数,甚至是复杂的表达式,这是因为它只向形式参数传入数据而不接收数据;按址传递的实参要求必须是类型相容的变量,这是因为它不仅向形式参数传入数据,还要接受来自形参的数据。

【例 6.10】编写 Sub 过程 split(ByRef　fWord As String,ByRef s As String),功能是:将给定的英文文本 s 分成两个子串,一个是 s 中的首个单词,另一个是除去首单词的后续文本,结果分别由 fWord 和 s 参数返回;如果原文本的第一个字符不是字母,则 fWord 返回""。

◆解题分析:问题的关键是找到首单词与后续单词之间的分割符。由于分隔符有很多(空格及各种标点符号),为简化算法,本例使用内部函数 Mid(String,start,length)从左至右读取原文本中的每个字符并加以判断,如果不是字母,则视为分割符。分隔符之前为首单词,之后为后续文本,它们分别通过 fWord 和 s 传址参数回传给调用程序。

◆界面设计:在窗体中添加表 6-13 所列的控件,并做适当布局和属性设置。

表 6-13　例 6.10 的控件说明

控件类型	控件名称	用　途	主要属性
标签	Label1	"首单词"提示	
标签	Label2	分割后的首单词	
文本框	Text1	英文原文、后续文本	MultiLine＝True ScrollBars＝3
命令按钮	Command1	"分割"按钮	

◆程序代码:

```
Private Sub Form_Load()
    Command1.Caption = "分割"
    Label1.Caption = "首单词"
    Label2.Caption = ""
End Sub
Public Sub split(ByRef fWord As String, ByRef s As String)
    '分割文本:将 s 中的字符串分割为首单词和后续文本
    Dim start As Long, n As Integer
    Dim s1 As String
    For start = 1 To Len(s)
        s1 = Mid(s, start, 1)
        n = Asc(s1)
        If Not (n >= 65 And n <= 90 Or n >= 97 And n <= 122) Then
                                    '如果不是字母,则 start 即指向分隔符
            Exit For
        End If
    Next
    fWord = Left(s, start - 1)          '传回首单词
    s = Right(s, Len(s) - start + 1)    '传回后续文本
End Sub
Private Sub Command1_Click()
    Dim Word As String, English As String
    English = Text1.Text
    Call split(Word, English)           '调用 split 过程,对 English 进行分割
    Label2.Caption = Word               '显示首单词
    Text1.Text = English                '显示后续文本
End Sub
```

上述程序的执行界面如图 6-11 所示。

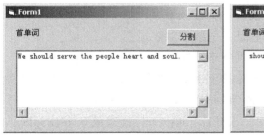
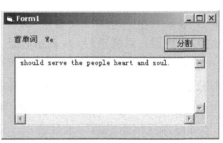

(a)分割前　　　　　　　　　　　(b)分割后

图 6-11　例 6.10 的程序界面

6.4.2 可选参数

在调用一个过程时,有时不必为某些形式参数提供实际参数值,而是使用声明时所规定的缺省值。把这样的形式参数称为可选参数。

1.声明可选参数

声明可选参数时,应在形式参数前加 Optional 关键字,并用赋值号(=)指定缺省值。

2.关于可选参数的几点说明

(1)Optional 的作用是声明它后面的参数为可选的,实际参数缺省时用"="后面的值代替实际参数的值。

(2)"="后面的值应是常数或常数表达式,该值应该是较为常用的值。

(3)被 Optional 声明为可选参数,必须位于形式参数表的最后。

例如,例 6.6 中求近似值的函数 about()使用了 real(原实数)和 precision(小数位数)两个形式参数,那么在调用该函数时就必须传入两个实际数据,否则将报错。如果将 precision 改为可选参数(见下面程序的黑体部分),且缺省值设置设为 0,那么,当调用 about()函数时未传入 precision 参数,则以 0 代之,表示不保留小数。

```
Public Functionabout(ByVal real As Double, Optional ByVal precision As Integer=0  _
As Double
        ′about——求近似值函数
        ′real——原实数;precision——精度,即欲保留的小数位数
        about = Int(real * 10 ^ precision + 0.5) / 10 ^ precision        ′返回近似值
End Function
```

6.4.3 数组参数

过程中的形式参数除了可以是基本的常量、变量或表达式外,还可以是数组变量、自定义类型变量甚至对象(类型为 Control)等。这里仅介绍如何以整个数组作为过程的参数。当然,数组元素也可作为实际参数传递,与普通变量没什么区别。

◆声明格式:

　　ByRef　<数组名>()　As　<数据类型>

◆说明:

①形式参数必须声明为按址传递,即使用 ByRef 关键字。

②数组名后要加一对圆括号(),表示它是一个数组参数。

③过程被调用时,作为实际参数的数组可省略圆括号()。

【例 6.11】改进本章 6.1.1 中的 Command2_Click()和 DisplayArr()过程。将 Command2_Click()中的冒泡排序程序代码提取改造成为一个子程序 Sub SortArr(ByRef a() As Integer),使其能够排序任何指定的一维数组;将 Sub DisplayArr()改造成 Sub DisplayArr(ByRef a() As Integer),使其能够显示任何指定的一维数组的内容。

```
Public Sub SortArr(ByRef a() As Integer)
        Dim i As Integer, j As Integer, tem As Integer
```

```
    Dim m As Long , n As Long
    m = LBound(a)                            '数组下标下界
    n = UBound(a)                            '数组下标上界
    For i = n To m + 1 Step - 1
        For j = 1 To i
            If a(j - 1) > a(j) Then          '如果前数大于后数,则互换位置
                tem = a(j - 1)
                a(j - 1) = a(j)
                a(j) = tem
            End If
        Next j
    Next i
End Sub
Private Sub DisplayArr(ByRef a() As Integer)
    Dim i As Integer , m As Integer , n As Integer
    Print
    Print
    Print Spc(8);
    m = LBound(a)                            '获得 a()数组下标的下界
    n = UBound(a)                            '获得 a()数组下标的上界
    For i = m To n
        Print a(i);
    Next
End Sub
```

有了 SortArr (ByRef a() As Integer)和 DisplayArr(ByRef a() As Integer)这两个以数组为参数的过程,本章 6.1.1 小节中的 Command2_Click()过程就可更加简练,适应性也更强,代码如下。

```
    Private Sub Command2_Click()
        Call SortArr（arr）             '进行冒泡排序,只需传入数组名 arr,不需()
        Call DisplayArr（arr）          '调用显示 arr 数组内容的过程
    End Sub
```

【例 6.12】编写一个 Sub 过程,要求分行显示任一给定数组的数据;每行的数据个数由用户决定(默认 5 个);并通过按钮的事件过程调用之。

◆解题分析:求解该题关键有两点:一是针对任意数组;二是每行的数据个数可由用户选择(默认 5 个)。为此,数组显示过程应有两个入口参数:数组 Arr()、列数 col(缺省 5)。

◆界面设计:在窗体中添加表 6 - 14 所列的控件。

表 6 - 14　例 6.12 的控件说明

控件类型	控件名称	用　途	主要属性
标签	Label1	提示:列数	
文本框	Text1	输入列数	
命令按钮	Command1	"显示数组"按钮	

◆程序代码:

```
Private MyArr() As Variant
Private Sub Command1_Click()
    Cls
    Dim Col As Integer
    Col = Val(Text1.Text)
    If Col = 0 Then
        Call ShowArr(MyArr)                   '省掉了 Col 参数,使用默认值 5
    Else
        Call ShowArr(MyArr, Col)
    End If
End Sub
Private Sub ShowArr(ByRef Arr() As Variant, Optional ByVal Col As Integer=5)
    '显示数组数据,默认每行 5 列,注意 Col 为 Optional 参数,
    Dim i As Integer,m As Integer, n As Integer, column As Integer
    m = LBound(arr)
    n = UBound(arr)
    For i = m To n
        If column = 0 Then                    '如果是新行开始,则换一新行
            Print
            Print Spc(5);
        End If
        Print arr(i);                         '显示数据
        column = (column + 1) Mod Col          '列计数器 + 1,列满则清 0
    Next
End Sub
Private Sub Form_Load()
    Dim i As Integer
    ReDim MyArr(49) As Variant
    Randomize
    For i = 0 To 49
        MyArr(i) = Int((99 - 10 + 1) * Rnd() + 10)
```

```
    Next
    Command1.Caption = "显示数组"
    Label1.Caption = "列数"
    Text1.Text = ""
End Sub
```

程序最开始定义了一个模块级动态数组 MyArr(),为的是在其他过程中都有效,其类型要与 ShowArr()过程中的 Arr()参数一致。ShowArr()过程使用了两个形式参数,一个是要显示的数组 Arr()(数组参数将在后面介绍),另一个是显示的列数 Col,且默认为 5。Arr()之所以采用 Variant 类型,是考虑到程序的通用性,使得可以接受任何类型的数组。Form_Load ()过程为实际数组 MyArr()生成了 50 个随机整数。事件过程 Command1_Click()是为了调用 ShowArr()过程,当未输入列数而直接按"显示数组"按钮时,则以每行 5 列的格式显示。

程序执行界面如图 6-12 所示。

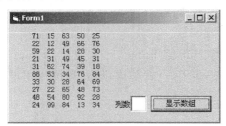　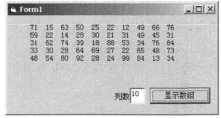

(a)按默认的 5 列显示　　　　　(b)按指定的 10 列显示

图 6-12　例 6.12 的程序界面

6.4.4　不定量参数

一般来说,调用过程时的实际参数个数是一定的。然而在实际中,实际参数个数往往需要根据具体情况来灵活决定。这时,就要把形式参数声明为可以接纳不定数量的参数。

◆声明格式:

ParamArray　＜数组名＞()　As Variant

◆说明:

①关键字 ParamArray 是必须的,且只能位于形式参数表的最后一项,也不能同 ByVal、ByRef 或 Optional 一起使用。

②形式参数必须声明为可变类型(Variant)的动态数组。

③如果有一个参数使用了 ParamArray,则其他参数不允许使用 Optional。

例如:

```
Private Sub Command1_Click()
    Label1.Caption = p3(1, 2, 3, 4)      '传递 4 个实际参数
End Sub
Public Function p3(ParamArray  a())  As  Integer
    Dim n
    Dim sum As Integer
```

```
For  Each  n  In  a
    sum = sum + n
Next
p3 = sum
End Function
```

初看上面的程序,很像前面"数组参数"一节中的例子,然而它们是完全不同的。"数组参数"的意思是,可以用整个数组作为实际参数传递给过程使用。而这里"不定数量的参数"则是指要传递的实际参数的个数可以依具体情况而变化。上述程序的执行结果为 10。

6.5 过程的作用域

同变量作用域的概念类似,过程也具有其有效的作用范围,即作用域。过程的作用域分为模块级(或称文件级)和全局级(或称项目级或工程级)两种。

1. 模块级过程

在某模块(文件)内声明的过程,如果在关键字 Sub 或 Function 前加有 Private,则该过程称为模块级过程,它只能被在本模块中声明的过程调用,也就是说,该过程的作用域为本模块(文件)。

2. 全局级过程

声明过程时,如果在关键字 Sub 或 Function 前加有 Public(省略时默认),则该过程称为全局级(或工程级)过程,它可被整个工程的所有模块(文件)中声明的过程调用,即它的作用域是整个应用程序。

全局级过程因其声明时所在的模块不同,调用时的规则也略有不同,其规则如下。

(1)在窗体(. frm 文件)中声明的全局级过程被其他模块中声明的过程调用时,必须在过程名前加上窗体名称作为前缀,并以"."作为连接符。

(2)在某个标准模块(. bas 文件)中声明的全局级过程,如果与其他模块(含标准模块和窗体模块)中声明的过程均不重名,这时主调程序可直接用过程名调用,无需加模块名前缀。

(3)在不同模块(文件)中声明的全局级过程允许重名。只要在过程名前加上模块名前缀,任何情况下都可被调用。

例如,假设在标准模块文件 Module1. bas 中有下面的函数(注意 Public 关键字):

```
Public Function Factorial(ByVal n As Integer) As Long      '声明全局过程
    Dim i As Integer, tem As Long
    tem = 1
    For  i = 2  To  n
        tem = tem * i
    Next
    Factorial = tem
End Function
```

就可以在窗体文件 Form1. frm 中的过程里调用上述函数,如

```
Private Sub Command1_Click()
```

```
Dim a As Long , b As Integer
b = 5
a = Module1. Factorial(b)          ′调用 Module1.bas 文件中的 Factorial()函数
Print   Str(b) & "! = "; a
End Sub
```

6.6　递归调用

所谓递归调用,简单地说就是过程体中含有调用自身过程的语句,即自己调用自己。另一种情况是,一个过程调用另一个过程,而该过程又反过来调用主调过程,这称为间接递归调用。

下面通过一个求自然数 n 的阶乘的例子来说明递归调用的概念。这里采用与以往不同的思路来编写求 $n!$ 的函数 $F(n)$。

大家知道,$n! = n*(n-1)! = n*(n-1)*(n-2)! \cdots = n*(n-1)*(n-2)*\cdots*2*1!$。所以,要想计算 $n!$,就要计算 $(n-1)!$,依此类推,只要还未到最后,就继续往下推演,直到最后计算 $1!$,而 $1! = 1$。根据这一规律,可以编写程序如下。

```
Public  Function  F(ByVal  n  As  Integer)  As  Long
    If   n = 1   Then
        F = 1
    Else
        F = n * F(n-1)     ′n>1,继续推演更小数的阶乘,函数 F 调用自身
    End  If
End Function
```

再编写如下过程调用该函数,执行后会得到与前面一样的结果。

```
Private  Sub  Command1_Click()
    Print   "5! = "; F(5)          ′调用计算阶乘的程序
End Sub
```

递归过程之所以能够实现,关键是用堆栈保存过程调用的实际参数、局部变量和调用的返回地址。所以,编写递归调用程序时,不要使用按址传递参数和静态变量。

编写递归调用过程要把握住两点:一是把计算大规模的问题化成同一算法的小规模问题;二是要有调用的终结值,不能无限调用下去。

【例 6.13】编写递归函数过程,返回给定字符串的逆序字符串。例如,传入"Microsoft",返回"tfosorciM"。

◆解题分析:一个字符串的逆序字符串,可以认为它是由其最右边的一个字符与除该字符之外的更短子字符串的逆序字符串连接而成的,而这个更短字符串的逆序字符串又按照同样逻辑处理,直至子字符串只有一个字符为止。这采用的就是递归思想。

◆界面设计:在窗体中添加表 6-15 所列的控件。

表 6-15　例 6.13 的控件说明

控件类型	控件名称	用　途	主要属性
标签	Label1	显示结果字符串	
文本框	Text1	输入字符串	
命令按钮	Command1	执行按钮	

◆程序代码：

```
Option Explicit
Private Sub Command1_Click()
    Label1.Caption = reverse(Text1.Text)
End Sub
Private Function reverse(ByVal s As String) As String
    Dim s1 As String
    If Len(s) = 1 Then
        reverse = s                        '当字符串只有一个字符时,直接返回它
    Else
        s1 = Right(s, 1)                   '取出最右面一个字符
        s = Left(s, Len(s) - 1)            '去掉最右面一个字符
        reverse = s1 & reverse(s)          '递归调用
    End If
End Function
Private Sub Form_Load()
    Me.Caption = "递归调用范例"
    Command1.Caption = "显示逆序字符串"
    Text1.Text = ""
    Label1.Caption = ""
End Sub
```

程序执行结果如图 6-13 所示。

图 6-13　显示逆序字符串

习 题 6

一、填空

1.在模块内定义的过程,若在关键字 Sub 或 Function 前加上 Public 前缀,则该过程称为
_____过程;如果前缀是 Private,则该过程只能在_____中被调用。

2.在 Visual Basic 中,过程可分为两大类,即_____和_____。

3.函数可以通过_____直接返回计算结果的值,而过程则通过_____返回计算
结果的值。

4.函数通常出现在_____中。

5.函数一般通过_____方式被外部过程调用。

6.如果需要获得 Sub 过程的操作结果,形式参数应采用_____方式,实际参数应使
用_____。

7.被 Optional 声明为可选的参数,必须放在其他参数的_____。

8.如果要把整个数组传递给过程,形式参数必须声明为_____类型,且形式参数名后
要加_____,以表示它是一个可变长的动态数组参数。

9.当在窗体(.frm 文件)中声明的全局级过程被其他模块中声明的过程调用时,必须在过
程名前加上_____,并以_____作为连接符。

10.Visual Basic 的内部函数大体上可分为 5 类:_____、_____、_____、
_____和_____。

二、选择题

1.如果在过程的形式参数前加上关键字_____,则该参数说明为传址参数。
   A. Val　　　　　B. ByVal　　　　C. ByRef　　　　D. Ref

2.设有一个函数 F,它有 Long 型的三个传值参数,则调用该函数的正确语句为_____
(假设 a,b,c 为三个 Long 变量)。
   A. F　　　　　B. F(a,a+b)　　　C. F(a+b+c,a,b)　D. F　a,b,c

3.标准模块中的代码存放在以_____为扩展名的文件里。
   A. .frm　　　　B. .bas　　　　C. .cls　　　　D. .vbp

4._____不能在标准模块中定义。
   A. Sub 过程　　B. 函数过程　　C. 事件过程　　D. 公共过程

5.在定义窗体模块级的变量时,不能使用的关键字是_____。
   A. Dim　　　　B. Private　　　C. Static　　　D. Public

6.在通用过程中,为了定义可选参数,应使用的关键字是_____。
   A. ByVal　　　B. Optional　　　C. ByRef　　　D. ParamArray

7.以下描述中错误的是_____。
   A. 由 Static 定义的过程中的局部变量都是 Static 类型
   B. Sub 过程中不能嵌套定义 Sub 过程

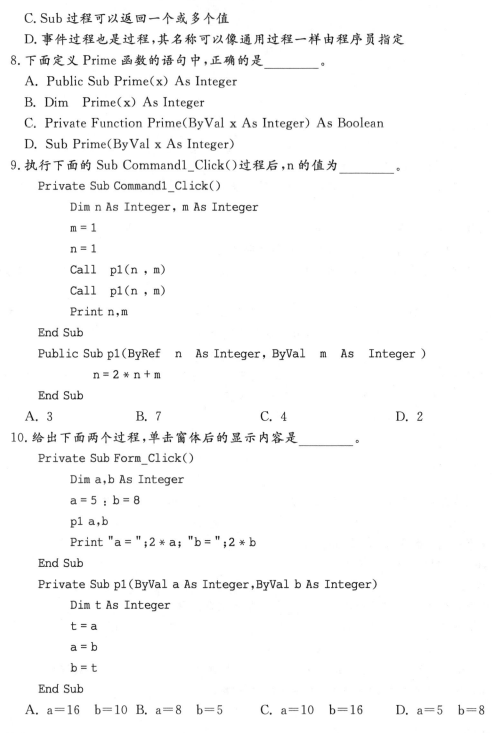

C. Sub 过程可以返回一个或多个值

D. 事件过程也是过程,其名称可以像通用过程一样由程序员指定

8. 下面定义 Prime 函数的语句中,正确的是_____。

A. Public Sub Prime(x) As Integer

B. Dim Prime(x) As Integer

C. Private Function Prime(ByVal x As Integer) As Boolean

D. Sub Prime(ByVal x As Integer)

9. 执行下面的 Sub Command1_Click()过程后,n 的值为_____。

```
Private Sub Command1_Click()
    Dim n As Integer, m As Integer
    m = 1
    n = 1
    Call  p1(n , m)
    Call  p1(n , m)
    Print n,m
End Sub
Public Sub p1(ByRef  n  As Integer, ByVal  m  As  Integer )
    n = 2 * n + m
End Sub
```

A. 3   B. 7   C. 4   D. 2

10. 给出下面两个过程,单击窗体后的显示内容是_____。

```
Private Sub Form_Click()
    Dim a,b As Integer
    a = 5 : b = 8
    p1 a,b
    Print "a = ";2 * a; "b = ";2 * b
End Sub
Private Sub p1(ByVal a As Integer,ByVal b As Integer)
    Dim t As Integer
    t = a
    a = b
    b = t
End Sub
```

A. a＝16   b＝10 B. a＝8   b＝5   C. a＝10   b＝16   D. a＝5   b＝8

三、编程题

1. 编写一个根据半径求圆面积的函数,并通过命令按钮的 Click()事件过程调用之。在主调过程中要求使用 InputBox 函数输入半径,将该值作为实际参数传入函数。

2. 参照例 6.7,编写统计西文字符的函数 Function XWCount(ByVal s As String) As In-

teger,要求输入一个文本字符串,返回其中包含的西文字符个数。

3.利用例 6.8 中的 digital 函数,找出 3 位整数中的所有水仙花数。

4.参照例 4.8,编写一个求两个整数的最大公约数的函数 Function Gongyue(ByVal a As Integer,ByVal b As Integer) As Integer,并通过按钮的事件驱动程序调用验证之。

5.利用第 4 题的 Gongyue 函数,编写一个计算两个整数的最小公倍的函数 Founction GongBei (ByVal a As Integer ,ByVal b As Integer) As Integer。提示:$[a,b]=a*b/(a,b)$,其中$[a,b]$表示 a、b 的最小公倍数,(a,b)表示两数的最大公约数。

6.参照例 4.5 编写函数,使其返回一个由指定范围内所有奇数组成的字符串(奇数间用",”隔开),该字符串可根据实际参数灵活换行。提示:①形成字符串不使用 Print 语句显示,而将用运算符 & 连接起来的各字符串作为函数值返回;②回车换行符用系统常量 vbCrLf。

7.参照例 5.7,将数组元素的展示、插入和删除功能分别设计成 Function ShowArr(Arr( )) As String、Sub InsertItem(Arr(),Position,Item)和 Sub RemoveItem(Arr(),Position)。要求:可针对任何数组,可在任意位置插入任意数据,可删除任意位置的元素,ShowArr(Arr()) 函数返回一个由 Arr()数组中各元素连接成的字符串。

8.参照例 6.10 编写函数 trimNonAlpha (ByVal s As String) As String,功能是:将 s 字符串左侧连续的非字母符号去掉,其结果作为函数值返回。

9.利用例 6.10 的 split()过程和上题的 trimNonAlpha()函数编写程序,将输入的英文文本中的每个单词都分离出来并存入一个 String 型动态数组 arr(),同时分行显示数组中的单词。

10.改进例 6.11 中的 SortArr()过程,为其增加一个入口参数 Ordinal,即 SortArr(ByRef ac()As Integer,Optional ByVal Ordinal As Integer=1)。当 Ordinal 的值为 1(缺省)时,对数组 a()进行升序排序,当其值为 −1 时降序排序。

11.编写递归函数,给定一个自然数 n,计算 $1+2+\cdots+n$ 的值。

12.编写求解汉诺塔问题的递归调用函数,并计算将一套大小不等的 7 块碟子从一个柱子移到另一个柱子,最少需移动几次。提示:一次只能移动一块碟子,且不允许将大碟子放在小碟子上;假设移动次数是碟子数 n 的函数 $f(n)$,则 $f(n)=2*f(n-1)+1$。

四、简答题

1.什么是过程的作用域? 如何声明模块级和全局级过程?

2.Sub 过程与 Function 函数有何异同?如果将例 6.10 中的 split 声明为函数,能否达到同样功效?

3.ByVal 参数与 ByRef 参数有什么不同?

4.实际参数与形式参数在哪些方面必须匹配?

5.不定量参数与数组参数有何区别?

6.编写递归调用过程应注意把握的关键点是什么?

第7章　窗体及常用控件

窗体和控件是设计 Visual Basic 程序的基本元素。窗体是 Visual Basic 中一个重要的对象。在窗体上不仅可以显示文本和图形,也可作为其他控件的容器。当窗体移动时,其上的控件也跟着移动;当窗体隐藏时,其上的控件也随之被隐藏。一个窗体对应一个窗体文件(.frm文件),窗体及其他控件的所有相关设置都保存在这个文件中。熟练掌握窗体及常用控件的属性、方法与事件,是进行 Visual Basic 程序设计的重要基础。

7.1　窗体

一般来说,应用程序都至少拥有一个窗体(即窗口),窗体也和其他控件一样拥有自己的各种属性、方法和事件。通过对这些属性、方法或事件的恰当引用,即可获得非常友好的应用程序界面。

7.1.1　窗体的创建

创建窗体可通过两种途径,一种方法是在进入 Visual Basic 6.0 时会自动弹出一个"新建工程"窗口,此时选择新建"标准 EXE",并按"打开"按钮即可创建一个新的窗体。

另一种创建窗体的方法是:单击菜单栏中的"文件"/"新建工程"命令,弹出"新建工程"窗口,如图 7-1 所示;然后选择"标准 EXE",再按"确定"按钮即可建立一个名为"工程 1"的工程,同时建立一个名为 Form1 的窗体。工程名和窗体名可根据需要修改。

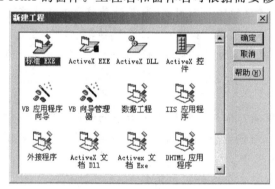

图 7-1　"新建工程"窗口

7.1.2　窗体的属性

属性就是对象所具有的性质和状态特征。窗体的属性有许多种,它们共同构成了窗体的结构。通过对窗体属性的修改,可以控制窗体的外观。一般可有两种方法修改窗体(其他对象也一样)属性:一是通过属性窗口,手工直观地操作修改;二是通过程序代码设置(这一点相信

大家已经很熟悉了)。同其他对象类似,通过程序代码设置窗体属性的一般格式为

［＜窗体名＞.］＜属性名＞＝＜属性值＞

如果省略＜窗体名＞,则默认为当前窗体。当前窗体名还可用关键字 Me 来代替。

下面介绍窗体的一些主要属性。

1. Name 属性

Name(名称)是窗体的重要属性,是表示窗体的唯一标识。新建窗体有一个默认的 Name 属性值,一般为 Form1、Form2 等。为便于阅读和理解,可将其属性值设置一个具有实际意义的名字。Name 属性值只能在设计时更改,不能在程序运行时更改。

2. Caption 属性

窗体的 Caption 属性值可作为显示在窗体标题栏的字符串文本。当窗体最小化时,该文本被显示在窗体图标的下面。

3. Appearance 属性

该属性决定窗体上控件的绘图风格,它的属性值只有 0 和 1 这两种可能。当属性值为 0 (Flat)时,表示平面绘制控件;当为 1(3D)时,表示带有三维效果的绘制控件。

4. BackColor 和 ForeColor 属性

BackColor 和 ForeColor 属性分别用来返回或设置窗体的背景颜色与窗体中显示的图形和文本的前景颜色。它们的取值范围是 0～&HFFFFFF,当然也可使用 vbRed、vbGreen、vbYellow 等系统常量,默认采用系统定义的缺省颜色值。

5. BorderStyle 属性

BorderStyle 属性用来返回或设置窗体的边框样式,取值范围是 0～5。

6. FontTransparant 属性

FontTransparant 属性返回或设置一个逻辑值,它决定是否将窗体的背景文本和图形显示在字符周围的空区,默认为 True。

7. Picture 属性

Picture 属性用来返回或设置窗体的背景图片,缺省值为 None,表示无图片。设计时可以加载一个图片,这个图片将会包括在可执行文件中。

在运行时设置该属性,须使用加载图片函数 LoadPicture()来加载背景图片,语句格式为

＜窗体名＞. Picture＝LoadPicture(＜图片文件名＞)

例如:

```
Form1.Picture = LoadPicture("C:\temp\Mypic.bmp")        '加载图片
Form1.Picture = LoadPicture()                           '卸载图片
```

8. Font 属性

Font 属性决定窗体中显示文本的字体,它具有多个子属性。例如,为了使窗体 Form1 中的字体呈"粗体",可按如下描述。

```
Form1.Font.Bold = True
```

9. Top 和 Left 属性

Top 和 Left 属性决定窗体左上角在屏幕上的位置。Top 表示与屏幕顶边框的距离(以缇为单位),Left 表示与屏幕左边框的距离。它们都是一个 Single 值。

10. Width 和 Height 属性

Width 和 Height 属性返回或设置窗体的宽度和高度。

11. MoveAble 属性

MoveAble 属性用来返回或设置一个 Boolean 值，该值指定窗体的可移动性。当属性值为 True 时，可用鼠标拖动窗体，使之移动或改变大小；当属性值为 False 时，不能移动和改变大小。

12. StartUpPosition 属性

StartUpPosition 属性表示窗体首次出现时的位置。该属性只能在设计时修改，运行时只能读不能改。

13. AutoRedraw 属性

AutoRedraw 属性用于返回或设置图形的绘制方法，即是否"保存"输出的图形。它是一个 Boolean 值，当为 True 时，窗体的自动重绘有效，否则无效。当输出窗体到打印机时，应将该属性值设置为 True。

14. Enabled 属性

Enabled 属性决定窗体是否响应事件。属性值是一个 Boolean 值，当为 True（默认值）时响应事件；当为 False 时不响应事件。利用该属性可实现对窗体或其他控件的响应控制。

15. Visible 属性

Visible 属性用来控制窗体或其他控件是否可见，其值是一个 Boolean 值，当为 True 时窗体可见；当为 False 时窗体不可见。

16. Icon 属性

Icon 属性表示在运行期间，窗体处于最小化时所显示的图标。在设计时，可通过"选择属性值"的方式为应用程序加载一个图标。

17. MaxButton 和 MinButton 属性

MaxButton 和 MinButton 属性都是 Boolean 类型，它们分别决定窗体是否（True/False）有"最大化"和"最小化"按钮，属性值为 True（缺省值）时有相应按钮；当为 False 时无相应按钮。该属性只能在设计时设置，运行时是只读的。

要显示这两个按钮，还必须把 BorderStyle 属性值设置为 1（固定单边框）、2（可变尺寸）或 3（固定双边框）。

18. ShowInTaskBar 属性

ShowInTaskBar 属性用来返回或设置窗体是否出现在 Windows 任务栏中。该属性在运行时是只读的，其值为 True（缺省），则窗体的标记出现在任务栏中，否则不出现。

19. WindowState 属性

WindowState 属性是一个整数值，用来标识窗体的显示状态。属性值是常数值 VbNormal、VbMinimized 或 VbMaximized 中的一个，分别代表 0、1、2，表示窗体的显示状态是正常（缺省）、最小化、最大化。

20. MousePointer 属性

MousePointer 属性用于设置鼠标的形状，其属性值可为 0～15，不同的值代表着不同的鼠标形状。

21. MouseIcon 属性

MouseIcon 属性指向一个用户图形文件,使得该图形成为鼠标的形状。图形文件的加载可通过属性窗口或使用 LoadPicture()函数来完成。

7.1.3　窗体的方法

窗体的方法是对窗体的操作。同其他对象一样,窗体方法的语法形式一般为

[<窗体名>.]<方法>　[<参数列表>]

如果省略<窗体名>,则默认为当前窗体。窗体的常用方法如下。

1. Cls 方法

◆格式:[<窗体名>.]Cls

◆功能:清除由 Print 显示的文本或由绘图方法绘制的图形,并将光标移到窗体左上角。

◆说明:在设计时用 Picture 属性设置的背景位图和放置的控件不受影响。

2. Move 方法

◆格式:[<窗体名>.]Move　<Left>[,<Top>[,<Width>[,<Height>]]]

◆功能:移动窗体到指定的位置,并可改变窗体的大小。

◆说明:Left、Top、Width、Height 都是 Single 类型。Left 和 Top 表示窗体左上角在屏幕上的坐标位置;Width 和 Height 表示窗体新的宽度和高度。

3. Hide 方法

◆格式:[<窗体名>.]Hide

◆功能:隐藏窗体。

◆说明:

①隐藏窗体后,窗体将从屏幕上删除,且 Visible 属性也被自动设置为 False,用户将无法访问隐藏窗体上的控件,但对于运行中的 Visual Basic 应用程序,与该应用程序通信的进程以及对于 Timer 控件的事件,隐藏窗体的控件仍然是可用的。

②如果调用 Hide 方法时窗体还未加载,那么 Hide 方法将加载该窗体但不显示它。

4. Show 方法

◆格式:[<窗体名>.]Show

◆功能:显示窗体。

◆说明:如果调用 Show 方法时指定的窗体尚未加载,则系统将自动加载该窗体。

5. Print 方法

◆格式:[<窗体名>.]Print [<输出列表>]

◆功能:在窗体中显示文本。

◆说明:<输出列表>的格式前面曾有介绍,在此不再赘述。如果省略,则打印一行空白。

6. SetFocus 方法

◆格式:[<窗体名>.]SetFocus

◆功能:将焦点移至指定的窗体,即激活窗体,激活后标题栏成为蓝色。

◆说明:焦点不能移到不可视,或者焦点在它的 Enabled 属性为 False 的窗体或控件上。

7. Refresh 方法

◆格式:[<窗体名>.]Refresh

◆功能:刷新窗体。

7.1.4 窗体的事件

窗体有众多事件,其对应的事件过程提供了对窗体编程的接口。编写事件过程代码,可以利用代码编辑窗口。在代码编辑窗口中选择了窗体对象和相应事件后,系统会自动在代码编辑窗口中添加一个事件过程的框架,之后就可以在那里编写程序代码了。例如:

```
Private Sub Form_Load()
    ……
End Sub
```

下面介绍几个常用的窗体事件。

1. Click 事件

当用鼠标单击窗体时,系统会触发窗体的 Click 事件,并执行 Form_Click()事件过程(如果含有代码的话)。其语法形式为

Private Sub Form_Click( )

2. DblClick 事件

当用鼠标双击窗体时,系统会触发窗体的 DblClick 事件,并执行 Form_DblClick()事件过程,其语法形式为

Private Sub Form_DblClick( )

注意: 双击鼠标除能触发 DblClick 事件外,同时还会触发 Click 事件,且 Click 的事件过程先于 DblClick 的事件过程执行。

3. Initialize 事件

Initialize 事件在应用程序创建窗体时发生,其作用是提供用户在窗体装载之前进行一些初始化设置的机会。其语法形式为

Private Sub Form_Initialize( )

4. Load 事件

Load 事件在窗体被装载时发生,但晚于 Initialize 事件。其事件过程的语法形式为

Private Sub Form_Load( )

通常,Load 事件过程用来包含一个窗体的启动代码,如指定控件的初始设置值,初始化窗体级变量等。

另外,当使用 Load 语句启动应用程序,或引用尚未装载的窗体属性或控件时,也会引发相关窗体的 Load 事件。

5. Activate 事件

Activate 事件在窗体成为活动窗体(窗体被激活)时发生,它先于 GotFocus 事件。其事件过程的语法形式为

Private Sub Form_Activate( )

Activate 事件过程可执行各种实质性操作(如 Print 方法),而 Load 事件过程则不能。Activate 事件过程执行完毕,应用程序即进入"等待状态"(即活动状态),当某一事件发生时,就对其过程进行处理,之后再等待下一事件发生,直至窗体关闭。引发 Activate 事件的情况有:

（1）开始运行应用程序时，当 Load 事件发生后，系统会自动引发一个 Activate 事件。

（2）当窗体从不活动状态变为活动状态时。

【例 7.1】在窗体中显示一个红色粗体字符串。

◆界面设计：在窗体中添加 1 个按钮控件 Command1。

◆程序代码：

```
Private Sub Form_Activate()
    Print
    Print
    Print
    Print Spc(6); "欢迎同学们前来学习!"
End Sub
Private Sub Form_Load()
    Command1.Caption = "进入"
    Form1.ForeColor = &HFF
    Form1.Font.Bold = True
End Sub
```

该程序执行后，会显示如图 7-2 所示的窗口。这里会发现，显示的欢迎词采用了 Form_Load()事件过程中设置的有关属性，说明 Activate 是在 Load 事件后发生的。

图 7-2　测试 Activate 事件

6. Deactivate 事件

当窗体从活动状态变为不活动状态时引发 Deactivate 事件，它晚于 LostFocus 事件。Deactivate 的事件过程语法形式为

Private Sub Form_Deactivate( )

7. QueryUnLoad 事件

QueryUnLoad 事件在窗体关闭时首先发生。其事件过程的语法形式为

Private Sub Form_QueryUnload(Cancel As Integer，UnloadMode As Integer)

其中，参数 Cancel 是一个 Integer 值（默认值为 0），如果在 QueryUnLoad 事件过程中为 Cancel 赋一个非 0 值（视为 True），则取消窗体的关闭动作；如果赋一个 0 值（视为 False），则关闭动作继续。

参数 UnloadMode 是一个 Integer 返回值，它告诉我们，是什么原因试图关闭该窗体。其各个值的意义如表 7-1 所示。

表 7 - 1　UnloadMode 返回参数

符号常量	值	描　述
VbFormControlMenu	0	用户从窗体上的"控件"菜单中选择"关闭"指令
VbFormCode	1	Unload 语句被代码调用
VbAppWindows	2	当前 Windows 操作环境会话结束
VbAppTaskManager	3	Windows 任务管理器正在关闭应用程序
VbFormMDIForm	4	因为 MDI 窗体正在关闭,MDI 子窗体也随之关闭
VbFormOwner	5	因为窗体的所有者正在关闭,所以本窗体也在关闭

8. UnLoad 事件

UnLoad 事件在按了窗体的关闭按钮 ⊠ 或执行了 Unload 语句时发生。该事件可用于关闭窗体前做一些收尾工作,如保存数据等。其事件过程的语法形式为

Private Sub Form_Unload(Cancel As Integer)

其中的 Cancel 参数与前述的 Form_QueryUnload()中的相同。

Unload 事件在 QueryUnLoad 事件后发生。当 UnLoad 事件过程执行完毕,窗体退出内存,不会再有什么事件发生了。

【例 7.2】编写测试程序,展示退出程序的不同途径及流程。

◆解题分析:该程序主要测试当按了窗体的关闭按钮 ⊠ 或执行了 Unload 语句后,如何防止因误操作导致的窗体关闭,以及怎样在程序退出之前进行某些善前处理。为达到目的,可使用 Form_QueryUnload()和 Form_Unload()事件过程。

◆界面设计:在窗体中添加 1 个标签 Label1 和 2 个按钮 Command1～Command2。

◆程序代码:

```
Private Sub Form_Load()
    Command1.Caption = "退出"
    Command2.Caption = "安全退出"
    Label1.Caption = "按 X 钮关闭程序需确认!"
    Me.Caption = "程序退出途径"
End Sub
Private Sub Command1_Click()              '"退出"按钮
    End
End Sub
Private Sub Command2_Click()              '"安全退出"按钮
    Unload Form1
  End Sub
Private Sub Form_QueryUnload(Cancel As Integer, UnloadMode As Integer)
    '按 ⊠ 按钮或执行了 Unload 语句时,进入该过程
    Dim a As Integer
    If UnloadMode = 0 Then              '只有按了 ⊠ 钮,退出才需确认
```

```
        a = MsgBox("确认退出?", vbYesNo)
        If a = 7 Then                          '如果不确认,则关闭动作取消
                Cancel＝1
            End If
        End If
    End Sub
    Private Sub Form_Unload(Cancel As Integer)   '程序关闭的最后阶段,进入该
过程
            MsgBox "善前处理,即将退出程序。"
            End
    End Sub
```

程序运行后,如果按了窗体的按钮⊠,会触发 QueryUnload 事件,并弹出确认退出对话框,如果属误按,则可选择"否"不退出;如果确实退出,可选择"是",并立即触发 Unload 事件,接着做退出前的处理工作。当按了"安全退出"按钮时,虽然也触发上述两个事件,但由于此时 UnloadMode 的值不为 0,故不需关闭确认,而只做善前处理;当按了"退出"按钮时,则程序将立刻无条件退出,且不做善前处理。程序的执行界面如图 7-3 所示。

图 7-3　例 7.2 的程序界面

9. GotFocus 事件

GotFocus 事件在窗体获得焦点时发生,晚于 Activate 事件。获得焦点可通过鼠标点击对象、按 TAB 切换键,或在代码中用 SetFocus 方法等来实现。GotFocus 事件过程的语法形式为

Private Sub Form_GotFocus( )

10. LostFocus 事件

LostFocus 事件是在窗体失去焦点时发生,早于 Deactivate 事件。当其他窗口获得焦点时,当前窗体便会失去焦点。其事件过程的语法形式为

Private Sub Form_LostFocus( )

11. Resize 事件

Resize 事件是在窗体第一次显示或当窗体的窗口状态发生改变时发生,如窗体被最大化、最小化、被还原等。其事件过程的语法形式为

Private Sub Form_Resize( )

12. Paint 事件

Paint 事件是在窗体被移动或放大之后,或在覆盖本窗体的别一个窗体移开之后,使得窗体全部暴露时发生。其事件过程的语法形式为

Private Sub Form_Paint( )

如果希望被覆盖窗体中绘制的图形能被重绘,那么使用 Paint 事件是个很有效的办法。

13. KeyPress 事件

KeyPress 事件在用户按下一个字符键时发生。其事件过程的语法形式为

Private Sub Form_KeyPress(KeyAscii As Integer)

其中,参数 KeyAscii 用于返回键入字符的 ASCII 码。改变 KeyAscii 的值可实现键值变换,使对象或过程接收到的并非所击键的 ASCII 码。如果将 KeyAscii 的值置为 0,则意味着取消本次击键,实现键盘过滤。

注意:

①窗体的 KeyPreview 属性值对其 KeyPress 事件的发生是有影响的。如果窗体中含有其他输入控件,则只有将窗体的 KeyPreview 属性值设置为 True,窗体的 KeyPress 事件才会被触发;如果设置为 False,则窗体中其他具有焦点的控件将直接引发属于自己的键盘事件。

②如果键入的是一非字符键(如功能键、方向键等),则可交由 KeyDown 和 KeyUp 事件过程来处理。

【例 7.3】编写键盘过滤程序,使得在输入出生年月和手机号码时,只允许输入数字、小数点和退格键。

◆解题分析:可通过对 Form_KeyPress 事件过程所提供的 KeyAscii 参数值进行分析和控制,来实现键盘过滤。当 KeyAscii 的值对应的不是数字键(ASCII 码为 48~57)、小数点(ASCII 码为 46)和退格键(ASCII 码为 8)时,强行将 KeyAscii 置为 0,以使本次输入无效。

◆界面设计:在窗体中添加 2 个标签 Label1、Label2,用于显示提示信息;添加 2 个文本框 Text1、Text2,用于输入出生年月和手机号码;添加 1 个命令按钮 Command1,用于确认输入并退出程序,如图 7-4 所示。

图 7-4 测试 KeyPress 事件

◆程序代码:

```
Private Sub Form_Load()
    Me.KeyPreview = True
        Text1.Text = ""
    Text2.Text = ""
    Label1.Caption = "出生年月"
    Label2.Caption = "手机号码"
    Caption = "键盘过滤"
    Command1.Caption = "完成"
End Sub
```

```
Private Sub Form_KeyPress(KeyAscii As Integer)
    '只允许输入数字、小数点和退格键
    If Not (KeyAscii >= 48 And KeyAscii <= 57 Or KeyAscii = 46 Or _
      KeyAscii = 8) Then
        KeyAscii = 0      '如果输入的不合要求,则滤掉该次键入
        Beep              '蜂鸣器响一声
    End If
End Sub
Private Sub Command1_Click()
    End
End Sub
```

上述程序使用了窗体的 KeyPress 事件来实现键盘过滤,因而在 Form_Load()过程中,使用了 Me. KeyPreview=True 语句,以便能够捕获来自 Text1 和 Text2 文本框的键入。程序运行后的界面如图 7-4 所示,当输入了不合要求的字符时,蜂鸣器鸣叫一声,且忽略本次输入。

此外,为了体会窗体 KeyPreview 属性的作用,可将 Me. KeyPreview 的值改为 False,再次执行程序,会发现键盘过滤效果丧失,说明此时窗体的键盘事件被屏蔽。继而,当将 Form_KeyPress()中的代码复制到 Text1_KeyPress()和 Text2_KeyPress()事件过程后,即使去除 Form_KeyPress()事件过程,过滤效果也会恢复,这说明文本框的 KeyPress 事件被触发。其实,大多输入控件都有自己的键盘事件,完全可利用各自的 KeyPress()等事件过程来更加精准地进行键盘过滤,只是须将 Me. KeyPreview 的值设为 False。

总之,当 Me. KeyPreview 的属性值为 False 时,键盘输入不会触发窗体的键盘事件,而是直接触发其他具有焦点的相关控件的键盘事件。

14. KeyDown 和 KeyUp 事件

当按下任一键时,将触发 KeyDown 事件;放开按键时,触发 KeyUp 事件。这两个事件常用来处理不被 KeyPress 识别的击键,如功能键、编辑键、定位键以及任何与键盘换档键的组合等。这两个事件过程的语法形式分别为

Private Sub Form_KeyDown(KeyCode As Integer, Shift As Integer)

和

Private Sub Form_KeyUp(KeyCode As Integer, Shift As Integer)

其中,①KeyCode 是所按键的键盘扫描码,它表示按键的物理位置。因此,大小写字母键拥有相同的 KeyCode。②Shift 是一个二进制数,它表示键盘事件发生时,键盘上的<Shift>,<Ctrl>和<Alt>键是否被同时按下。Shift 各个值的含义如表 7-2 所示。

表 7-2　Shift 值

按键	二进制表示	十进制表示	符号常数
<Shift>键按下	001	1	VbShiftMask
<Ctrl>键按下	010	2	VbCtrlMask
<Alt>键按下	100	4	VbAltMask

这 3 个键可以被重选,Shift 的值为所按键键值之和。例如,如果同时按下了<Ctrl>和<Alt>键,则 Shift 的值为 6(2+4);如果 3 个键同时按下,则 Shift 的值为 7(1+2+4)。

【例 7.4】查看键盘的按键情况。

◆界面设计:在窗体上添加 1 个标签 Label1 和 1 个命令按钮 Command1,分别用于显示按键状态和退出程序。

◆程序代码:

```
Option Explicit
Private Sub Command1_Click()
    End
End Sub
Private Sub Form_KeyDown(KeyCode As Integer, Shift As Integer)
    Dim s As String
    Select Case Shift
        Case 0
            s = ""
        Case 1
            s = "Shift"
        Case 2
            s = "Ctrl"
        Case 3
            s = "Shift + Ctrl"
        Case 4
            s = "Alt"
        Case 5
            s = "Shift + Alt"
        Case 6
            s = "Ctrl + Alt"
        Case 7
            s = "Shift + Ctrl + Alt"
    End Select
    Label1.Caption = s & " + " & Chr(KeyCode)
End Sub
Private Sub Form_Load()
    Command1.Caption = "退出"
    Label1.Caption = ""
    KeyPreview = True
End Sub
```

程序运行后,当同时按下<Shift>、<Ctrl>和 K 键时,Shift 参数的值为 3,对应 s 的值为"Shift+Ctrl";Chr(KeyCode)将返回"K"。结果如图 7-5 所示。

图 7 - 5　查看按键情况

【例 7.5】用小键盘上的方向键控制窗体移动。

◆界面设计:在窗体上添加 1 个标签和 1 个按钮,分别用于显示提示信息和结束程序。

◆程序代码:

```
Option Explicit
Private Sub Command1_Click()
    End
End Sub
Private Sub Form_KeyDown(KeyCode As Integer, Shift As Integer)
    Select Case KeyCode
        Case 100
            Me.Move Me.Left - 100, Me.Top      '左移键(数字小键盘的 4)
        Case 102
            Me.Move Me.Left + 100, Me.Top      '右移(数字小键盘的 6)
        Case 104
            Me.Move Me.Left, Me.Top - 100      '上移(数字小键盘的 8)
        Case 98
            Me.Move Me.Left, Me.Top + 100      '下移(数字小键盘的 2)
    End Select
End Sub
Private Sub Form_Load()
    Label1.Caption = "←左移窗口 →右移窗口 ↑上移窗口 ↓下移窗口"
    Command1.Caption = "退出"
    KeyPreview = True
    Me.Caption = "移动窗口"
End Sub
```

程序运行后,就可以使用方向键(也可使用编辑区的功能键,它们的 KeyCode 见表 7 - 3)来控制窗口的移动了,如图 7 - 6 所示。

表 7 - 3　功能键 KeyCode

键名	KeyCode	键名	KeyCode	键名	KeyCode	键名	KeyCode
←	37	↑	38	→	39	↓	40
PageUp	33	PageDown	34	End	35	Home	36

续表

键名	KeyCode	键名	KeyCode	键名	KeyCode	键名	KeyCode
Insert	45	Delete	46	Pause	19		
F1	112	F2	113	F3	114	F4	115
F5	116	F6	117	F7	118	F8	119
F9	120	F10	121	F11	122	F12	123

图 7-6　移动窗口范例

15. MouseDown 和 MouseUp 事件

MouseDown 与 MouseUp 事件的触发时机,分别是在窗体上鼠标按下和抬起时。它们的事件过程格式分别是

Private Sub Form_MouseDown(Button As Integer, Shift As Integer, X As Single, _
Y As Single)

和

Private Sub Form_MouseUp(Button As Integer, Shift As Integer, X As Single, _
Y As Single)

说明:

①Button 表示鼠标的按键值,左键为 1,右键为 2,中键为 4。

②Shift 表示<Shift>,<Ctrl>和<Alt>按键状态,这三个键可与鼠标键同时按下。各个值的意义请如表 7-2 所示。

③X,Y 表示鼠标在窗体中的位置,X 表示横坐标,Y 表示纵坐标。窗体的左上角为(0,0)。

16. MouseMove 事件

MouseMove 事件是当鼠标在窗体上移动时触发的。其事件过程格式为

Private SubForm_MouseMove(Button As Integer, Shift As Integer, X As Single, _
Y As Single)

说明:各参数意义同 MouseDown 事件。如果鼠标移动时未按鼠标键,则 Button 的值为 0。

【例 7.6】动态查看鼠标在窗体上移动时坐标位置。

◆界面设计:在窗体上添加 1 个标签和 1 个命令按钮,分别用于显示鼠标坐标和结束程序。

◆程序代码:

```
Private Sub Form_Load()
```

```
        Label1.Caption = ""
        Me.Caption = "显示鼠标坐标"
        Command1.Caption = "退出"
End Sub
Private Sub Form_MouseMove(Button As Integer, Shift As Integer, X As Single, _
Y As Single)
        Label1.Move X + 200, Y            '鼠标当前坐标,总是显示于鼠标的右侧
        Label1.Caption = "(" & X & "," & Y & ")"
End Sub
Private Sub Command1_Click()
        End
End Sub
```

在 Form_ MouseMove()过程中,Label1. Move X+200,Y 代码使 Label1 控件始终随着鼠标移动;Label1. Caption="(" & X & "," & Y & ")"代码则将鼠标的当前坐标以(X,Y)的形式显示于 Label1 中。程序执行界面如图 7-7 所示。

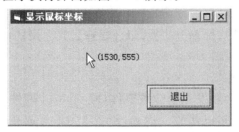

图 7-7　例 7.6 的执行界面

7.1.5　窗体的生命周期

窗体运行的整个过程(即从创建到卸载的过程),称为窗体的生命周期。Visual Basic 6.0 窗体的生命周期经历四个阶段:创建期、加载期、可见期和卸载期。

1.创建期

当应用程序启动时,窗体首先要经历创建期,进入这一时期的标志就是引发 Initialize 事件。Form_Initialize()是最早被执行的事件过程。因此,人们常常利用 Initialize 事件来对窗体所使用的数据进行初始化工作。

Form_Initialize()事件过程一旦执行结束,窗体便进入加载期。

2.加载期

窗体的加载是指将窗体及其上面的控件装入内存,但此时并不显示出来。任何窗体只有加载后才可显示。窗体加载后,无论它是否可见,都可以通过代码来修改它的属性并访问它上面的控件。

窗体的加载有两种方式:一种是应用程序启动时,启动窗体时会自动加载;另一种是在程序中使用加载语句,即

Load ＜**窗体名**＞

当加载窗体时,首先要触发一个加载事件:Load 事件。从而会执行 Load 事件过程,即 Form_Load()。这是窗体开始进入加载期的标志。通常,在 Form_Load()中可以加入初始化窗体、控件和窗体级变量的语句。

当窗体被隐藏之后,它实际上是退回到加载期,但不会再次执行 Form_Load()事件过程,在窗体的整个生命期中,Form_Load()事件过程只被执行一次。

3. 可见期

有两种情况可使窗体进入可见期:①如果窗体被设为主窗体,加载期过后就会主动进入可见期。②使用窗体的 Show 方法,可使窗体依次经历"创建期""加载期"和"可见期"。

在可见期内,窗体可处于两种生存状态:一种是激活状态;另一种是非激活状态。窗体只有在激活状态下才能与用户直接打交道,才能响应键盘事件。

要想使窗体进入激活状态,可以通过下面几个途径:一是作为主窗体,当应用程序启动并进入可见期后就自动进入激活状态;二是通过程序代码调用窗体的有关方法来使其进入激活状态,如 Show 和 SetFocus 方法;三是通过鼠标单击窗体中的对象。

当一个窗体变成激活窗体时,就会产生一个 Activate 事件。而当另一个窗体或应用程序被激活时,该窗体就会引发一个 Deactivate 事件,并成为非激活窗体。

4. 卸载期

卸载窗体不仅是将窗体从屏幕上移去,而且要释放其占用的内存资源。卸载窗体可用卸载语句,即

     Unload   <窗体名>

当执行卸载语句时,将会触发一个卸载事件,即 Unload 事件。但是,当使用 End 语句将窗体移出内存时,不发生 Unload 事件。因此,End 语句最好放在主窗体的 Unload 事件过程 Form_Unload()中的所有代码的后面。

此外,在发生 Unload 事件之前,还有一个重要的事件被触发,那就是 QueryUnload 事件。QueryUnload 事件提供了一个停止卸载窗体的机会,可以在 QueryUnload 事件过程 Form_QueryUnload()中改变有关参数的值,以拒绝窗体的卸载,这在前面已经做了较详细的介绍。

7.2 常用控件

控件是设计 Visual Basic 应用程序的重要元素,合理恰当地使用各种控件,深刻认识和熟练掌握各个控件的属性、方法和事件,是进行 Visual Basic 程序设计的基础。

7.2.1 控件分类

Visual Basic 6.0 中的控件包括标准控件、ActiveX 控件和可插入对象 3 类。

1. 标准控件

新建一个工程后,在 Visual Basic 6.0 设计环境中可以看到,工具箱中显示了 20 个控件,即所谓的标准控件(有的称为内部控件)。本章介绍的就是这类控件。

2. ActiveX 控件

Visual Basic 6.0 除提供了标准的内部控件外,还提供了大量的 ActiveX 控件,如 Data-Grid,DataComboBox,DataListBox,ToolBar 等,甚至还可以使用第三方提供的 ActiveX 控

件。ActiveX 控件包含在扩展名为 .ocx 的文件中。

3.可插入对象

在 Visual Basic 中,可以将一个可插入的对象添加到工具箱中当作控件使用,如 Power-Point 幻灯片对象、Microsoft Word 文档等。使用这样的控件可在 Visual Basic 应用程序中编辑控制另一个应用程序的对象。

7.2.2　命令按钮

命令按钮(Command Button) ▆是应用程序中最为常用的控件之一。它主要用于接受用户的操作,通过操作鼠标来激发相应的事件,执行相应的事件过程,实现对程序的控制。

同大多数控件(含窗体)一样,命令按钮有许多的属性、方法和事件,其中许多是大多数控件所共有的。为了节省篇幅,下面主要介绍命令按钮的部分常用事件和属性。

1.Click 事件

Click 事件是在用鼠标左键单击命令按钮或当命令按钮具有焦点时按空格键的情况下触发的。Click 的事件过程格式为

Private　Sub　＜命令按钮名＞_Click( )

例如,前面经常看到的 Private Sub Command1_Click( )即为一个命令按钮的 Click 事件过程,其中 Command1 是命令按钮的名称。

2.TabIndex 属性

TabIndex 属性用来设置控件的＜Tab＞键的次序。当按＜Tab＞键时,焦点会根据 TabIndex 顺序从一个控件移到另一个控件。如果某个控件的 TabIndex 属性值为 0,则该控件为默认选择的控件,即窗体装载后,焦点会首先落到该控件上。

3.Cancel 属性

Cancel 属性是一个逻辑值。当命令按钮的 Cancel 属性值为 True 时,按＜Esc＞键与单击该命令按钮的作用相同。**注意:**在一个窗体中只允许有一个命令按钮的 Cancel 属性设置为 True。

7.2.3　标签

标签(Label) **A**主要用于显示文本,其常用属性有如下几个。

1.Caption 属性

标签的 Caption 属性主要用于显示文本,相信大家已经很熟悉了。

2.Alignment 属性

Alignment 属性用来设置标签中文本的放置方式。其值是数值型的:0(默认)表示从标签的左边开始显示;1 表示从右开始显示;2 表示居中显示。

3.Autosize 属性

Autosize 属性决定标签是否随着 Caption 的文本增多而自动调整大小。Autosize 属性值是逻辑值,如果为 True,则自动调整大小;如果为 False(默认),则不调整,多余的文本不显示。

4.BorderStyle 属性

BorderStyle 属性决定标签是否有边框,如果属性值为 0(默认),则无边框;如果属性值为 1,则有边框。

此外,标签也有事件,如 Click(单击),DblClick(双击)。与其他控件的事件都大同小异,

请读者自己体会。

7.2.4 文本框

文本框(Text Box) abl 主要为用户提供一个既能显示又能编辑的文本对象,其主要属性、事件和方法如下。

1. Text 属性

该属性是文本框的默认属性,用于显示或设置文本框中的文本。例如,Text1. text="ABC"等同于 Text1="ABC"。

2. MaxLength 属性

MaxLength 属性用来设置在文本框中允许输入的最大字符个数,默认为 0,表示字符数不受限制。

3. MultiLine 属性

MutiLine 属性决定是否能够接受和显示多行文本。该属性值为逻辑型,当为 True 时,表示允许输入和显示多行文本,接受回车换行符;当为 False(默认)时不允许多行显示,也不接受回车换行符。

4. ScrollBars 属性

ScrollBars 属性决定控件中有没有滚动条。可以取 0,1,2,3 这四个不同的值,其意义是:0 表示没有滚动条;1 表示只有水平滚动条;2 表示只有垂直滚动条;3 表示同时有水平和垂直滚动条。只有当 MutiLine 属性值为 True 时文本框才会有滚动条。

5. PasswordChar 属性

PassWordChar 属性值为字符串型。它的作用是,当想隐藏输入文本框中的内容时,用 PasswordChar 属性值的第一个字符代替输入文本框中的每一个字符。PasswordChar 属性的默认值为 0 长度字符串(""),表示原样显示实际的文本。这一属性适用于密码输入,这时一般将 PasswordChar 属性值设置为" * "。

PasswordChar 属性不影响 Text 的属性值,即 Text 记录的还是真正输入的文本内容。当 MutiLine 属性为 True 时,PasswordChar 属性不起作用。

6. SelLength 属性

SelLength 属性为数值型,只能在程序中被改变。它表示在当前文本框中被选中(涂蓝)的字符数。如果 SelLength 属性值为 0,则表示未选中任何字符。

7. SelStart 属性

SelStart 属性为数值型,设置或返回当前选择文本的起始位置。如果未选择任何文本,则该属性值为插入点位置。0 表示第一字符。

该属性和 SelLength 属性以及 GotFocus 事件配合使用,可在文本框获得焦点时,灵活控制文本要插入的位置,以方便文本的编辑工作。请见第 5 章的例 5.2。

8. SelText 属性

SelText 属性表示在文本框中被选择的文本内容。如果没有任何字符被选中,则该属性值为空字符串("")。如果在程序中对该属性赋值,则文本框中被选中的内容将被新值替代。

假设 Text1. text 的值为"你好! 欢迎来到 Visual Basic 讲堂",被选中的文本是"你好",则执行 Text1. SelText="你们好"语句后,Text1 的内容将变为 "你们好! 欢迎来到 Visual Basic 讲堂"。在这种情况下,SelLength 的属性值也会随之改变,而 SelStart 不会变化。

9. Locked 属性

Locked 属性是一个逻辑值,它指出控件是否被锁定编辑功能。当属性值为 True 时禁止编辑,当属性值为 False(默认)时允许编辑。

10. Change 事件

Change 事件是当文本框的内容发生改变时触发的。无论这种改变是来自程序代码还是来自用户的键盘编辑,都将触发该事件。

11. LostFocus 事件

LostFocus 事件是在控件失去焦点时触发的。使用<Tab>键或用鼠标单击其他控件,都会使当前的控件失去焦点。

12. GotFocus 事件

GotFocus 事件是当控件获得焦点时触发的。

13. SetFocus 方法

SetFocus 方法可以使指定的控件获得焦点。例如,Text1.SetFocus 可使 Text1 文本框获得焦点。

文本框(Text Box)控件还有一些其他的属性、事件和方法,很多是与其他控件相同的,请参考联机帮助里有关控件的说明。

7.2.5　复选框

复选框(Check Box)☑主要用来完成对一个或多个项目的选择。当复选框中有"√"时为选中状态,没有"√"时为未选中状态。复选框适用于进行多项选择的场合,其主要属性和事件如下。

1. Caption 属性

Caption 属性用于显示复选框的提示信息,以说明该复选框所代表的实际意义。

2. Value 属性

复选框的 Value 属性用来返回或设置控件的状态。其值可为 0(没有选中)、1(已选中)、2(变灰)。这里的"变灰"并不是不可使用,而是一种暂时状态。

3. Click 事件

Click 事件在单击复选框时触发。

7.2.6　单选按钮

单选按钮(OptionButton)⊙适用于在多个选项中选择一项的场合。单选按钮一般会成组出现,同时只能有一项被选中(圆中有一黑点),而选中某项的同时,其他各项均自动变成未选中状态,这一点与复选框有很大区别。当有多组 OptionButton 时,应以多个分组框作为各组 OptionButton 的容器,同一分组框内的 OptionButton 为一组。否则,将视整个窗体内的所有 OptionButton 为同一个组。

1. Value 属性

单选按钮的 Value 属性值是一个逻辑值,当按钮被选中时,其值为 True;当按钮未被选中时,其值为 False。

2. Click 事件

当单击该按钮时，会触发该按钮的 Click 事件。当用代码设置 Value 的值从 False 变为 True 时，也会触发该事件。

7.2.7　分组框

分组框(Frame)主要是用来为一组控件实施分组。当分组框拖动时，框内的控件也一起移动。当将分组框的 Enabled 属性设置为 False 时，分组框内的所有控件都会被屏蔽。重要的是，它可以将窗体中的 OptionButton 控件分成多组。分组框是窗体中除 PictureBox(图片框)之外的另一个容器(或父对象)控件。

分组框可通过其 Caption 属性来展示标题文本。

【例 7.7】编写个人信息登记卡程序，要求登记完成后给一个回应信息。

◆解题分析：该题目需使用较多的控件，为使界面更清晰和分组单选钮，需使用分组框。

◆界面设计：由读者按照图 7-8 自己添加控件。

◆程序代码：

```
Private Sub Command1_Click()
    Dim s As String, n As Integer
    If Option1.Value Then
        s = "先生您好!"
    Else
        s = "女士您好!"
    End If
    If Check1.Value Or Check2.Value Or Check3.Value & Check4.Value Then
        s = s & "您的爱好是:"
        If Check1.Value = 1 Then
            s = s & "足球,"
        End If
        If Check2.Value = 1 Then
            s = s & "书法,"
        End If
        If Check3.Value = 1 Then
            s = s & "音乐,"
        End If
        If Check4.Value = 1 Then
            s = s & "美食."
        Else
            s = Left(s, Len(s) - 1)
        End If
    Else
        s = s & "您未选爱好."
```

```
            End If
            MsgBox s, , "提示"
      End Sub
      Private Sub Form_Load()
            Label1.Caption = "姓名"
            Me.Caption = "登记表"
            Frame1.Caption = "爱好"
            Frame2.Caption = "性别"
            Option1.Caption = "男"
            Option2.Caption = "女"
            Frame3.Caption = "国籍"
            Option3.Caption = "中国"
            Option4.Caption = "外国"
            Command1.Caption = "确定"
            Check1.Caption = "足球"
            Check2.Caption = "书法"
            Check3.Caption = "音乐"
            Check4.Caption = "美食"
      End Sub
```

程序执行结果如图7-8和图7-9所示。

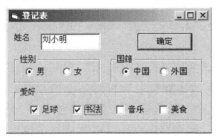

图7-8　"登记表"窗口　　　　　　图7-9　回应信息

7.2.8　图片框与图像框

图片框(Picture Box)和图像框(Image)用于在窗体的指定位置显示图像。它们的主要区别是：图片框可以作为其他控件的父对象，也可以利用Print方法显示文本；而图像框只能显示图像，且具有较少的属性、方法和事件。图像框可以缩放图像以适应控件的大小，因而图像可能会变形；而图片框不能这样做，虽不会使图片变形，但可能不会显示图片的全貌。

1. Picture属性

Picture属性是图片框和图像框都有的一个默认属性，该属性用于装载图形文件，以便在窗体中显示图像。当装载图像文件时，可以在属性窗口中手工进行，也可用LoadPicture语句进行。

2. 图片框的 Autosize 属性

Autosize 属性只能用于图片框(Picture Box)控件,不能用于图像框(Image)控件。它的值是一个逻辑值,当值为 True 时,图片框的边框可根据图片的大小自动调整,以适应装入的图片;当值为 False 时,不调整图片框的大小,这时可能看不到整个图片。在图片框中的图片不会改变大小。

3. 图像框的 Stretch 属性

Stretch 属性只能用于图像框(Image)控件,不能用于图片框(Picture Box)。它的值也是一个逻辑值。当其值为 True 时,会自动放大或缩小图像框中的图像,以适应图像框的大小。这样能看到图像的全貌,但可能会有失真和变形。

图片框和图像框都响应 Click 和 DblClick 事件,图片框还拥有 Cls 和 Print 方法,使用方法同窗体一样。另外,图片框也有自己的坐标系统,它的左上角在自己的坐标系中也是(0,0)。

【例 7.8】 在窗体中,通过图像框显示图像。

◆界面设计:添加 1 个图像框 Image1 和 1 个命令按钮。

◆程序代码:

```
Private Sub Command1_Click()
    End
End Sub
Private Sub Form_Load()
    Me.Caption = "显示图像范例"
    Command1.Caption = "退出"
    Image1.Stretch = True
    Image1.Picture = LoadPicture("d:\VB 范例\examp7_8\view.jpg")
End Sub
```

需要说明的是,程序中的 LoadPicture("d:\VB 范例\examp7_8\view.jpg")函数使用了绝对路径,这是不倡导的。为了使该程序在别的计算机中运行时不会发生"找不到文件"的错误,应该使用相对路径:".\view.jpg",其中".\"表示本程序所在的当前路径。当然,在当前路径下一定要有 view.jpg 文件。上述程序执行后,会显示如图 7-10 所示的窗口。

图 7-10 显示图像范例

4. DragMode 属性

DragMode 属性是图片框和图像框(甚至其他控件)都有的,当其值设为 1(自动拖拽)时,图片框或图像框即可被鼠标拖拽。当鼠标拖着该控件(源控件)到别的控件(目标控件)范围内

（指鼠标指针落在其他控件内）时放开鼠标，目标控件的 DragDrop 事件会即刻被触发。

5. DragDrop 事件

DragDrop 事件也是图片框和图像框以及其他一些控件所具有的。它是作为目标控件的事件，当有源控件被拖拽到目标控件范围内时被触发的。**注意：**目标控件本身不需要设置其 DragMode 属性值为 1。

DragDrop 事件过程的一般格式为

＜目标控件名＞_DragDrop(Source As Control，X As Single，Y As Single)

其中，Source 代表被拖拽的源控件；X 和 Y 分别是鼠标放开时指针在目标控件中的坐标值。

一般来说，DragMode 属性和 DragDrop 事件总是配合使用的，但两者分别属于源控件和目标控件。下面通过一个例子来体会它们的用法。

【例 7.9】编写如图 7 - 11 所示的程序。要求：将右侧的云海和蝴蝶图片拖拽到左侧的大图像框可实现放大功能；左侧的大图拖拽到垃圾桶可被删除。

　　　　　　　(a)拖拽前　　　　　　　　　　　　　　(b)拖拽后

图 7 - 11　例 7.9 的程序界面

◆解题分析：根据题目要求，解题的关键是利用图像控件的 DragMode 属性和 DragDrop 事件来完成拖拽之后的图片放大或删除。需要注意的是，要搞清哪个是源（Source）控件，哪个是目标控件。

◆界面设计：在窗体中添加 1 个按钮 Command1 和 4 个图像框 Image1～Image4，如图 7 - 11 所示。其中，大图像框是 Image1，右侧的 3 个小图像框自上而下分别是 Image2、Image3 和 Image4。

◆程序代码：

```
Private Sub Form_Load()
        Me.Caption = "图像控件范例"
        Command1.Caption = "退出"
        Image1.Stretch = True
        Image2.Stretch = True
        Image3.Stretch = True
        Image4.Stretch = True
        Image1.DragMode＝1
        Image2.DragMode＝1
```

```
    Image3. DragMode＝1
        Image2.Picture = LoadPicture(".\view.jpg")
        Image3.Picture = LoadPicture(".\butterfly.gif")
        Image4.Picture = LoadPicture(".\回收站.jpg")
    End Sub
    Private Sub Image1_DragDrop(Source As Control, X As Single, Y As Single)
        Image1. Picture＝Source. Picture              ′放大图片
    End Sub
    Private Sub Image4_DragDrop(Source As Control, X As Single, Y As Single)
        Source. Picture＝LoadPicture()               ′删除大图
    End Sub
    Private Sub Command1_Click()
        End
    End Sub
```

上述程序的执行界面如图 7－11 所示。

7.2.9　列表框与组合框

列表框(List Box)▤以列表的形式显示一系列数据,用于接受用户对其中数据项的选择。而组合框(Combo Box)▤是列表框和文本框的组合,它既可以让用户从列表中直接选取数据项,也能以用户输入至文本框中的数据作为选取数据。这两个控件是能实现快速地浏览数据和进行标准化输入数据的重要控件。

列表框(List Box)可实现多项选择,而组合框(Combo Box)只能实现单项选择。

1. Style 属性

虽然列表框和组合框都具有这一属性,但意义略有不同。该属性值只能在设计时改变。

对于列表框来说,Style 的属性值有 2 个:0(VbListBoxStandard)和 1(VbListBoxCheckbox)。当属性值为 0(默认)时,列表框显示为一个标准的列表;当属性值为 1 时,列表框中的每一项都会有一个复选框,表示可以通过复选框的方式来选择多个选项。

对于组合框来说,Style 的属性值有 3 个:0(VbComboDropDown)、1(VbComboSimple)和 2(VbComboDropDownList)。各值表示的意义如下。

(1)0(默认值):表示可从下拉列表框中选择数据,也可在文本框中输入内容。

(2)1:表示可从列表框中选择数据,也可在文本框中输入内容,但列表框不是下拉列表框。

(3)2:表示只能在下拉列表框中选择数据,不能在文本框中输入内容。

2. List 属性

List 属性代表列表框和组合框中的列表部分的项目。列表是一个字符串数组,数组中的每一个元素就是列表中的一项。要获取某一项的值,可使用下面的格式:

　　　　[<列表名>.]List(index)

其中,index 是列表中每一项的编号,编号范围是从 0 至 ListCount－1(ListCount 是表项的数目)。如果 index 超出这个范围,则返回一个空串。

要改变列表中某项的值,也可用 List 属性。格式为

　　[＜列表名＞.]**List(index)**＝＜字符串＞

3. ListIndex 属性

ListIndex 属性是当前选择项目的索引,该属性不能在设计时被改变。如果列表中没有选项,则 ListIndex 的值为－1。当在 ComboBox 的文本框中输入了新内容,ListIndex 的值也为－1。

4. Sorted 属性

Sorted 属性是一个逻辑值,它决定列表框中的数据是否按字母排序。如果该属性值为 True,则排序(升序);如果该属性值为 False,则不排序。

5. MultiSelect 属性

MultiSelect 属性只用于列表框控件。该属性值是个整数,它决定能否允许选择多项以及以何种方式选择多项。各值的含义如下。

(1)0(默认):不允许多项选择。

(2)1:允许简单多项选择,单用鼠标或空格即可选择多个选项。

(3)2:允许扩展多项选择,即先用鼠标单击所选范围的第一项,再配合＜Shift＞键单击所选范围的最后一项,以选中连续范围内的项;配合＜Ctrl＞键,可选择不连续的多个选项。

6. Selected 属性

Selected 属性只适用于列表框(List Box)控件。该属性是一个与 List 属性相对应的布尔数组。当 Selected 数组中的某一元素为 True 时,表明 List 数组中的相应项已被选中;当 Selected 数组中的某一元素为 False 时,表明 List 数组中的相应项未被选中。

7. Text 属性

Text 属性在设计和运行时都为只读属性,返回选中项的可见文本。

8. AddItem 方法

AddItem 方法用于将新的项目添加到 ListBox 或 ComboBox 控件中。其语法形式为

　　[＜控件名＞.]**AddItem**　　＜字符串＞　　[,＜下标＞]

AddItem 方法将指定的＜字符串＞插入到由＜下标＞所指定的列表框的位置。如果省略＜下标＞,则插入到列表的尾部。成功插入后,相关属性值也会跟着改变。

9. Clear 方法

Clear 方法用于清除列表中的全部内容。清除后,相关属性值也会跟着改变。

10. RemoveItem 方法

RemoveItem 方法用于删除列表中指定的项。其格式为

　　[＜控件名＞.]**RemoveItem**　　＜下标＞

成功删除后,相关属性值也会跟着改变。

11. Click 事件

当 ListBox 或 ComboBox 控件的选项被选择时,Click 事件被触发。

12. Scroll 事件

有时由于选项较多,ListBox 控件的右侧会出现滚动条。当操作滚动条使选项列表发生卷屏时,Scroll 事件被触发。

【例 7.10】编写程序,演示不同字体和字号的汉字。

◆解题分析:要演示不同字体和字号的汉字,首先不妨选用 1 个列表框和 1 个组合框来分别提供各种字体和字号,然后通过列表框和组合框的单击事件来获得选中的字体和字号,并将其赋给文本标签的相关属性。

◆界面设计:在窗体中添加表 7-4 所列的控件,并做适当布局。

表 7-4 例 7.10 的控件说明

控件类型	控件名称	用　途	主要属性
标签	Label1	演示字样	BorderStyle＝1
标签	Label2、Label2	"字体"和"字号"提示	
列表框	List1	选择字体	
组合框	Combo1	选择字号	

◆程序代码:

```
Option Explicit
Private Sub Form_Load()
        Dim n As Integer
        Label1.Caption = "演示字样"
        Label2.Caption = "字体"
        Label3.Caption = "字号"
        Label1.BorderStyle = 1
        For n = 0 To Screen.FontCount - 1
                List1.AddItem Screen.Fonts(n)        '加入所有字体
        Next
        For n = 14 To 72
                Combo1.AddItem Str(n)                '加入字号
        Next
End Sub
Private Sub List1_Click()
        Label1.Font = List1.Text                     '选择演示字样的字体
End Sub
Private Sub Combo1_Click()
        Label1.FontSize = Combo1.Text                '选择演示字样的字号
End Sub
```

该程序启动后,单击"字体"列表框(List1)中的某一项,或选择"字号"组合框(Combo1)中的某一项,演示字样的外观都会随之改变,如图 7-12 所示。

【例 7.11】改进例 6.8,使得在整数各位数字的分离过程中,数位的选择更加直观,如图 7-13所示。

◆解题分析:该题的核心功能与例 6.8 完全相同,只是"个位"、"十位"、"百位"等数位代号

图 7－12　演示汉字字体和字号

不再使用文本框来输入,而是利用一个数位选择器来直观选择。这里所说的数位选择器,其实就是将列表框压扁(一般列表框尺寸都较高,能显示多行),调整其高度使得只显示一行。向列表框添加"个位""十位""百位"等多个选项后(**注意**:要依次添加,使它们的索引值正好是 0、1、2 等),右边会出现一个滚动条。单击滚动条的上下选择按钮,选项就会滚动并触发列表框的 Scroll 事件。要获得列表框顶端选项的索引值,可使用 TopIndex 属性。

◆界面设计:在窗体中添加表 7－5 所列的控件,并做适当布局。

注意:需将 List1 调整为 1 行,且在属性窗口中手工设置 Font 属性,将字号设置为"四号"。

表 7－5　例 7.11 的控件说明

控件类型	控件名称	用　途	主要属性
标签	Label1,Label2	显示提示信息	
标签	Label3	显示结果	
文本框	Text1	输入整数 n	
列表框	List1	数位选择器	
命令按钮	Command1	"结果"按钮	

◆程序代码:

```
Private Sub Form_Load()
    Label1.Caption = "整数"
    Label2.Caption = "的"
    Label3.Caption = ""
    Text1.Text = ""
    Command1.Caption = "结果"
    List1.AddItem "个位"              ′依次向选择器添加数位选项
    List1.AddItem "十位"
    List1.AddItem "百位"
    List1.AddItem "千位"
    List1.AddItem "万位"
End Sub
Public Function digital(ByVal n As Long, ByVal i As Integer) As Integer
```

計算機程序設計基礎(VB版)

```
       '功能:获得整数 n 中,指定位 i 的数字
       'i 值:0 表示个位,1 表示十位,2 表示百位,3 表示千位……
       digital = (n \ 10 ^ i) Mod 10          '返回整数 n 中的第 i 位数字
   End Function
   Private Sub Command1_Click()              '"结果"按钮的单击事件过程
       Dim n As Long, i As Integer
       n = Val(Text1.Text)                   '获取输入的整数
       i=List1. TopIndex                     '获取要分离的数位代号
       Label3. Caption = " = " & digital(n, i)  '调用 digital()函数,获得第 i 位数字
   End Sub
```

上述程序与例 6.8 的程序无太大差别,不同之处用黑体字标识。其中,Form_Load()过程中的 5 行 List1. AddItem 代码,依次向 List1 列表框(即数位选择器)添加了 5 个数位选项,它们的索引值正好是 0~4,分别作为"个位""十位""百位""千位"和"万位"的代号。Command1_Click()过程中的 i=List1. TopIndex,可从数位选择器中获得数位代号。

图 7-13　例 7.11 的程序界面

另外说明的是在该例中,完全可将 Command1_Click()过程中的代码复制到 List1_Scroll()事件过程,并去除"结果"按钮及 Command1_Click()过程,运行时只需单击选择器即可得到同样的结果。程序的执行界面如图 7-13 所示。

7.2.10　滚动条

滚动条主要用于辅助浏览显示内容、确定位置等,可分为水平滚动条(HscrollBar) 和垂直滚动条(VScrollBar) 。滚动条没有特殊的方法,下面来介绍其部分属性和事件。

1. Min 和 Max 属性

Min 和 Max 属性都是整数值。它们分别表示滚动条所能表示的最小值和最大值,取值范围是-32768~32767。左端和上端为 Min,右端和下端为 Max。一般情况下,人们都将 Max 和 Min 的值设置成 Max>Min,但有时也需设成 Max<Min,这时实际上的值是左端(或上端)大,而右端(或下端)小。Min 和 Max 属性值可在设计时改变,也可在运行时改变。

2. Value 属性

Value 属性返回或设置滑动块的当前位置。如果用户拖动滑动块,则 Value 的属性值将跟着改变。**注意:** 在设置该属性值时,不要超出 Min 和 Max 的范围。

3. SmallChange 属性

SmallChange 属性用于设定用户单击滚动箭头时 Value 属性值变化的增减幅度。

4. LargeChange 属性

LargeChange 属性用于设定用户单击滚动箭头和滑动块之间的区域时 Value 属性值变化的增减幅度。

5. Scroll 事件

当拖动滑动块时触发该事件。

6. Change 事件

当 Value 的值发生变化或滑动块移动后,触发该事件。

7.2.11　计时器

计时器(Timer) ⏱ 可利用系统时钟来计时,它能在后台监视系统时间的变化,这是一个很有用的控件。Timer 的主要属性和事件如下。

1. Interval 属性

Interval 属性是计时器最重要的属性。它是一个整数值,用来设定 Timer 触发事件的时间间隔。Interval 属性值的范围是 0～65535(毫秒),如果值为 0,则计时器失效。

2. Enabled 属性

如果 Enabled 属性值为 False,则会关闭计时器。

3. Timer 事件

这是 Timer 控件的唯一支持的事件。每逝去由 Interval 属性设定的时间长度,Timer 事件就会被触发一次,并执行一次 Timer()事件过程。只要 Enabled 属性值为 True,该事件将无休止地发生。所以,要合理设置 Interval 属性值,Timer 事件过程内的代码也要尽量简炼,以免给系统造成负面影响。

下面给出一个程序,请大家来体会一下计时器和滚动条的用法。

【例 7.12】设计倒计时程序。

◆解题分析:使用 Timer 控件进行时间控制,每秒检测一次是否到达结束时间,计时结束弹出消息框提醒。为了避免误操作,在计时期间使"开始倒计时"按钮失效。

◆界面设计:在窗体中表 7-6 所列的控件,并做适当布局。

表 7-6　例 7.12 的控件说明

控件类型	控件名称	用　途	主要属性
标签	Label1	提示	
命令按钮	Command1	"开始倒计时"按钮	
文本框	Text1	输入和显示时间	
计时器	Timer1	控制时间	

◆程序代码:

```
Option Explicit
Private m As Integer                      '定义模块级变量
Private Sub Command1_Click()
    m = Val(Text1.Text) * 60              '获得倒计时秒数
    Label1.Caption = "剩余时间"
    Timer1.Interval = 1000                '计时器间隔 1 秒
    Command1.Enabled = False
End Sub
```

```
Private Sub Form_Load()
    Label1.Caption = "倒计时分钟数"
    Text1.Text = ""
    Command1.Caption = "开始倒计时"
    Text1.FontSize = 12                    '文本框使用12磅字
End Sub
Private Sub Timer1_Timer()
    Dim hh As Integer, mm As Integer, ss As Integer
    If m <= 0 Then
      MsgBox "时间到！"                      '如果时间到,弹出消息框
      Timer1.Enabled = False                '计时器停止
      Label1.Caption = "倒计时分钟数"
      Command1.Enabled = True
      Text1.Text = ""
      Exit Sub
    End If
    m = m - 1                              '逝去一秒
    ss = m Mod 60                          '获得秒
    mm = (m \ 60) Mod 60                   '获得分
    hh = m \ 3600                          '获得时
    Text1.Text = hh & ":" & mm & ":" & ss  '显示剩余时间
End Sub
```

程序执行结果如图 7-14 所示。

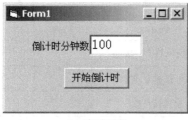
（a）计时开始

（b）计时结束

图 7-14　倒计时程序

【例 7. 13】编写程序，用滚动条和计时器来控制汽车图片在窗体中左右移动的速度和方向。

◆解题分析：要实现图片的移动，可通过计时器控件完成，每隔一定的时间使图片的位置发生一定量的位移。要控制图片的移动速度，可通过改变计时器的 Interval 属性值来完成。而要改变计时器的 Interval 属性值，可通过滚动条控件来实现。**注意：**由于计时器的 Interval 越大汽车运动的速度就越慢，所以滚动条的 Max 属性值应小于 Min 属性值。

◆界面设计：在窗体中添加表 7-7 所列控件，并做适当布局。

表 7 - 7　例 7.13 的控件说明

控件类型	控件名称	用　途	主要属性
标签	Label1、Label2	"慢""快"提示	
命令按钮	Command1	"退出"按钮	
图像框	Image1	装载汽车图片	
滚动条	HscrollBar1	控制汽车的移动速度	
计时器	Timer1	控制时间	

◆程序代码：

```
Option Explicit
Private flag As Integer            '用于控制左(-1)右(+1)移动
Private Sub Command1_Click()
    End
End Sub
Private Sub Form_Load()
    Label1.Caption = "慢"
    Label2.Caption = "快"
    Command1.Caption = "退出"
    Me.Caption = "可变速行驶的汽车"
    HScroll1.Max = 5
    HScroll1.Min = 100
    HScroll1.Value = 80
    HScroll1.LargeChange = 20
    HScroll1.SmallChange = 5
    Image1.Picture = LoadPicture(".\car.gif")  '装载图像
    Image1.Left = 200
    flag = 1
    Timer1.Interval = 80
End Sub
Private Sub HScroll1_Change()
    Timer1.Interval = HScroll1.Value      '滚动条发生变化时,改变时间间隔
End Sub
Private Sub Timer1_Timer()
    Image1.Left = Image1.Left + flag * 100    '向左(flag = -1)或右(flag = 1)
                                              '移动 100
    If Image1.Left > 4000 Or Image1.Left < 200 Then
        flag = flag * (-1)                    '如果汽车越界,则改变方向
    End If
```

```
End Sub
```

HScroll1_Change()事件过程在滚动条发生改变时触发。要改变 Timer1 计时器的时间间隔,可通过 Timer1.Interval=HScroll1.Value 语句实现。

为使汽车能够自动转向,专门设置了一个行驶方向标志变量 flag,且规定其值为 1 表示向右行,其值为−1 时表示向左行。这样,在 Timer1_Timer()过程中,通过 flag=flag * (−1)语句和 Image1.Left=Image1.Left+flag * 100 语句的配合,即可达到自动转向行驶的目的。

程序执行后,就看到一辆汽车在窗体中来回行驶,通过调整滚动条,可使汽车的行驶速度发生改变。运行结果如图 7−15 所示。

图 7−15 "可变速行驶的汽车"程序运行结果

【例 7.14】编写程序,使用计时器、图像框等控件,以及控件数组来实现"剪刀-石头-布"人机对抗小游戏。

◆解题分析:要实现"剪刀-石头-布"人机对抗游戏,可利用 Timer1_Timer()事件过程和 Rnd()随机函数来模拟机器人快速随机出拳,且用 Image 控件数组来展示出拳结果。"人"可通过单击 Option 控件数组选项来完成出拳动作。要评判输赢,只需比对 Image 控件数组和 Option 控件数组被选定的下标值即可。

◆界面设计:在窗体中添加如表 7−8 所示的若干控件和控件数组,并做适当布局。

表 7−8 例 7.14 的控件说明

控件类型	控件名称	用 途
图像框控件数组	Image1(0)～Image1(2)	展示机器人的出拳图片(剪刀、石头、布)
图像框	Image2、Image3	机器人和"人"的卡通形象
单选钮控件数组	Option1(0)～Option1(2)	"人"选择出拳(剪刀、石头、布)
分组框	Frame1	Option1(0)～Option1(2)的分组框
命令按钮	Command1	"开始"按钮
计时器	Timer1	模拟机器人快速随机出拳

◆程序代码:

```
Private n As Integer            '机器人的拳型:0−剪刀;1−石头;2−布
Private Sub Form_load()
    Dim i As Integer
    Image2.Stretch = True
```

```
        Image3.Stretch = True
        Image2.Picture = LoadPicture(".\机器人.jpg")
        Image3.Picture = LoadPicture(".\卡通.jpg")
        For i = 0 To 2
            Image1(i).Stretch = True
        Next
        Image1(0).Picture＝LoadPicture(".\剪刀.jpg")
        Image1(1).Picture＝LoadPicture(".\石头.jpg")
        Image1(2).Picture＝LoadPicture(".\布.jpg")
        Option1(0).Caption＝"剪刀"
        Option1(1).Caption＝"石头"
        Option1(2).Caption＝"布"
        Me.Caption = "游戏:剪刀石头布"
        Command1.Caption = "开始"
        Frame1.Caption = "我出"
        Frame1.Enabled = False
    End Sub
    Private Sub Command1_Click()            '"开始"按钮的 Click 事件过程
        Dim i As Integer
        For i = 0 To 2
            Option1(i).Value = False
        Next
        Timer1.Interval = 30
        Timer1.Enabled = True
        Frame1.Enabled = True
    End Sub
    Private Sub Timer1_Timer()
        '机器人随机出拳
        Dim i As Integer
        Randomize
        n = Int(3 * Rnd)    'n 为随机产生 0~2 间的一个数,代表机器人随机出拳
        For i = 0 To 2
            Image1(i).Visible = False
        Next
        Image1(n).Visible = True
    End Sub
    Private Sub Option1_Click(Index As Integer)
        '人工出拳,并显示对决结果
        Timer1.Enabled＝False                '使 Timer1_Timer()事件过程停止
```

```
    If(Index-n+3) Mod 3=1 Then        ' Index - n = 1 or Index - n = -2
        MsgBox ("我赢了!")
    ElseIf(n-Index+3) Mod 3=1 Then     ' n - Index = 1 or n - Index = -2
        MsgBox ("我输了!")
    Else
        MsgBox ("平手")
    End If
    Frame1.Enabled = False
End Sub
```

　　程序执行后,当按下"开始"按钮时,Timer1_Timer()事件过程将启动,机器人会迅速地变换着拳型,并等待"我"出拳。当单击了右侧的 Option1 控件数组中的某一项时(表示"我"已出拳),Option1_Click(Index As Integer)过程执行,其中的 Index 的值代表"我"的拳型;与此同时,Timer1_Timer()事件过程停止,此时的 n 值代表机器人的拳型。比较 Index 与 n 的差值即可评判出输赢。程序的执行界面如图 7-16 所示。

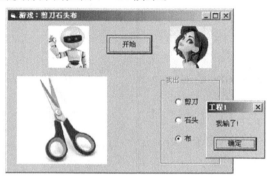

图 7-16　"剪刀-石头-布"游戏程序运行结果

7.3　菜单设计

　　菜单是 Windows 应用程序的重要组成部分,它实际上是一组命令列表,每一个菜单项都类似于一个命令按钮,单击菜单中的某一项时,就会执行相应的命令。

　　Windows 环境下的菜单可分为下拉菜单和弹出式菜单。下面分别介绍下拉菜单和弹出式菜单的设计和控制方法。

7.3.1　下拉菜单

1.下拉菜单的结构

　　一个应用程序一般都有一个菜单系统,包括主菜单和各级子菜单。主菜单中包含的菜单项称为主菜单项或顶级菜单项。打开顶级菜单项,会"下拉"出一个下一级的子菜单,称其为"下拉菜单"。下拉菜单可能还会有下一级的子菜单,等等。主菜单也称为 0 级菜单,下面的菜单称为 1 级子菜单,再下面的菜单称为 2 级子菜单,依此类推。菜单的级数是不受限制的,但根据经验,最好不要超过 3 级。

　　那么菜单是如何工作的呢?其实,每个菜单项都可看成是一个对象。当用鼠标单击某个菜单项时,如果该菜单项下面还有下一级的菜单,就会打开该项下的子菜单;如果该菜单项不再有子菜单,就会立即触发该菜单项的 Click 事件。由此可见,进行菜单设计可分为二个步骤:一是添加菜单控件并进行外观设计;二是编写每个菜单项的事件过程代码。

2. 菜单设计

一个较大的应用程序往往会有一个庞大的菜单系统,更别说还有很复杂的菜单结构了,靠手工添加是不可能的。幸好 Visual Basic 6.0 提供了一个很好的"菜单编辑器",为设计菜单系统提供了极大的帮助。下面介绍如何使用"菜单编辑器"来添加和设计菜单系统。

首先打开"菜单编辑器",方法是:单击工具栏中的"菜单编辑器"按钮 📋,或者单击 Visual Basic 6.0 开发环境菜单栏中的"工具"/"菜单编辑器"命令(**注意:**在此之前应首先用鼠标选中窗体对象),打开菜单编辑器窗口,如图 7 – 17 所示。

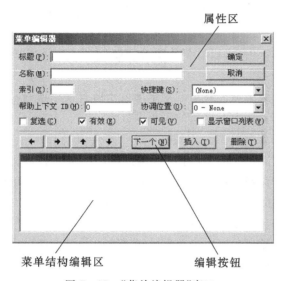

图 7 – 17　"菜单编辑器"窗口

在这里可以将应用程序中菜单系统的每个菜单项都添加上,并放置于菜单编辑器的编辑区内。在添加具体的菜单项之前,先来介绍一下"菜单编辑器"的结构。

1) 菜单编辑器

菜单编辑器分为 3 个部分:属性区、编辑区和菜单显示区。

(1)属性区。在属性区内,可以设置每个菜单项的相关属性,如名称、标题、是否有效、是否可见等。其中名称和标题是最主要的两个属性。

①名称:名称实际上就是菜单项对象的名称,它是针对菜单项编写程序代码时的依据,它对应于菜单项的 Name 属性。

②标题:标题是菜单项的外在显示信息,程序运行时看到的菜单项的文字就是这个标题,它对应于菜单项的 Caption 属性。

当希望为某个菜单项设置一个访问键(菜单后有一个带下划线的字母,如"大小写转换(S)",直接按这个字母键可选择相应的菜单项)时,可以在标题后面加写 & 和一个字母。例如:

大小写转换 &S

如果想在子菜单中增加分隔条,标题用"—"(英文连字符)代替即可。

③索引:可以指定一个数字值,来确定菜单项在整个菜单控件数组中的序号。该序号与控件的屏幕位置无关。它对应于菜单项的 Index 属性。

④快捷键:即热键,用于快速选择菜单命令。它对应于菜单项的 ShortCut 属性。

⑤帮助上下文:帮助信息的上下文编号。它对应于菜单项的 HelpContextID 属性。

⑥协调位置:设定菜单项的 NegotiatePosition 属性。该属性决定是否以及如何在窗体中显示菜单。

⑦复选:允许在菜单项的左边设置复选标记。它对应于菜单项的 Checked 属性。

⑧有效:决定是否允许该菜单项对事件做出响应。它对应于菜单项的 Enabled 属性。

⑨可见:设置是否将该菜单项在菜单系统中显示出来。它对应于菜单项的 Visible 属性。

⑩显示窗口列表:在 MDI 应用程序中,确定菜单项是否包含一个打开的 MDI 子窗体列表。

(2)编辑区。在编辑区内,可以对菜单项进行如"添加""删除""插入""级别调整""位置调整"等简单编辑。

①下一个:新增一个菜单项。新增的菜单项位于所有菜单项的最后。

②插入:在指定的位置插入一个新的菜单项。

③删除:删除指定的菜单项。

④左箭头:将指定的菜单项向上调整一级,主菜单项不会再升级。

⑤右箭头:将指定的菜单项向下调整一级。向下级调整过的菜单项前会出现"…"。

⑥上箭头:将指定的菜单项上移一行。

⑦下箭头:将指定的菜单项下移一行。

(3)菜单显示区。菜单显示区位于菜单编辑器窗口的最下部,它主要用于显示每个菜单的标题,以及整个菜单系统的结构。

2)添加菜单项

明白了菜单编辑器中各个区域的作用,就可以进行菜单的编辑和设计工作了。下面是用菜单编辑器设计的一个实际例子,如图 7-18 所示。

图 7-18 设计了一个拥有 2 个主菜单项和分别有 4 个与 3 个子菜单项的菜单系统。这

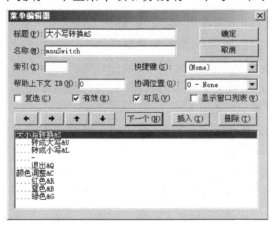

图 7-18　菜单编辑实例

时，每个菜单项都是一个对象，在 Visual Basic 6.0 开发环境的属性窗口和代码编辑窗口中，可以看到它们的名称及其各个属性和事件。当按"确定"按钮保存后就会看到，在原来的窗体中增加了一个菜单栏，如图 7-19 所示。在此之后，就可以针对每个菜单项的属性和事件来编写程序代码了。

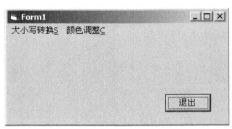

图 7-19　增加了菜单栏的窗体

3. 编写相关代码

经过上述的菜单设计后，不妨先运行一下程序。运行的结果可能是，虽然能够看到各级菜单，但无论选择哪个菜单项都没有任何的动作，这是为什么呢？本来，当单击某个菜单项时，就应该立刻引发该菜单项的 Click 事件。可是我们还没有为这些事件过程编写程序代码，所以此时单击菜单项是不会有任何反应的。

明白了这个道理，就可以进行程序代码的设计了。下面举例说明。

【例 7.15】编写程序，用下拉菜单控制窗体中文本显示的颜色和大小写转换。

◆界面设计：在窗体中添加 1 标签 Label1，用于显示文本；添加 1 命令按钮 Command1，用于结束程序；添加各个菜单项，并分别将它们命名为 mnuSwitch、mnuColor、mnuUcase、mnuLcase、mnuRed、mnuGreen、mnuBlue、mnuQuit 等。

◆程序代码：

```
Option Explicit
Private Sub Command1_Click()
     End
End Sub
Private Sub Form_Load()
    Label1.Caption = "Visual Basic 6.0 Programming"
    Command1.Caption = "退出"
End Sub
Private Sub mnuLcase_Click()
    Label1.Caption = Lcase(Label1.Caption)        '将文本转换为小写
End Sub
Private Sub mnuUcase_Click()
    Label1.Caption = Ucase(Label1.Caption)        '将文本转换为大写
End Sub
Private Sub mnuRed_Click()
    Label1.ForeColor = &HFF&                       '将文本显示为红色
```

```
        End Sub
        Private Sub mnuGreen_Click()
            Label1.ForeColor = &HFF00&                    '将文本显示为绿色
        End Sub
        Private Sub mnuBlue_Click()
            Label1.ForeColor = &HFF0000&                  '将文本显示为蓝色
        End Sub
        Private Sub mnuQuit_Click()                       '菜单中的退出项
            End
        End Sub
```

程序运行结果如图 7 - 20 所示。

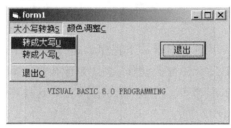

图 7 - 20　菜单应用范例

7.3.2　弹出式菜单

弹出式菜单从外观上看是独立于菜单栏的一个浮动菜单。它通常是根据用户需要,通过单击鼠标右键而"弹出"的菜单。弹出式菜单的每个菜单项都可以有自己的子菜单。

那么,如何制作弹出式菜单呢?其实,制作弹出式菜单的方法并不难。弹出式菜单是建立在下拉菜单的基础上的,每个菜单项的各级子菜单都可以被制作成弹出式菜单,只需经过个别的属性设置和编写很少的代码即可。

以前面的程序为例,在原有菜单的基础上,将"大小写转换(S)"这个菜单项下的子菜单制作成弹出式菜单。

1. 属性设置

这里所说的属性设置主要是针对主菜单项的 Visible 属性而言的,但不是必须的。为了让人们感觉到制作的是一个"纯粹"的弹出式菜单,不妨把"大小写转换(S)"这一菜单项的 Visible 属性设置为 False,以使该菜单项从菜单栏中隐去。

2. 编写代码

在编写代码之前,先介绍一下窗体的一个方法:即 PopupMenu 方法。这个方法的作用是将指定的菜单弹出到屏幕上。语法形式为

　　　　<窗体名>. PopupMenu　<菜单名>　[,<flags>][,x][,y][,boldcommand]

各参数的含义如下:

(1)x,y 参数:指定弹出式菜单的位置,如果省略,则弹出到鼠标的位置。

(2)flags 参数:该参数的值有两种含义:一是表明弹出式菜单与鼠标的位置关系;一是指

出如何响应弹出式菜单中的菜单项。前者称为位置值,后者称为行为值。

flags 的位置值(省略为 0)如下:

①0:弹出式菜单的左边定位于 x。

②4:弹出式菜单的居中定位于 x。

③8:弹出式菜单的右边定位于 x。

flags 的行为值如下:

①0:只有单击鼠标左键,弹出式菜单的项目才响应。

②2:不论左键还是右键,弹出式菜单都会响应。

(3)boldcommand 参数:是弹出式菜单中某一菜单项的名字。菜单弹出后,该菜单项将以粗体显示。如果该参数省略,则表示没有以粗体显示的菜单项。

【例 7.16】在例 7.15 的基础上,将"大小写转换(S)"这个菜单项下的子菜单制作成弹出式菜单。界面设计不必做任何改变,下面就直接编写代码。

首先将 Form_Load()过程做如下修改,以使"大小写转换(S)"菜单项从菜单栏中隐去。

```
Private Sub Form_Load()
    Label1.Caption = "Visual Basic 6.0 Programming"
    Command1.Caption = "退出"
    mnuSwitch.Visible = False          '隐去"大小写转换(S)"菜单项
End Sub
```

其次,为了能通过单击鼠标的方式弹出菜单,需要为窗体的 Form_MouseUp()事件过程编写如下代码:

```
Private Sub Form_MouseUp(Button As Integer, Shift As Integer, X As Single, Y As Single)
    If Button = 2 Then
        PopupMenu mnuSwitch          '若单击右键,则弹出菜单
    End If
End Sub
```

至此,针对弹出式菜单的代码就编写完成了。与例 7.15 相比,除了这两个过程以外,其他地方的代码未做任何改变。

程序执行后按鼠标右键,就会弹出一个弹出式菜单,如图 7-21 所示。

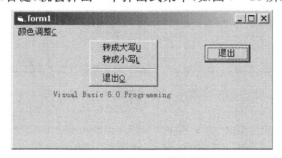

图 7-21　弹出式菜单范例

7.4　工具栏设计

一般的 Windows 应用程序中,除具有菜单栏外,还提供工具栏。工具栏一般位于菜单栏的下面,它提供的是一个图形界面,以使用户以按压图形按钮的方式,直接使用应用程序中最常用的功能和命令。

同菜单设计类似,进行工具栏设计也要经过两个步骤:一是添加工具栏控件及相关的其他控件,并进行外观设计;二是编写事件过程代码。

为了使大家能够更加直观地学习本节内容,仍以例 7.15 为基础来具体讨论工具栏的设计方法和步骤。设计的目标是增加一个工具栏,其中包括 3 个用于控制改变字符颜色的图形按钮和 1 个用于结束程序的图形按钮。

7.4.1　工具栏外观设计

1. 添加相关控件

进行工具栏设计需要两个控件,即 ToolBar(工具栏) 和 ImageList(图像列表) 。但这两个控件并不是 Visual Basic 6.0 的标准控件,而是 Microsoft Windows 的 ActiveX 控件,开始在工具箱中是看不到它们的。为此,必须先把这两个控件添加到工具箱中。

添加这两个控件可按如下步骤进行。

(1)单击菜单栏中"工程"/"部件",打开"部件"窗口,如图 7-22 所示。

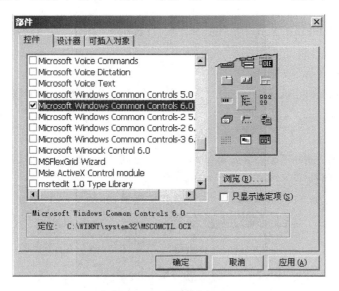

图 7-22　"部件"窗口

(2)从控件列表中选中"Microsoft Windows Common Controls 6.0",并按"确定"按钮。

在此之后,工具箱中就会增加一些新的控件图标。其中的 ToolBar 和 ImageList 就是所需要的工具栏控件和图像列表控件,如图 7-23 所示。

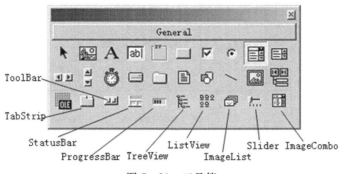

图 7-23　工具箱

2. 建立图像列表

建立图像列表的步骤如下。

(1)在窗体上添加图像列表控件。将 ToolBar(工具栏)和 ImageList(图像列表)添加到工具箱后,为了建立一个工具栏,首先还要在窗体上添加一个 ImageList 控件,用它装载作为工具栏图形按钮的图片文件。

在窗体中添加 ImageList 控件不必计较它的位置,因为它在运行时是不可见的,把它命名为 ImageList1。

(2)右键单击窗体上的 ImageList1 控件,并选择"属性",打开 ImageList 的"属性页"对话框,如图 7-24 所示。

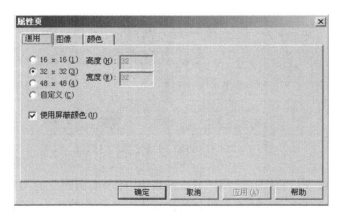

图 7-24　ImageList 控件的"属性页"对话框

(3)在"通用"选项卡中,选择图像大小。这里选择"32×32"。

(4)在"图像"选项卡中,单击"插入图片"按钮,然后向 ImageList1 控件中加入三个表示颜色的图片和一个表示退出的图片,如图 7-25 所示。插入完毕,按"确定"按钮。

至此,一个图像列表建立完毕。下面就来进行工具栏的外观设计。

3. 工具栏的外观设计

工具栏的外观设计步骤如下。

(1)在窗体上添加一个 ToolBar(工具栏)控件 ToolBar1。新添加的工具栏控件的位置会自动摆放到窗体的上部。

图 7-25　ImageList 控件"属性页"的"图像"选项卡

(2)右键单击 ToolBar1 控件,并在弹出式菜单中选择"属性",打开 ToolBar 的"属性页"对话框,如图 7-26 所示。

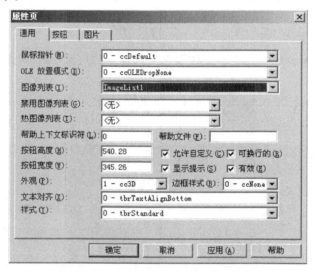

图 7-26　ToolBar 的"属性页"对话框

(3)在"通用"选项卡中的"图像列表"下拉列表中,选中前面建立的图像列表 ImageList1。

(4)在"按钮"选项卡中,单击"插入按钮",将作为工具栏按钮的 4 个图片依次插入,并填写下列各项,如图 7-27 所示。

①标题:未来将显示在工具栏图形按钮的下面。这里的 4 个图形按钮的标题分别为:红色、绿色、蓝色和退出。

②关键字:用来唯一识别图像列表中的每个成员。这里的 4 个图片的关键字分别为:redkey,greenkey,bluekey 和 quitkey。

③工具提示文本:用于当鼠标移到图像按钮时出现的即时提示信息。这里的 4 个图形按钮的工具提示文本分别为:红色、绿色、蓝色和退出。

④图像:指定图形按钮所使用的 ImageList1 控件中的对象号。这里的 4 个图形按钮的号分别为 1、2、3 和 4。

⑤索引:指定图像列表的图像序号,从 1 开始,一般是自动加的。这里分别是 1、2、3 和 4。

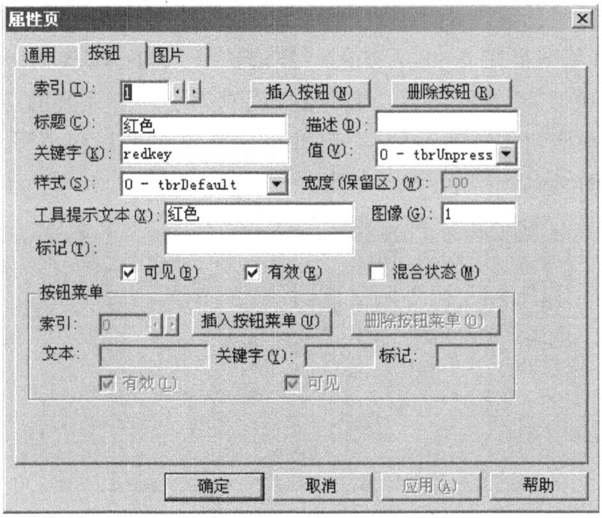

图 7 - 27　TooBar 控件"属性页"的"按钮"选项卡

(5)按"确定"按钮。

至此,工具栏的外观设计结束,下面将进入代码编写阶段。

7.4.2　编写工具栏事件过程代码

与普通按钮不同,工具栏的所有图形按钮共享一个单击事件(即 ButtonClick 事件)和共用一个事件过程(即 ToolBar1_ButtonClick 事件过程)。那么,如何判断是按了工具栏中的哪个图形按钮才引发的事件呢? 很简单,那就是使用每个图形按钮的关键字属性(Key)值来区分。

下面编写 ToolBar1_ButtonClick 事件过程代码:

```
Private Sub Toolbar1_ButtonClick(ByVal Button As MSComctlLib.Button)
    Select Case Button.Key        '以图形按钮的关键字为判断依据
        Case "redkey"             '如果按了 redkey 图形按钮,则字符改变为红色
            Label2.ForeColor = RGB(255,0,0)    'RGB(255,0,0)等同于 &HFF&
        Case "greenkey"
                                  '如果按了 greenkey 图形按钮,则字符改变为绿色
            Label2.ForeColor = RGB(0,255,0)  'RGB(0,255,0)等同于 &HFF00&
        Case "bluekey"            '如果按了 bluekey 图形按钮,则字符改变为蓝色
            Label2.ForeColor = RGB(0,0,255)  'RGB(0,0,255)等同于 &HFF0000&
        Case Else                 '如果按了退出图形按钮,则结束程序
            End
    End Select
End Sub
```

程序中的 Button.Key 是工具栏图形按钮的关键字属性。利用这个属性,可以判断究竟是按了哪个图形按钮而引发工具栏(ToolBar)的 ButtonClick 事件。

程序中的 RGB( )函数,是将 R,G,B 的三原色表示的颜色值转换成 Visual Basic 内部使用

的以长整型数字表示的颜色值。Red,Green 和 Blue 分别代表颜色中的红色成份、绿色成份和蓝色成份,它们的取值范围都在 0～255 之间。其语法形式为:RGB(Red,Green,Blue)。

上面这段程序与例 7.15 的程序组合在一起,就成为了一个完整的应用程序。它能够实现用下拉菜单和工具栏来控制文本显示的颜色,并可使字符在大写和小写之间进行转换。

程序运行结果如图 7-28 所示。

图 7-28 具有下拉菜单和工具栏的范例

习 题 7

一、填空题

1. 修改对象的属性可以有两种途径,一种是通过_____,手工直观地操作修改;另一种是_____。

2. 当前窗体,可以用_____来表示。

3. Visual Basic 6.0 中的控件包括_____控件、_____控件和_____控件3 类。

4. 单选按钮(OptionButton)适用于_____场合。

5. 复选框(Check Box)适用于_____场合。

6. 分组框(Frame)主要是用来_____。

7. 列表框 ListBox 中项目的序号从_____开始,到_____结束。

8. 要想使计时器每 0.5 秒触发一次 Timer 事件,应把 Interval 的值设置为_____。

9. 若使命令按钮 Command1 失效,应使用_____语句。

10. 程序结束时,窗体的 UnLoad 事件是在 QeuryUnLoad 事件之_____发生。

二、选择题

1. 分组框上的文本内容由_____属性来设置。
   A. text   B. Caption   C. Name   D. Show

2. 改变控件的 Tab 顺序,可以修改_____属性。
   A. Visible   B. TabStop   C. TabIndex   D. Value

3. 文本框没有_____属性。
   A. BackColor   B. Enabled   C. Caption   D. Visible

4. 若想得到列表框中项目的数目,可以访问_____属性。

  A. List　　　　　　B. ListIndex　　　　C. ListCount　　　D. Text

5. 若要获得滚动条的当前位置,可以访问_____属性。

  A. Value　　　　　B. Max　　　　　　C. Min　　　　　　D. LargeChange

6. 暂时关闭计时器,可设置_____属性。

  A. Visible　　　　 B. Enabled　　　　 C. Lock　　　　　 D. Cancel

7. 在组合框中选择某一项内容,可通过_____属性。

  A. List　　　　　　B. ListIndex　　　　C. ListCount　　　D. Text

8. 删除列表框中的某一个选项,需要使用_____方法。

  A. Clear　　　　　B. Remove　　　　　C. Erase　　　　　D. RemoveItem

9. 要获得字符键的 ASCII 码,可利用窗体的_____事件。

  A. KeyDown　　　B. KeyUp　　　　　C. MouseMove　　 D. KeyPress

10. 要使某控件能够被拖拽,应将它的_____属性赋值为 1。

  A. DragMode　　　B. DragDrop　　　　C. DragIcon　　　D. OLEDragDrop

三、编程题

1. 设计一个曲目选择单。要求双击“备选曲目”列表中的某个曲目,即可将该曲目移至“已选曲目”列表中,反之亦然。

2. 编写程序,制作一个模拟时钟。要求整点鸣叫 5 声(每秒鸣叫 1 声),半点鸣叫 1 声。

3. 编写一个模拟秒表程序,要求用一个命令按钮来控制秒表的启动和停止,并显示启停时间和时间长度。

4. 利用窗体的 KeyPress 事件编写程序,查看任一字符键的 ASCII 码。

5. 利用窗体的 MouseMove 事件编写程序,查看鼠标在窗体中移动时的坐标值、Button 鼠标按键值及 Shift 组合键值,界面见下图。

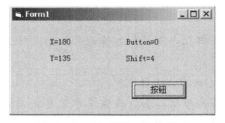

图 7-29　编程题 5 程序界面

6. 参考例 7.11 对例 6.6 进行改进,使得在做近似运算时,能够通过数字选择器来快速选择小数位数,见下图。

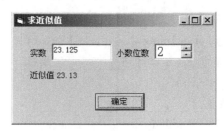

图 7-30 编程题 6 程序界面

7. 改进例 7.3 的程序。要求:①使得在输入出生年月时,只允许输入数字、小数点和退格键;②在输入手机号码时,只允许输入数字和退格键;③增加输入姓名的功能,输入姓名时只允许输入汉字和退格键。提示:汉字的 ASCII 码<0。

8. 改写例 7.10 的程序,全部用列表框来控制"演示字样"的字体和字号大小。

9. 编写程序,要求用菜单来控制 Label 控件中文本的字号(8~12 号),选中的菜单项应有"√"。

10. 阅读下面的程序,描述并上机验证其功能。

```
Private Sub Form_Load()
    Label1.Caption = "MousePointer = 0"
End Sub
Private Sub Form_Click()
    Static i As Integer
    i = (i + 1) Mod 16
    Label1.Caption = "MousePointer = "& i
    Me.MousePointer = i
End Sub
```

四、简答题

1. 窗体的生命期中要经历哪几个阶段? 各阶段的标志是什么?

2. 什么是焦点? 如何控制焦点?

3. 键盘的扫描码与 ASCII 码有什么区别?

4. 建立下拉菜单要经过哪些步骤? 如何在菜单中设置快捷键?

5. 使用什么语句可将弹出式菜单弹出?

第8章 绘 图

Visual Basic 6.0 不仅具有各种运算功能,还提供了强大的图像处理和绘图功能。绘制图形有两种方法:一种是通过绘图控件;另一种是通过对象的绘图方法。为此,Visual Basic 6.0 除提供了四个基本的图形控件——图片框(Picture Box)、图像框(Image)、直线(Line)和形状(Shape)控件外,还提供了许多绘图方法。通过这些控件和方法,就能设计出各种有关图形处理的应用程序。

在前面的章节中,已经介绍了图片框(Picture Box)、图像框(Image)控件的相关知识。本章主要介绍 Visual Basic 的坐标系统、直线(Line)和形状(Shape)控件以及常用绘图方法等内容。

8.1 Visual Basic 中的坐标系统

坐标系是绘图的基础,它决定着各种控件在其容器中的相对位置以及绘制图形时的着色点在控件内的相对位置。也就是说,在 Visual Basic 中,坐标系是相对的,每个窗体或窗体上的控件都有自己的坐标系。

Visual Basic 中的坐标系分为标准规格坐标系和自定义规格坐标系。

8.1.1 标准规格坐标系

在标准规格坐标系中,坐标原点(0,0)位于控件的左上角。当沿着水平方向向右,或沿着垂直方向向下移动时,坐标值增加,反之减少。

在标准坐标系中,坐标刻度单位有 7 种类型,这 7 种类型的刻度由控件的 ScaleMode 属性决定。ScaleMode 属性值的含义如表 8-1 所示。

表 8-1　标准规格的 ScaleMode 值

ScaleMode 值	符号常数	描　　述
1(默认)	VbTwips	以 Twip 为单位,1 cm=567Twip(缇)。
2	VbPoints	以 Point(点)为单位,1 英寸=72Point。
3	VbPixels	以像素(Pixel)为单位。
4	VbCharacters	以字符为单位。1 字符宽=120 缇;高=240 缇
5	VbInches	以英寸为单位。
6	VbMillimeters	以毫米为单位
7	VbCentimeters	以厘米为单位

在上述类型中,1、2、4、5、6、7 规格都可用于打印机,其长度就是在打印机上的输出长度。标准规格坐标系的原点(0,0)是固定的(左上角),刻度是规范的(只使用表 8-1 中的刻度)。

8.1.2 自定义规格坐标系

当控件的 ScaleMode 属性值为 0(VbUser)时,为自定义规格坐标系。自定义坐标系的原点位置和刻度单位可依实际需要设定。特别是当需要按比例缩放图形时,自定义坐标系是非常有用的,这一点在后面的综合范例中就能体会到。

在自定义坐标系中,原点(0,0)不一定设在对象左上角的位置,它可以放在对象内的任何地方,甚至可置于对象之外;刻度单位不是采用绝对的长度,而是采用相对的等份制,即将 1 等份作为一个长度单位。

自定义坐标系通过对象的下面 4 个属性设定。

[<对象名>.]**ScaleLeft**　　　　(对象的左边框)

[<对象名>.]**ScaleTop**　　　　(对象的顶边框)

[<对象名>.]**ScaleWidth**　　　　(对象的宽度)

[<对象名>.]**ScaleHeight**　　　　(对象的高度)

假如已经建立了一个窗体 Form1,执行下列代码后,就为 Form1 窗体定义了一个新的坐标系。其原点位于左上角,窗体的宽度被分成了 500 等份,高度被分成了 300 份。**注意:**窗体宽的刻度和高的刻度可以没有任何的联系,它们的绝对长度可能完全不同。

```
Form1.ScaleLeft = 0
Form1.ScaleTop = 0
Form1.ScaleWidth = 500
Form1.ScaleHeight = 300
Form1.ScaleMode = 0              '该句不是必须的
```

其中的 Form1.ScaleMode=0 语句不是必须的,因为直接设置前面 4 个属性的值后,ScaleMode 属性的值将自动设为 0。

再举一个例子,当执行下列代码后,就为窗体 Form1 定义了这样一个坐标系:窗体的宽度被分成了 600 等份,高度被分成了 300 等份;而原点已经不在左上角,而是位于窗体之内的正中间位置,如图 8-1 所示。

```
Form1.ScaleLeft = - 300
Form1.ScaleTop = - 150
Form1.ScaleWidth = 600
Form1.ScaleHeight = 300
```

值得一提的是,ScaleWidth 和 ScaleHeight 的值可以为正,也可以为负。为负时意味着改变了坐标的方向。即当 ScaleWidth 为负时,表示坐标原点的右侧为负,左侧为正;当 ScaleHeight 为负时,表示原点下面为负,上面为正。因此,可以用这种方法定义笛卡儿坐标系。

另外,还可以使用对象的 Scale 方法来定义坐标系。定义格式为

[<对象名>.]**Scale**　[(x1,y1)-(x2,y2)]

它相当于使用了如下的语句:

[<对象名>.]ScaleLeft=x1

[<对象名>.]ScaleTop=y1

[<对象名>.]ScaleWidth=x2-x1

[＜对象名＞.]ScaleHeight＝y2－y1

实际上,(x1,y1)就是对象(如窗体)左上角的一对坐标值;(x2,y2)就是对象右下角的一对坐标值。

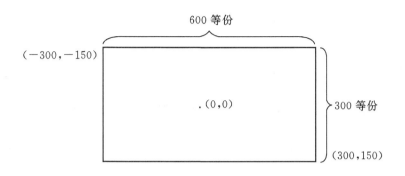

图 8-1 自定义坐标系

8.2 绘图控件

已经知道,绘制图形可有两种方法:通过绘图控件和通过对象的绘图方法。过去曾经介绍过图片框和图像框控件,它们只能用于显示已经有的图片文件。而下面将要介绍的直线(Line)～ 和形状(Shape) 🔲 这两个绘图控件,则可以绘制较简单而灵活的几何图形。

Line 控件用来在窗体(或其他容器中)绘制直线,通过属性的设置,可以改变直线的粗细、颜色和线型。Shape 控件可以画矩形,通过对其 Shape 属性的设置,也可以画出圆、椭圆和圆角矩形,并可设置边界颜色和填充色。

Line 和 Shape 控件的大部分属性是相同的,下面一起介绍。

1. BorderColor 属性

BorderColor 属性用于设置直线和形状的边界颜色。

2. BorderStyle 属性

BorderStyle 属性用于设置边界线的线型。BorderStyle 属性值如表 8-2 所示。

表 8-2 BorderStyle 属性值

值	符号常数	描述
0	VbTransparent	透明
1	VbBSSolid	实线(默认值)
2	VbBSDash	虚线
3	VbBSDot	点线
4	VbBSDashDot	点划线
5	VbBSDashDotDot	双点划线
6	VbBSInsideSolid	内收实线

3. BorderWidth 属性

BorderWidth 属性指定边界线的宽度,取值范围为 1~6。其中 1~5 从中心向外加宽;6 从外向内加宽。

4. BackStyle 属性

BackStyle 属性指明 Shape 控件的背景是否透明:0 表示透明;1 表示不透明。

5. FillColor 属性

FillColor 属性设置形状内部的填充色。

6. FillStyle 属性

FillStyle 属性返回或设置用来填充 Shape 控件的图案模式,填充值如表 8-3 所示。

表 8-3　FillStyle 属性值

值	符号常数	描述	值	符号常数	描述
0	VbFSSolid	实线	4	VbUpwardDiagonal	上斜对角线
1	VbFSTransparent	透明(默认)	5	VbDownwardDiagonal	下斜对角线
2	VbHorizontalLine	水平直线	6	VbCross	十字线
3	VbVerticalLine	垂直直线	7	VbDiagonalCross	交叉斜对角线

7. Shape 属性

Shape 属性确定形状控件所画的几何特征。该属性具有 6 个可能的值,以便画出不同几何形状的图,如表 8-4 所示。

表 8-4　Shape 属性值

值	符号常数	描述	值	符号常数	描述
0	VbShapeRectangle	矩形(默认)	3	VbShapeCircle	圆形
1	VbShapeSquare	正方形	4	VbShapeRoundedRectangle	圆角矩形
2	VbShapeOval	椭圆形	5	VbShapeRoundedSquare	圆角正方形

【例 8.1】在窗体上交替显示圆和椭圆。

◆界面设计:在窗体上添加 1 个 Shape 控件 Shape1,用于显示圆和椭圆;添加 1 个命令按钮 Command1,用于结束程序;添加 1 个计时器,交替显示圆和椭圆。

◆程序代码:

```
Private Sub Command1_Click()
        End
End Sub
Private Sub Form_Load()
        Timer1.Interval = 1000              '每秒交替一次
        Command1.Caption = "退出"
        Shape1.BorderColor = RGB(255,0,0)    '红色边界线
        Shape1.FillStyle = 5                '下斜对角线填充
```

```
        End Sub
        Private Sub Timer1_Timer()
            Static i As Integer
            i = (i + 1) Mod 2
            Shape1.Shape = i + 2          ' i+2 总在 2(椭圆)与 3(圆)之间变化
        End Sub
```

程序执行结果如图 8 - 2 所示。

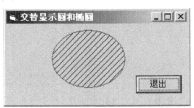

图 8 - 2　交替显示圆和椭圆

8.3　绘图方法

使用绘图控件绘制图形的优点是简单、易控制,且占用系统资源少,但其缺点是只能绘制比较简单而规则的图形,对于不规则的复杂图形则无能为力。而使用对象的绘图方法,则比绘图控件要灵活得多。理论上讲,使用对象的绘图方法可以绘制出任何图形,只要有足够的耐心。另外,用对象的绘图方法绘制的图形可位于所有其他控件之下,当要制作背景图时,这种方法比较有效,在这一点上,使用图形控件是无法做到的。

当然,使用图形方法也有其缺点,如无法在设计阶段看到图形,测试和修改不够直观,也比较困难。

8.3.1　画点和线

1. 画点(PSet)

◆格式:[<对象名>.]**Pset**　[**Step**](<**x**>,<**y**>)[,<颜色>]

◆功能:在指定对象的<x>,<y>坐标处,以<Color>指定的颜色画一点。

◆说明:

①如果省略<颜色>,则使用对象的前景色。

②关键字 Step 表示相对坐标,即 Step 后面的一对值是从当前坐标开始算起的增量。

③点的大小由对象的 DrawWidth 属性值而定。

④<对象名>如省略,则默认为当前窗体。

例如,假设当前的坐标是(50,100),则 Pset(100,150)等价于 Pset Step (50,50)。

2. 取某点的颜色(Point)

◆格式:<变量名>=[<对象名>.]**Point(x,y)**

◆功能:取得(x,y)点处的颜色值。

3. 画线(Line)

◆格式:[<对象名>.]Line [Step][(<x1>，<y1 >)]— [Step](<x2> ,< y2>) _
[,<颜色>]

◆功能:在点(x_1,y_1)和点(x_2,y_2)之间按指定的颜色画一条直线。

◆说明:如果省略(x1,y1),则以当前的坐标点为起点。

4. 清除画布(Cls)

◆格式:**Cls**

◆功能:清除整个绘图区。

8.3.2 画矩形

画矩形也使用 Line 方法。

◆格式:[<对象名>.]Line [Step][(<x1>，<y1 >)]-[Step](<x2 >，<y2>) _
[,<颜色>],**BF**

◆功能:以点(x_1,y_1)和点(x_2,y_2)为矩形的对角线顶点,绘制一个矩形框。

◆说明:

①这里的 B 告诉系统,不是画直线,而是画矩形框。

②B 后再跟一个字母 F,表示画出的矩形框会被 FillColor 和 FillStyle 属性值所代表的颜色和填充样式所填充。

例如,下面的语句可以画出一个以(100,50)和(4000,3000)为对角线顶点的被蓝色填充的实心矩形。

```
Me.Line (100, 50) - (4000, 3000), RGB(0, 0, 255), BF
```

8.3.3 画圆、圆弧和椭圆

画圆、圆弧和椭圆,用同一个绘图方法,即 Circle 方法。只是选用的某些参数有所不同。

1. 画圆

◆格式:[<对象名>.]Circle [Step](<x> ，<y>) ，<半径> [,<颜色>]

◆说明:(x,y)是圆心坐标。

2. 画弧

◆格式:[<对象名>.]Circle [Step](<x> ，<y>) ，<半径>[,<颜色> _
[,<起始角>[,<终止角>]]]

◆说明:

①<起始角>和<终止角>的单位是"弧度"。它们可为正数或负数,但必须同正或同负。

②可以省略前面的参数项,但逗号不能省略。

3. 画椭圆

◆格式:[<对象名>.]Circle [Step](<x> ，<y>) ，<半径>[,<颜色>[,<起始角> _
[,<终止角>[,<aspect>]]]]

◆说明:aspect 是一个正浮点数,它决定所画椭圆的形状。如果 aspect>1,则所画椭圆高而窄;如果 aspect<1,则所画椭圆宽而低;如果 aspect=1(默认),则画出的是圆。

8.4 图的调整和保存

前面介绍了绘图的控件和方法,绘制过程中的相关因素(如线宽、线型、绘图模式和颜色等)采用的都是默认值。为了达到一定的绘制效果,可对相关的属性进行适当调整。此外,如何将绘制的图形保存到磁盘中,也是本节要介绍的。

8.4.1 图的调整

图的调整主要包括图形的线宽、线型、颜色、绘制模式,以及图形的动态调整等内容。

1. 线宽和线型

要调整图形的线型和线宽,可通过改变 Form 窗体(或 Picture 控件)的 DrawWidth 和 DrawStyle 属性来完成。

1)DrawWidth 属性

DrawWidth 属性用于指定用图形方法绘图时线条的粗细,默认值是 1。该属性只适用于绘图方法,而不适用于图形控件。

2)DrawStyle 属性

DrawStyle 属性指定线条的形状是实线还是虚线,其取值范围为 0~6,默认 0(实线)。

【例 8.2】下面的程序将画出七条不同线型的线,如图 8-3 所示。

```
Private Sub Command1_Click()
    Dim i As Integer, y As Long
    For i = 0 To 6
        DrawStyle = i
        y = 200 * i + 500
        Me.Line (200, y) - (3000, y)
    Next
End Sub
Private Sub Form_Load()
    Command1.Caption = "开始"
    Me.Caption = "线条形状"
End Sub
```

图 8-3 线条形状

2. 绘图模式

绘图模式由 Form 窗体(或 Picture 控件)的 DrawMode 属性设置。该属性决定两种不同颜色的图形出现在同一区域时,重叠部分采用什么颜色绘制。这个结果颜色值,要根据两种图形颜色值的逻辑运算得来。不同的运算方法,就产生了不同的绘图模式。

在 Visual Basic 6.0 中有 16 种绘图模式,即 DrawMode 属性值有 16 种,如表 8-5 所示。

表 8 - 5　DrawMode 值

值	符号常数	描述
1	VbBlackness	黑色画笔
2	VbNotMergePen	非或笔,与 15 相反
3	VbMaskNotPen	与非笔,背景色与画笔反相颜色的组合
4	VbNotCopyPen	非复制笔,13 值的反相
5	VbMaskPenNot	与笔非,画笔和反相显示颜色的组合
6	VbInvert	反转,显示颜色的反相
7	VbXorPen	异或笔,画笔颜色和显示颜色的异或组合
8	VbNotMaskPen	非与笔,9 值的反相
9	VbMaskPen	与笔,画笔和显示二者共有颜色的组合
10	VbNotXorPen	同或笔,7 值的反相
11	VbNop	无操作,输出保持不变
12	VbMergeNotPen	或非笔,显示颜色与画笔颜色反相的组合
13	VbCopyPen	复制笔(默认),由 ForeColor 属性指定的颜色
14	VbMergePenNot	或非笔,画笔颜色与显示颜色的反相的组合
15	VbMergePen	或笔,画笔颜色与显示颜色的或组合
16	VbWhiteness	白色

3. 颜色

在 Visual Basic 中,设置颜色有两种途径:一种是设计期间在属性窗口中通过调色板来手工设置;另一种是在程序中,通过代码为各个颜色属性或参数赋值。

在程序中指定颜色值的方式有 4 种:使用 RGB 函数、使用 QBColor 函数、使用 Visual Basic 的颜色常数和直接使用颜色值。

1)RGB 函数

RGB 函数通过三原色(红、绿、蓝)的值设置一种混合颜色。其格式为

RGB(＜Red＞,＜Green＞,＜Blue＞)

其中 Red、Green、Blue 分别代表红、绿、蓝的颜色成分。它们都是整型数,取值范围都在 0～255 之间。理论上讲,RGB 函数可生成 1677216(256×256×256)种颜色。

2)QBColor 函数

QBColor 函数用一个整数值对应 RGB 的一个常用颜色值。函数格式为

QBColor(ColorCode)

其中 ColorCode 是一个整数,取值范围是 0～15。

3)颜色常数

为了使用方便,Visual Basic 定义了一些符号常数,它们都代表着一个特定的颜色。常用颜色常数有 8 个,如表 8 - 6 所示。还有一些系统颜色常数在此就不一一列举了。

表 8 - 6 常用颜色常数

符号常数	颜色值	颜色
VbBlack	&H0	黑色
VbRed	&HFF	红色
VbGreen	&HFF00	绿色
VbYellow	&HFFFF	黄色
VbBlue	&HFF0000	蓝色
VbMagenta	&HFF00FF	洋红
VbCyan	&HFFFF00	青色
VbWhite	&HFFFFFF	白色

4)直接使用颜色值

颜色值是一个长整型数字,其取值范围为 0～16777215。为了记忆和书写方便,一般使用十六进制数表示它们。虽然颜色值要占用 4 个字节,但由于最高一个字节是 0,所以在书写时用三个字节的十六进制数表示就够了,并且从低位到高位分别表示"红色""绿色"和"蓝色"的颜色成份。用一般的格式表示就是 &HBBGGRR&。例如,&H0000FF& 表示红色,&H00FF00& 表示绿色,&HFF0000& 表示蓝色。

4. 动态调整

Visual Basic 中对象的大小、位置和显示形态,除了在设计阶段手工调整外,还可在程序中通过改变相关对象的属性或使用对象的方法来调整,称为动态调整。如果调整得适当,则可收到良好的视觉效果。

1)大小和位置的调整

对象的大小和位置是由对象的 Left(左边框)、Top(顶边框)、Width(宽度)和 Height(高度)这 4 个属性决定的。改变了这些属性的值,也就改变了它们的大小和位置。要改变这些属性值,可有两种方法实现:一种是直接用赋值语句;另一种是通过对象的 Move 方法。第一种比较简单,下面介绍 Move 方法。

调用 Move 方法的一般格式为

[<**对象名**>**.**]**Move** <**Left**> [,<**Top**> [,<**Width**> [,<**Height**>]]]

◆功能:将指定的对象移到指定的位置(Left 和 Top),并按新的宽度(Width)和高度(Height)调整其大小。

◆说明:

①如果省略<对象名>,则默认为当前窗体。

②<Left>参数不可少。如果要指定后面的参数,则前面的参数必须先指定。

③省略的参数保持其原有的值。

例如,假设已经建立了一个窗体 Form1,执行下面的程序后,Form1 将向右移动 100 个缇,向下移动 50 个缇。

```
Private Sub Command1_Click()
```

```
        Dim  x  as  Integer , y  as  Integer
        X = Form1.Left + 100
        Y = Form1.Top + 50
        Form1.Move  x , y
    End Sub
```

2）显示状态的改变

大部分对象都有 Visible 属性（逻辑值）。如果交替使该属性值发生改变，则可使对象产生"闪烁"的效果。

例如，假设已经建立了一个标签 Label1 和一个计时器 Timer1，则执行下面的程序后，"正在测试闪烁效果"字符串会在窗体中反复闪烁。

```
    Private Sub Form_Load()
        Timer1.Interval = 100
        Label1.Caption = "正在测试闪烁效果"
    End Sub
    Private Sub Timer1_Timer()
        Label1.Visible = Not Label1.Visible
    End Sub
```

3）动画效果

如果将一些图片轮流赋给窗体的 Picture 属性，则会收到动画效果。下面举例说明。

【例 8.3】在窗体中显示一只飞翔的蝴蝶。

◆解题分析：要实现蝴蝶飞翔的动画效果，可采用反复连续展示若干幅不同姿态的蝴蝶图片的办法。为此，可准备 3 个姿态分别是翅膀向上、翅膀平展和翅膀向下的蝴蝶图片文件 Butterfly0.jpg、Butterfly1.jpg 和 Butterfly2.Jpg，并通过 Picture 控件数组将它们轮流展示。

◆界面设计：在窗体添加 1 个具有 4 个 Picture 元素的控件数组 Picture1()（添加方法请见前面章节中的"控件数组"一节），索引值为 0～3；再添加 1 个计时器 Timer1。

◆程序代码：

```
    Option Explicit
    Dimn As Integer
    Private Sub Form_Load()
        Timer1.Interval = 100
        Me.Caption = "飞翔的蝴蝶"
        Set Picture1(0) = LoadPicture(".\butterfly0.gif")    '翅膀向上
        Set Picture1(1) = LoadPicture(".\butterfly1.gif")    '翅膀平展
        Set Picture1(2) = LoadPicture(".\butterfly2.gif")    '翅膀向下
        Set Picture1(3) = LoadPicture(".\butterfly1.gif")    '翅膀平展
    End Sub
    Private Sub Timer1_Timer()
        Dim i as integer
```

```
For i = 0 To 3
    Picture1(i).Visible = False    ′使 Picture1 数组中的每个元素本身不可见
Next
n = (n + 1) Mod 4
Picture1(n).Visible = True    ′轮流显示 3 个图片,butterfly1 每轮显示 2 次
End Sub
```

程序执行后的结果如图 8-4 所示。

图 8-4 飞翔的蝴蝶

程序中的 Picture1(i).Visible=False 这一句,是为了隐藏图片所有图片,以免在窗体上重复多个图片。

8.4.2 图的保存

为了将窗体上的图形保存到图形文件中,以便长期保存、进行数据交流或做进一步处理。Visual Basic 提供了保存图形文件的语句,语句格式为

SavePicture Image,＜文件名＞

其中＜文件名＞指图形输出的目标文件名。当图形从文件中加载到对象的 Picture 属性,此时的图形是位图、图标、元文件或增强元文件,则以原始文件的格式保存;如果图形是 GIF 或 JPEG 文件,则将保存为位图文件(.BMP)。

注意:只有将窗体的 AutoRedraw 属性设置为 True 时,才能以 Image 形式保存用绘图方法在窗体上设计的图形。

【例 8.4】为例 8.2 增加功能,将绘制的图形保存下来。

为完成保存图形的功能,需在如图 8-3 所示的界面上添加一个命令按钮 Command2,然后编写 Command2_Click()过程代码如下(黑体字是新增的)。

```
Private Sub Command1_Click()
    Dim i As Integer, y As Long
    For i = 0 To 6
        DrawStyle = i
        y = 200 * i + 500
        Me.Line (200, y) - (3000, y)
    Next
End Sub
Private Sub Command2_Click()
```

```
        SavePicture Image，".\lines.bmp"        '保存图形
    End Sub
Private Sub Form_Load()
        Command1.Caption = "开始"
        Command2.Caption＝"保存图形"
        Me.Caption = "线条形状"
        Me.AutoRedraw＝True
    End Sub
```

程序运行后,单击"保存图形"按钮,就会将当前窗体中的图形保存到当前目录的 lines.bmp 文件中。保存后的文件就可以在别的环境(如 Photoshop)中打开并处理了。

8.5　综合实例

为使大家对本章内容有更加直观的理解,并掌握绘图方法,下面给出一些范例,来体验自坐标系的定义、绘图控件及绘图方法的使用,以及图像的动态调整等知识。

【例 8.5】编写程序,在图片框中画圆,每单击一次图片框改变一次它的大小,小图片框的高和宽分别是大图片框高和宽的一半。图片框尺寸变化后,其上画的圆也按同样比例改变其大小。

◆解题分析:要按比例改变图片框中图形的大小,需使用自定义坐标系统。为了减少代码量,需声明一个改变坐标系的过程和一个画圆的过程。可使用图片框的 Move 方法来改变图片框大小。

◆界面设计:在窗体中添加 1 图片框 Picture1,用于在其上画圆;添加 1 命令按钮 Command1,用于退出程序。

◆程序代码:

```
Option Explicit
Private f As Boolean                '用于控制改变图片框的大小
'声明一个自定义坐标系统的过程,以便交替改变图片框大小时重新定义坐标系统
Private Sub chgScale()
        Picture1.ScaleLeft = 0
        Picture1.ScaleTop = 0
        Picture1.ScaleWidth = 4000      '将图片框 Picture1 的宽分成 4000 等份,
                                        '每等份作为宽的 1 个刻度单位
        Picture1.ScaleHeight = 3000     '将图片框 Picture1 的高分成 3000 等份,
                                        '每等份作为高的 1 个刻度单位
End Sub
'下面声明一个按比例画圆的过程
Private Sub myCircle()
        Dim x As Single, y As Single
        Dim r As Single
```

```
        x = Picture1.ScaleWidth / 2
        y = Picture1.ScaleHeight / 2
        r = y - y / 3
        Picture1.Cls                                    '画圆前清除画布
        Picture1.Circle (x, y), r,RGB(0,0,255)          '开始用蓝笔画圆
End Sub
Private Sub Command1_Click()
        End
End Sub
'在 Activate 事件过程中调用自定义坐标系统和画圆过程。
'在窗被体激活之前的 Form_Load()中调用画圆过程为时尚早
Private Sub Form_Activate()
        ChgScale                        '激活窗体前自定义坐标系,并画一圆,
                                        '以便一开始就能看到图片框中的圆
        myCircle
End Sub
Private Sub Form_Load()
        Command1.Caption = "退出"
        Me.Caption = "自定义坐标系范例"
    End Sub
'下面是图片框控件的单击事件过程。每单击一次图片框,转变其一次大小,
Private Sub Picture1_Click()
        Dim intleft As Integer, inttop As Integer, intWidth As Integer, intHeight _
    As Integer
        intleft = 0
        inttop = 0
        If f Then
            intWidth = Picture1.Width * 2       '如果图片框是小尺寸的,则准备扩
                                                '大 1 倍
            intHeight = Picture1.Height * 2
        Else
            intWidth = Int(Picture1.Width / 2)  '如果图片框是原来大尺寸的,则准
                                                '备缩小二分之一
            intHeight = Int(Picture1.Height / 2)
        End If
        f = Not f                               '为交替产生新坐标系做准备
        Picture1.Move intleft, inttop, intWidth, intHeight  '改变图片框的大小
        ChgScale                        '调用自定义坐标系过程,改变图片框的坐标系
        MyCircle                        '在新坐标系中画圆
```

```
End Sub
```

在上述程序中,虽然在不同的坐标系中调用的是同一个画圆过程 MyCircle,甚至参数值都没改变,但其结果却是大小不同的两个圆,这就是使用自定义坐标系来将图形按比例缩放的结果。

程序执行后,每单击一次图片框,其大小会发生一次改变,执行结果画面如图 8-5 和 8-6 所示。

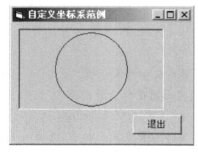 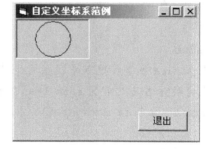

图 8-5 原始图片框   图 8-6 按比例缩小的图片框

【例 8.6】在窗体上画一个 2 周期的正弦曲线。

◆解题分析:对于两个周期的正弦曲线,其自变量 x(横坐标)的取值范围是 $-2\pi \sim 2\pi$;函数值(纵坐标)在 -1 和 1 之间。建立笛卡儿坐标系,坐标刻度要符合正弦曲线的取值范围,否则可能看不清,因此,可将窗体的宽分成 16 份,将高分成 8 份,如图 8-7 所示。

◆界面设计:在窗体上添加 1 个命令按钮 Command1,用于执行画线过程。

◆程序代码:

```
Private Sub Command1_Click()
    Dim x As Double, y As Double, i as Integer
  ' 以下四句建立笛卡儿坐标系
    Me.ScaleLeft = -8
    Me.ScaleTop = 4
    Me.ScaleWidth = 16
    Me.ScaleHeight = -8
    Line (-7, 0)-(7, 0)              ' 画坐标轴
    Line (0, -3)-(0, 3)
  ' 以下循环画 2 周的正弦波曲线
    For i = -6000 To 6000           ' 使用大范围循环变量,可确保画线精细
        x = 3.14 * i / 3000         ' 以 3.14 * i / 3000 作为自变量求正弦值
        y = Sin(x)                  ' 可保证自变量的取值范围为 -2π 到 2π。
        PSet (x, y)                 ' 画点
    Next
End Sub
Private Sub Form_Load()
    Me.Caption = "画正弦曲线"
```

        Command1.Caption = "开始"

    End Sub

程序中的 For 语句进行了大范围（i＝－6000 To 6000）的循环，以确保画线的高精细度。x＝3.14 ＊ i／3000 的作用是确保画两个周期（－2π～2π）的正弦曲线。程序执行结果如图 8－7 所示。

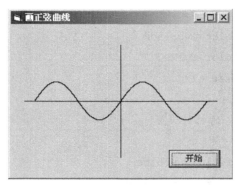

图 8－7 画正弦曲线

【例 8.7】设计交通信号灯。要求：各色灯的亮灯时间可定制，并设有倒计时牌。

◆解题分析：信号灯使用 Shape 控件来模拟；通过 3 个 Text 控件来定制信号灯的亮灯时间；利用计时器实现各颜色灯的自动切换。

◆界面设计：根据表 8－7 和图 8－8 设计程序界面。

表 8－7 例 8.7 的控件说明

控件类型	控件名称	用 途	主要属性
标签	Label1～Label3	亮灯时长提示	
文本框	Text1～Text3	红、黄、绿灯时长	
文本框	Text4	倒计时牌	
形状	Shape1	信号灯	
按钮	Command1、Command2	"启""停"按钮	
计时器	Timer1	计时	

◆程序代码：

```
Private R_Time As Integer, Y_Time As Integer, G_Time As Integer
Private k As Integer
Private Sub Form_Load()
    Me.Caption = "红绿灯"
    Command1.Caption = "启"
    Command2.Caption = "停"
    Label1.Caption = "红灯(秒)"
    Label2.Caption = "黄灯(秒)"
    Label3.Caption = "绿灯(秒)"
```

```
        Text1.Text = "5"
        Text2.Text = "3"
        Text3.Text = "5"
        '下面是倒计时牌的设置
        Label4.Alignment = 2
        Label4.BorderStyle = 1
        Label4.BackColor = vbBlack
        Label4.ForeColor = vbRed
        Label4.FontSize = 32
        Label4.Caption = ""
        '下面是信号灯的初始设置
        Shape1.Shape = 3
        Shape1.BorderColor = vbBlue
        Shape1.FillColor = &H8000000F    '桌面色
        Shape1.FillStyle = 0
End Sub
Private Sub Command1_Click()
        '"启"按钮
        k = 0                            '计时器清零
        R_Time = Val(Text1.Text)         '红灯时长
        Y_Time = Val(Text2.Text)         '黄灯时长
        G_Time = Val(Text3.Text)         '绿灯时长
        Timer1.Interval = 1000           '计时间隔1秒
        Timer1.Enabled = True
End Sub
Private Sub Command2_Click()
        '"停"按钮
        Timer1.Enabled = False           '停止计时
        Label4.Caption = ""              '清倒计时牌
        Shape1.FillColor = &H8000000F    '桌面色,代表灯灭
End Sub
Private Sub Timer1_Timer()
        '各色灯自动切换
        Select Case k
            Case 0 To R_Time - 1
                Shape1.FillColor = vbRed
                Label4.Caption = R_Time - 1 - k              '红灯倒计时
            Case R_Time To R_Time + Y_Time - 1
                Shape1.FillColor = vbYellow
```

```
        Label4.Caption = R_Time + Y_Time − 1 − k          '黄灯倒计时
      Case R_Time + Y_Time To R_Time + Y_Time + G_Time − 1
        Shape1.FillColor = vbGreen
        Label4.Caption = R_Time + Y_Time + G_Time − 1 − k    '绿灯倒计时
    End Select
    k = (k + 1) Mod (R_Time + Y_Time + G_Time)    '计时,3 灯的亮灯周期默认 13 秒
  End Sub
```

上述程序定义了 3 个模块级变量 R_Time 、Y_Time 和 G_Time,用来记录红灯、黄灯和绿灯的亮灯时长;定义了模块级变量 k,并通过 k＝(k＋1) Mod (R_Time＋Y_Time＋G_Time)表达式,来记录 3 个灯整个亮灯周期的每个时间点(秒);用 Select 结构来实现各色灯的自动切换,并显示每个灯的倒计时。程序执行界面如图 8-8 所示。

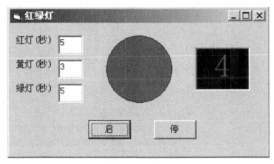

图 8-8　交通信号灯

习　题　**8**

一、填空题

1.要调整对象的位置和大小,用_____方法。

2.要保存绘制的图形,用_____语句。

3.Point(x,y)方法的功能是_____。

4.为保证所绘制的图形能被重绘,需将对象的_____属性值设置为 True。

5.语句"Line (100,50) −(4000,3000),RGB(0,0,255),BF"执行后,将得到一个____图形。

二、编程题

1.请在窗体中建立一个笛卡儿坐标系,并画一条 2 周期的余弦曲线。

2.在窗体上画圆角矩形,使其每隔 1 秒改变一次填充样式。

3.使图片在窗体中闪烁,闪烁速度通过滚动条来控制。

4.在窗体上画圆弧,开始角度为 0,结束角度为 π/2。

5.改写例 8.7 的程序,使计时牌的字符颜色与灯的颜色保持一致。

三、简答题

1. Visual Basic 中的坐标系有哪几种类型？

2. 如何定义自己的坐标系和笛卡儿坐标系？

3. 表示颜色有那几种方法？

4. 图形的动态调整包括哪些形式？

5. 使用图形控件绘图和使用绘图方法绘图各有什么优缺点？

第9章　ActiveX 控件

Visual Basic 6.0 提供了 20 个标准控件,应用这些控件可以编写一般的应用程序。但要编写功能较为复杂的程序,单单使用这些控件可能是不够的。为此,Visual Basic 6.0 还提供了许多平时不在工具箱中的控件(通常保留在 C:\Windows \System32\COMDLG32.OCX 文件中),需要时把它们添加到工具箱,不需要时还可将它们从工具箱中删除,我们将这类控件称之为 ActiveX 控件。

ActiveX 控件除了由 Visual Basic 6.0 提供外,还可以由第三方提供,甚至可以创建用户自己的控件。本章介绍 Visual Basic 6.0 提供的几个比较常用的 ActiveX 控件。

9.1　CommonDialog 控件

CommonDialog 控件是一个较为常用的 Active 控件,它提供了一组通用的操作对话框。下面介绍 CommonDialog 控件的相关知识及其常用的属性和方法。

9.1.1　CommonDialog 控件概述

1. 添加 CommonDialog 控件

CommonDialog 控件 平时不在工具箱中,使用前必须将它添加到工具箱,添加后就和其他标准控件一样使用了。CommonDialog 控件的添加步骤如下。

(1)单击 Visual Basic 6.0 集成环境中菜单栏上的"工程"/"部件",打开部件对话框,如图 9-1 所示。

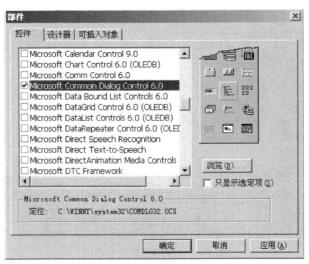

图 9-1　添加 CommonDialog 控件窗口

(2)在"部件"选项卡中选中"Microsoft Common Dialog Controls 6.0",按"确定"按钮。

至此，CommonDialog 控件即被添加到工具箱。

2. CommonDialog 控件的功能

CommonDialog 控件提供了一组通用的操作对话框。使用这组对话框，可完成文件的打开和保存、选择颜色、选择字体、设置打印选项、显示 Windows 帮助信息等功能。与这些功能对应的方法有：ShowOpen、ShowSave、ShowColor、ShowFont、ShowPrinter 和 ShowHelp。

9.1.2 CommonDialog 控件的属性和方法

为了方便叙述，下面结合实际操作来介绍 CommonDialog 控件的各种方法和属性。为此，首先建立一个工程 Comm；再在窗体上建立一个 CommonDialog 控件 CommonDialog1；然后建立一个标签 Label1，用于观察结果值；最后建立一个命令按钮 Command1，用于执行各种操作。下面就来介绍 CommonDialog 控件的各个方法和属性。

1. ShowOpen 方法

ShowOpen 方法的功能主要是为用户打开文件提供一个操作选择对话框，以使用户用标准的对话框来选择要打开的文件。

例如，执行下面的程序，就会打开如图 9-2 所示的对话框，供用户选择将要打开的文件。

```
Private Sub Command1_Click()
    Dim s   as   String
    CommonDialog1.Filter = "text( * .txt)| * .txt | picture( * .bmp; * .gif)|  _
 * .bmp; * .gif"
    CommonDialog1.FilterIndex = 2
    CommonDialog1.FileName = "butterfly0.gif"
    CommonDialog1.ShowOpen
    s = CommonDialog1.FileName
End Sub
```

图 9-2　"打开"文件对话框

在上述程序中，用了三个属性和一个方法。其中，ShowOpen 方法的功能是弹出"打开"对话框。而各个属性的值，则决定"打开"对话框中的有关默认选项。

1）Filter 属性

Filter 属性用来设置对话框中"文件类型（T）"下拉列表中的内容，它是一个字符串，其中包含多项内容，项与项之间用"|"隔开，每两项表示"文件类型（T）"下拉列表中的一行，前一项是提示信息，后一项是对应的被过滤出的文件扩展名，如 text(＊.txt)｜＊.txt。

2）FilterIndex 属性

FilterIndex 属性指出在"文件类型（T）"下拉列表中的第几行作为默认选项（缺省为 1）。实例中是 2，所以将第二行作为默认选项，即 picture(＊.bmp;＊.gif)｜＊.bmp;＊.gif。

3）FileName 属性

FileName 属性用来设置"打开"对话框中"文件名（N）"下拉列表中的默认选项。FileName 属性值也是个字符串，可包括本地文件的全称（包括路径），也可包括网络路径和文件名。网络路径的格式为

\\＜计算机名＞\＜共享文件夹＞\＜文件名＞

重要的是，当用户在"打开"对话框中成功地选择了一个文件名并按了"打开"按钮后，FileName 属性即返回该文件名全称。实例中的变量 S 不一定等于"butterfly0.gif"，要看实际选择的结果。

4）DefaultExt 属性

DefaultExt 属性指出缺省的文件扩展名。当要保存一个没有扩展名的文件时，采用这个扩展名。DefaultExt 属性是一个字符串，其值形如".txt"".doc"等。

5）CancelError 属性

CancelError 属性是一个逻辑值。当属性值为 True 时，如果用户在"打开"对话框单击了"取消"按钮，则会产生一个错误代码，并执行程序中用 On Error GoTo 语句设置的错误处理程序段（当然，如果没有这样的程序段不执行就是了），并将 FileName 属性值设为空。

6）Flags 属性

Flags 属性是一个标志属性，各种方法都有与它们相关的 Flags 属性值，且具有不同的含义。可使用该属性对各种功能进行辅助性调整。

在 ShowOpen 和 ShowSave 方法中 Flags 的值见表 9-1。

表 9-1　ShowOpen 和 ShowSave 方法中 Flags 的值

值	符号常数	描述
&H200	cdlOFNAllowMultiselect	指定文件名列表框允许多重选择，此时 FileName 返回的字符串中各文件名用空格隔开
&H2000	cdlOFNCreatePrompt	当文件名不存在时，对话框要提示创建文件
&H80000	cdlOFNExplorer	使用类似资源管理器中的打开文件对话框模板
&H400	cdlOFNExtensionDefferent	它指示返回的文件扩展名与 DefaultExt 属性指定的扩展名不一致

续表

值	符号常数	描述
&H1000	cdlOFNFileMustExist	它指定只能输入"文件名"文本框中已经存在的文件名,否则,将给出一个警告
&H10	cdlOFNHelpButton	使对话框显示帮助按钮
&H4	cdlOFNHideReadOnly	隐藏只读复选框
&H200000	cdlOFNLongNames	使用长文件名
&H8	cdlOFNNoChangeDir	强制打开对话框时的目录设置成当前目录
&H100000	cdlOFNNoDereferenceLinks	不要间接引用外壳链接
&H40000	cdlOFNNoLongNames	无长文件名
&H8000	cdlOFNNoReadOnlyReturn	它指定返回的文件名不能具有只读属性,也不能在写保护目录下面
&H100	cdlOFNNoValidate	它指定允许返回的文件名中含有非法字符
&H2	cdlOFNOverWritePrompt	使"另存为"对话框遇到重名文件时给出提示
&H800	cdlOFNPathMistExist	它指定只能输入有效路径,否则给出警告
&H1	cdlOFNReadOnly	建立对话框时,只读复选框初始化为选定
&H4000	cdlOFNShareAware	它指定忽略共享冲突错误

2. ShowSave 方法

ShowSave 方法的功能是为用户提供一个文件选择对话框,以便获得一个有效文件名来保存文件。与该方法相关的属性与 ShowOpen 方法的相同。

3. ShowColor 方法

ShowColor 方法的功能是为用户提供一个选择或设置颜色的对话框,并将选择的颜色值通过 CommonDialog 的 Color 属性返回。例如,当执行下面的程序后,会打开"颜色"对话框,以使用户选择和指定颜色,如图 9-3 所示。选择被确定后,CommonDialog 的 Color 属性将返回指定颜色的值。

```
Private Sub Command1_Click()
    CommonDialog1.ShowColor
    Label1.Caption = CommonDialog1.Color
End Sub
```

与 ShowColor 方法相关的属性如下。

1)Color 属性

Color 属性是 ShowColor 方法的主要属性,它可以返回或设置选定的颜色值,是一个 Long 型数据。

2)Flags 属性

与 ShowColor 方法相关的 Flags 属性值如表 9-2 所示。

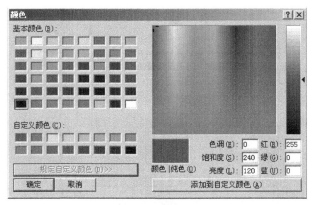

图 9 - 3　"颜色"对话框

表 9 - 2　ShowColor 方法的相关 Flags 属性值

值	符号常数	描述
&H2	cdlCCFullOpen	显示全部对话框,包括自定义颜色部分
&H8	cdlCCShowHelpButton	显示帮助按钮
&H4	cdlCCPreventFullOpen	防止定义自定义颜色,使自定义颜色按钮无效
&H1	cdlCCRGBInit	为对话框设置初始颜色

4. ShowFont 方法

ShowFont 方法的功能是为用户提供一个选择字体的对话框。在使用 ShowFont 方法前,必须先设置 Flags 属性的值为:&H3(cdlCFBoth)、&H2(cdlCFPrinterFonts)或 &H1(cdlCF-ScreenFonts),否则将会显示一个信息框,提示没有"安装的字体",并产生一个运行时错误。例如,执行下面的程序后,将打开"字体"对话框,供用户选择字体名称、字号大小、字体样式和字符颜色等,并将结果返回到 CommonDialog 的相关属性中,如图 9 - 4 所示。

```
Private Sub Command1_Click()
    CommonDialog1.Flags = cdlCFEffects + cdlCFBoth
    CommonDialog1.ShowFont
End Sub
```

与字体名称、字号大小、字体样式和字符颜色对应的属性如下。

(1)FontName 属性用来设置或返回字体名称。

(2)FontSize 属性用来设置或返回字体大小。

(3)各种字体样式属性:FontBold、FontItalic、FontStrikethru、FontUnderline。它们都是逻辑值,对应的样式分别是 Bold、Italic、Strikethru、Underline。

若在 CommonDialog 控件中使用这些属性,必须先为 Flags 属性设置 cdlCFEffects 标志。

(4)Color 属性用来返回或设置字符颜色。该属性必须先为 Flags 属性设置 cdlCFEffects 标志后才有效。

(5)ShowFont 方法的相关 Flags 属性值见表 9 - 3。

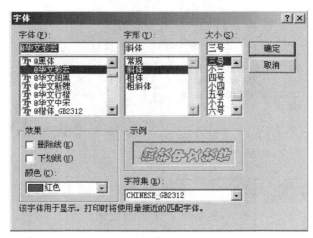

图 9-4　"字体"对话框

表 9-3　ShowFont 方法的相关 Flags 属性值

值	符号常数	描述
&H400	cdlCFANSIOnly	对话框只允许选择 Windows 字体
&H200	cdlCFApply	使对话框中的"应用"按钮有效
&H3	cdlCFBoth	使对话框列出可用的打印机和屏幕字体
&H100	cdlCFEffects	对话框可以有删除线、下划线及颜色效果
&H4000	cdlCFFixedPitchOnly	对话框只能选择固定间距的字体
&H10000	cdlCFForceFontExist	如试图选择不存在的字体或样式,则显示错误信息
&H4	cdlCFHelpButton	使对话框显示"帮助"按钮
&H2000	cdlCFLimitSize	只能在由 Min 和 Max 属性规定的范围内选择字体大小
&H80000	cdlCFNofaceSel	没有选择字体名称
&H1000	cdlCFNoSimulations	对话框不允许图形设备接口(GDI)字体模拟
&H200000	cdlCFNoSizeSel	没有选择字体大小
&H100000	cdlCFNoStyleSel	没有选择样式
&H800	cdlCFNoVectorFonts	对话框不允许矢量字体选择
&H2	cdlCFPrinterFonts	使对话框只列出由 hDC 属性指定的打印机支持的字体
&H20000	cdlCFScalableOnly	对话框只允许选择可缩放的字体
&H1	cdlCFScreenFonts	使对话框只列出系统支持的屏幕字体
&H40000	cdlCFTTOnly	对话框只允许选择 TrueType 型字体
&H8000	cdlCFWYSIWYG	对话框只允许选择在打印机和屏幕上均可用的字体。如果该标志被设置,则 cdlCFBoth 和 cdlScalableOnly 标志也应该设置

5. ShowPrinter 方法

ShowPrinter 方法为用户提供一个"打印"对话框,以便用户设置打印机选项。当尚未安装打印机时调用此方法,系统会提示安装打印机。此对话框就是 Windows 系统的打印机的设置对话框。

6. ShowHelp 方法

ShowHelp 方法是运行 WINHLP32.EXE,以显示指定的帮助文件。使用该方法前,必须先将 HelpFile 属性和 HelpCommand 属性设置一个相应的值,否则 Winhlp32.exe 不能显示帮助文件。其中,HelpFile 属性是 Microsoft Windows Help 文件的路径和文件名;HelpCommand 属性用来返回或设置需要的联机帮助类型。

例如,执行下面的程序后,会打开一个帮助窗口,如图 9-5 所示。

```
Private Sub Command1_Click()
    CommonDialog1.HelpCommand = &H4&
    CommonDialog1.HelpFile = "c:\windows\system\sqlsodbc.hlp"
    CommonDialog1.ShowHelp
End Sub
```

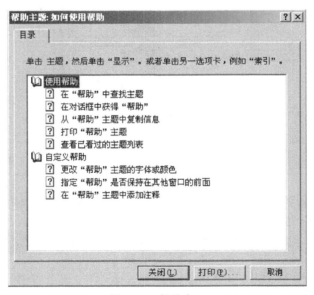

图 9-5　帮助窗口

9.2　TabStrip 控件

TabStrip 控件是一个很有用的 ActiveX 控件,使用它可以创建选项卡式的对话框,用来设置应用程序的不同选项。

9.2.1　TabStrip 简述

1. TabStrip 控件的作用

TabStrip 控件🔲类似于笔记本的书签或文件夹的标签。使用 TabStrip 控件可以在应用程序中为某个窗体在同一区域内定义多个页面。

2. TabStrip 控件的组成

TabStrip 控件由 Tabs 集合中的一个或多个 Tab 对象组成。每一个对象对应于 TabStrip 控件的一个选项卡。添加(或删除)选项卡有两种途径:一种是在设计时,使用 TabStrip 控件的属性页;另一种是在运行时使用程序代码。

3. TabStrip 控件结构

TabStrip 控件可分为两大区域:标签区和显示区,如图 9-6 所示。标签区用来放置和选择不同的选项卡,而显示区用来放置其他控件。TabStrip 控件并不是一个容器,要想包含实际页面及其对象,必须用 Frame 或 PictureBox 等容器控件。每个选项卡(Tab 对象)都应该与某个容器控件相关联,并且容器控件的大小应与 TabStrip 控件的显示区域的大小相匹配。

图 9-6 TabStrip 控件结构

4. 选项卡的切换

在进行选项卡的切换时,必须使用容器控件的 Visible 属性来实现选项卡与显示页面的联动,而不能使用 ZOrder 方法。

TabStrip 控件是一组自定义控件的一部分,该控件可在文件 MSCOMCTL. OCX 中找到。

9.2.2 TabStrip 控件的属性

1. Style 属性

Style 属性决定了 TabStrip 控件的外观样式。该属性有 3 个可能值。

(1)0(tabTabs):标签(默认值),以笔记本标签样式出现。

(2)1(tabButtons):下压按钮样式。

(3)2(tabFlatButtons):水平按钮。

2. Tabs 属性

TabStrip 控件的 Tabs 属性是所有 Tab 对象的集合。要访问某一 Tab 对象,可使用语句

    <TabStrip 控件名>. Tabs(<Index>)

或   **<TabStrip 控件名>. Tabs. Item(<Index>)**

其中,Index 是 Tab 对象的索引值或关键字字符串。

Tabs 的 Item 属性返回由 Index 或 Key 所指定的 Tab 对象；Tabs 的 Count 属性返回该集合中的选项卡数目。

3. ClientLeft、ClientTop、ClientWidth 和 ClientHeight 属性

ClientLeft、ClientTop、ClientWidth 和 ClientHeight 属性返回 TabStrip 控件显示区的位置和大小。在 TabStrip 控件的内部显示区中的容器大小，应与这些属性值相匹配，以免造成混乱的显示效果。

4. MultiRow 属性

MultiRow 属性返回或设置 TabStrip 控件可否显示多于一行的选项卡。该属性是逻辑值。当其值为 True 时，选项卡的行数根据选项卡的数目和宽度而自动调整；当属性值为 False 时，如果选项卡超出了 TabStrip 控件的宽度，则在 TabStrip 控件的右端会出现一个旋转按钮，以便看到所有的选项卡。

5. Placement 属性

Placement 属性指定选项卡在整个 TabStrip 控件中的位置。其取值范围为 0~3，分别表示"上"（默认值）、"下"、"左"和"右"。

6. SelectedItem 属性

SelectedItem 属性返回一个被引用的 Tab 对象。要想知道是哪个选项卡被鼠标点中，可通过 SelectedItem 属性值来判断。例如，TabStrip1. SelectedItem. Index 可告诉我们被引用的 TabStrip1 控件中 Tab 对象的索引值。据此，就可以决定应该显示与哪个选项卡相关联的页面。

以上只介绍了 TabStrip 控件的部分常用属性，还有很多属性请查看联机帮助手册，其中有许多属性是和其他控件相同的。

7. Tab 对象的 Caption 属性

Tab 对象的 Caption 属性用来返回或设置每个选项卡的标题文本。

8. Tab 对象的 Index 属性

Tab 对象的 Index 属性用于返回或设置每个 Tab 对象的索引值。在 Tabs 集合中，每个 Tab 对象的索引值都是不同的，默认从 1 开始。

9. Tab 对象的 Key 属性

Tab 对象的 Key 属性用于返回或设置每个 Tab 对象的唯一关键字。该属性值的作用与 Index 属性相同，它是作为区别 Tabs 中每个对象的唯一标识。

9.2.3　Tabs 集合的方法

为了操作 Tabs 集合中的 Tab 对象，可使用 Tabs 集合的下列方法。

（1）Add 方法：将 Tab 对象添加到 TabStrip 控件的 Tabs 集合中，以便增加 TabStrip 控件的选项卡数目。

（2）Remove 方法：用于从集合中删除由 Index 或 Key 指定的 Tab 对象。

（3）Clear 方法：从集合中删除所有 Tab 对象。

9.2.4　TabStrip 控件应用实例

为了让大家对 TabStrip 控件有一个比较直观地了解，下面举例来说明如何在窗体中建立

TabStrip 控件并使用它。

【例 9.1】编写一个学生资料录入程序。要求使用两个选项卡，分别录入学生的基本资料和简历信息。

◆解题分析：使用具有两个选项卡的 TabStrip 控件；每个选项卡上放置若干其他控件；由于 TabStrip 控件不是容器，为了使这两个选项卡和各自页面上的控件发生联动，还应建立一个具有两个元素的 Frame 控件数组，通过它们的索引值使之与选项卡发生联动。

◆界面设计：先添加 1 个窗体 form1、1 个命令按钮 Command1、1 个 TabStrip 控件 Tab-Strip1；再建立一个具有两个元素的 Frame 控件数组（建立方法请见 5.3 节），数组元素的索引值为 1 和 2，并在每个 Frame 上分别添加上各自的其余控件。

下面着重介绍如何增加选项卡的数目。

增加选项卡的数目可通过两种方法来实现，一种是设计时使用 TabStrip 控件的属性页；另一种是在程序代码中使用 Tabs 集合的 Add 方法。为了使大家有一个全面了解，下面先介绍第一种方法。而本例中，实际只用第二种方法。**注意**：这两种方法不能同时使用，只能选用一种。

用 TabStrip 控件的属性页添加选项卡的步骤和方法如下。

（1）右键单击 TabStrip 控件，在弹出的菜单中选择"属性"，打开 TabStrip 控件的"属性页"对话框，如图 9－7 所示。

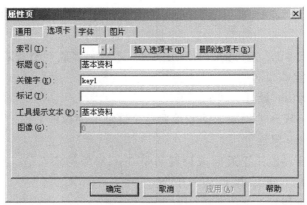

图 9－7　TabStrip 的属性页

（2）选择"选项卡"，会看到已经有一个索引值为 1 的选项卡，该选项卡是添加 TabStrip 控件时自动带的。在这里首先把该卡的"标题""关键字"和"工具提示文本"等都填写完毕，分别是"基本资料""key1"和"基本资料"。

（3）按"插入选项卡"按钮，出现第二个选项卡，请把这个卡中的"标题""关键字"和"工具提示文本"等项也填写进去，分别是"简历""key2"和"简历"。

（4）按"确定"按钮。至此，一个具有两个选项卡的 TabStrip 控件设计完毕。

◆程序代码：

```
Option Explicit
Private intOldFrame As Integer
Private Sub Command1_Click()
    End
```

```
End Sub
Private Sub Form_Load()
    Command1.Caption = "退出"
    Me.Caption = "选项卡应用"
    Label1.Caption = "姓名"
    Label2.Caption = "性别"
    Label3.Caption = "年龄"
    Label4.Caption = "成绩"
    Text1.Text = ""
    Text2.Text = ""
    Text3.Text = ""
    Text4.Text = "(这里是简历内容)"
    Option1.Caption = "男"
    Option2.Caption = "女"
    Frame1(1).Caption = ""
    Frame1(2).Caption = ""
    Frame1(2).Visible = False
    Frame1(1).Visible = True         '保证让第一个 Frame1 可见
    TabStrip1.Tabs.Add               '添加 1 个选项卡
'以下确定选项卡的标题、关键字和工具提示文本
    TabStrip1.Tabs.Item(1).Caption = "基本资料"
    TabStrip1.Tabs.Item(1).Key = "Key1"
    TabStrip1.Tabs.Item(1).ToolTipText = "基本资料"
    TabStrip1.Tabs.Item(2).Caption = "简历"
    TabStrip1.Tabs.Item(2).Key = "key2"
    TabStrip1.Tabs.Item(2).ToolTipText = "简历"
    intOldFrame = 1
End Sub
Private Sub TabStrip1_Click()
'以下程序判断:如果选择了另一选项卡,则使相关联的 Frame 可见,并隐去现行
'的 Frame
    If TabStrip1.SelectedItem.Index <> intOldFrame Then
        Frame1(intOldFrame).Visible = False
        Frame1(TabStrip1.SelectedItem.Index).Visible = True
        intOldFrame = TabStrip1.SelectedItem.Index    '记录被选择的选项卡
    End If
End Sub
```

在该程序中,使用了 TabStrip1 控件的 Click 事件过程 TabStrip1_Click() 来判断选择了
哪个选项卡(默认第一个被选中),如果选择了同一个卡,则不做任何工作;如果选择了另一个

选项卡，则通过设置 Visible 属性值，使与被选中的选项卡相关联的 Frame 可见，并隐去现行的 Frame。

程序执行结果如图 9-8 和 9-9 所示。

图 9-8　选项卡应用—基本资料　　　　　图 9-9　选项卡应用—简历

9.3　多媒体控件

本节主要介绍两个多媒体控件：MMControl 和 Windows MediaPlayer。

9.3.1　MMControl 控件

MMControl（多媒体）控件 是 Visual Basic 6.0 提供的一个附加控件。该控件可以播放多种类型的媒体文件，包括数字化的音频、视频、动画等。MMControl 控件集成了 Prev、Next、Play、Pause、Back、Step、Stop、Record 和 Eject 等多媒体控制功能。启动 MMControl 控件后，可以直接按控件上的功能键实现媒体播放，无需为具体的功能键编程。

MMControl 控件有许多属性、方法和事件，在这里只介绍其中比较常用的几个。

1. FileNmae 属性

FileNmae 属性是一个字符串，它指定将要播放或保存的文件名及路径。

2. Notify 属性

Notify 属性决定下一条 MCI（媒体控制接口）命令是否使用 MCI 通知服务。该属性是一个逻辑值，如果设置为 True，则 Notify 属性在下一条 MCI 命令完成时产生一个回调事件（Done）；如果设置为 False（默认），则下一条命令不产生 Done 事件。在设计时，该属性不可用。

赋给该属性的值，只对下一条 MCI 命令有效。后面的 MCI 命令会一直忽略 Notify 属性，除非赋给它另外一个值（不同的或可标识的）。

3. Wait 属性

Wait 属性决定控件是否要等到下一条 MCI 命令完成后才能将控件返回应用程序。Wait 属性是个逻辑值，当属性值为 True（默认）时，则必须等到下一个 MCI 命令完成后才能返回应用程序；当属性值为 False 时，则不需要等到 MCI 命令完成即可返回应用程序。在设计时，该属性不可用。

4. Shareable 属性

Shareable 属性决定多个程序能否共享同一台 MCI 设备。该属性是一个逻辑值,当其值为 True(默认)时,多个控件或应用程序都能够打开这台设备;当其值为 False 时,其他控件或应用程序不能访问这台设备。

5. DeviceType 属性

DeviceType 属性指定要打开的 MCI 设备的类型。其属性值是一个字符串,如 WaveAudio、AVIVideo、CDAudio、DAT、DigitalVideo、MMMovie 等。

6. Command 属性

Command 属性是一个字符串,用来指定将要执行的 MCI 命令。在设计时,该属性不可用。MCI 的命令如下。

(1)Open:使用 MCI_OPEN 命令打开一个设备。

(2)Close:使用 MCI_CLOSE 命令关闭一个设备。

(3)Play:使用 MCI_PLAY 命令播放一个设备。

(4)Pause:使用 MCI_PAUSE 命令暂停播放或记录。如果在设备已经暂停时执行这一命令,则使用 MCI_RESUME 命令重新开始播放或记录。

(5)Stop:使用 MCI_STOP 命令停止播放或记录。

(6)Back:使用 MCI_STEP 命令向后单步。

(7)Step:使用 MCI_STEP 命令向前单步。

(8)Prev:使用 Seek 命令定位到当前曲目的开始位置。如果在上一次 Prev 命令之后 3 秒之内再次执行这一命令,那么就定位到上一个曲目的开始部分;如果已经处在第一个曲目内,那么就只是定位到第一个曲目的开始部分。

(9)Next:使用 Seek 命令定位到下一个曲目的开始位置。

(10)Seek:如果未进行播放,就使用 MCI_SEEK 命令搜索一个位置;如果播放正在进行,就使用 MCI_PLAY 命令从给定位置开始继续播放。

Record、Eject、Sound 和 Save 这几个命令分别表示录音、弹出媒体、使用 MCI_SOUND 命令播放声音和保存打开的文件。

7. Length 属性

Length 属性规定打开的 MCI 设备上的媒体长度。在设计时,该属性不可用,在运行时,它是只读的。

下面给出一个利用 MMControl 控件在应用程序中实现多媒体播放功能的例子。

【例 9.2】在应用程序中实现多媒体播放功能。

◆界面设计:首先单击"工程"/"部件"命令,打开"部件"对话框。在这里的"控件"列表中,选择"Microsoft Common Dialog Control 6.0""Microsoft Multimedia Control 6.0"和"Microsoft Windows Common Control 6.0",并按"确定"按钮。其次,建立一个 Form1 窗体。然后添加命令按钮 Command1、标签 Label1、计时器 Timer1、通用对话框 CommonDialog1 以及 Slider(滑块或滑针)控件 Slider1 和 MMControl 控件 MMControl1。

◆程序代码:

```
Option Explicit
Private Sub Command1_Click()
```

```
        Dim mfile As String
        CommonDialog1.ShowOpen
        mfile = CommonDialog1.FileName        '通过标准对话框选择曲目文件
        MMControl1.FileName = mfile
        MMControl1.Command = "open"           '打开播放器,
        Slider1.Max = MMControl1.Length       '以曲目的长度作为滑块的最大值
        Slider1.Min = 0
        Label1.Caption = "曲目文件:" & mfile
    End Sub
    Private Sub Form_Load()
        Timer1.Interval = 100
        Me.Caption = "CD 播放器"
        Command1.Caption = "打开文件"
        Label1.Caption = ""
        MMControl1.Notify = False
        MMControl1.Wait = True
        MMControl1.Shareable = False
        MMControl1.DeviceType = "WaveAudio"   '指定设备类型为 WaveAudio
        CommonDialog1.Filter = "声音文件( * .WAV)| * .WAV|"
    End Sub
    Private Sub Form_Unload(Cancel As Integer)
        MMControl1.Command = "close"
    End Sub
    Private Sub Timer1_Timer()
        Slider1.Value = MMControl1.Position   '将播放位置赋与滑块
        If Slider1.Value = Slider1.Max Then
            MMControl1.Command = "prev"       '如播放完毕,则重新指向曲目开始
        End If
    End Sub
```

在这个程序中用到了过去尚未学过的控件，即 Slider 控件。其实这个控件和下面将要介绍的 ProgressBar 控件很相似，可以通过访问 Value 属性值来获得或改变滑针的位置，也可以通过拖动滑针，来改变 Value 属性的值。

程序执行后，显示如图 9－10 所示的界面。单击"打开文件"按钮，选择要播放的曲目文件，如图 9－11 所示。选择文件并按"打开"按钮后，即可播放该曲目了。

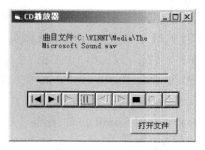

图 9－10　CD 播放器

图 9-11　"打开"对话框

9.3.2　Windows MediaPlayer 控件

Windows MediaPlayer 控件 是 Windows 操作系统自带的一个多媒体控件。使用该控件可以播放包括 AVI、MOV、WAV、MPG、MP3、ASF 以及 M3U 等 28 种视频、音频文件,功能十分强大,因此该控件在多媒体编程中得到了广泛应用。

Windows MediaPlayer 控件本身的功能高度集成,用它来播放多媒体文件十分简单,只要指定正确的播放路径,就可以使用该控件本身提供的按钮来播放。

下面列举 Windows MediaPlayer 控件的一些常用属性、方法和事件。

1. 常用属性

(1)URL 属性:该属性指定播放路径。该路径既可以是本地的文件路径,也可以是网络地址或网络路径。因此,该控件具备强大的网络在线播放功能。

(2)StretchToFit 属性:该属性是一个逻辑值。如果指定其值为 True,当实际视频尺寸小于控件尺寸时,自动进行拉伸,使视频尺寸与控件大小一致;如果指定其值为 False,则不进行拉伸。

(3)FullScreen 属性:该属性是一个逻辑值,如果指定为 True,则以全屏播放。

(4)PlayState 属性:该属性指明播放器的播放状态,其值是 Long 型,主要播放状态如下。

　　　1:播放停止　　　2:暂停播放

　　　3:正在播放　　　4:快进

　　　5:快倒　　　　　6:正在缓冲

　　　10:遇到播放错误(如:媒体文件不存在、遇到不识别的文件格式等)

(5)CurrentMedia. duration 属性:该属性返回一个 Long 型值,指明正在被播放的媒体的时长(秒数)。

(6)CurrentMedia. durationString 属性:该属性返回一个字符串,该字符串以 mm:ss(分:秒)格式指明正在被播放的媒体的时长。

(7)Controls. currentPosition 属性:该属性是一个 Long 型值,返回或设置当前媒体的播放位置(已经播放过的秒数)。

(8)Controls. currentPositionString 属性:该属性返回一个字符串,该字符串以 mm:ss(分:秒)格式指明当前媒体的播放位置(已经播放过的时长)。

(9)Settings. autoStart 属性:该属性用于设置播放器是否(True/False)自动播放。

(10)Settings. mute 属性:该属性用于设置播放器是否(True/False)静音。

(11)Settings. volume 属性:该属性用于设置播放器的声音大小,最大为 100,最小为 0。

2. 主要方法

(1)Controls. Play 方法:该方法用于播放由 URL 指定的媒体。

(2)Controls. Pause 方法:该方法用于暂停正在播放的媒体。

(3)Controls. Stop 方法:该方法用于停止播放。

3. 常用事件

Windows MediaPlayer 控件的常用事件有下面几个。

(1)PlayStateChange 事件:该事件当播放状态发生改变时被触发。其相应的事件驱动程序为 Windows MediaPlayer1_PlayStateChange(ByVal NewState As Long)。

(2)PositionChange 事件:该事件在拖放播放指针,并使播放位置发生改变时被触发,相应的事件过程为 Windows MediaPlayer1_PositionChange(ByVal oldPosition As Double, ByVal newPosition As Double)。

(3)MediaChange 事件:该事件当播放的媒体发生变化(即播放另一媒体)时被触发,其对应的事件过程为 Windows MediaPlayer1_MediaChange(ByVal Item As Object)。

【例 9.3】使用 Windows MediaPlayer 控件播放多媒体文件。

◆界面设计:建立 1 个 Form1 窗体、3 个命令按钮、1 个标准对话框控件 CommonDialog1 和 1 个 Windows MediaPlayer 控件 Windows MediaPlayer1。

建立 Windows MediaPlayer 控件之前首先要添加"Windows Media Player"部件。方法是:单击"工程"/"部件"命令,在"部件"对话框中的"控件选项卡"里选择 Windows Media Player 控件,并按"确定"按钮。

◆程序代码:

```
Option Explicit
Private Sub Command1_Click()
    Dim filename As String
    CommonDialog1.ShowOpen
    filename = CommonDialog1.filename            '选择多媒体文件
    Windows MediaPlayer1.URL = filename          '将多媒体文件赋予 URL
End Sub
Private Sub Command2_Click()
    Windows MediaPlayer1.fullScreen = True       '全屏播放
End Sub
Private Sub Command3_Click()
    End
End Sub
Private Sub Form_Load()
```

```
Windows MediaPlayer1.stretchToFit = True
Command1.Caption = "打开文件"
Command2.Caption = "全屏"
Command3.Caption = "退出"
CommonDialog1.Filter = "影像文件(∗.AVI;∗.Mpg;∗.ASF;∗,WMV)" & _
    "| ∗.AVI;∗.MPG;∗.ASF;∗.wmv|声音文件(∗.WAV;∗.MP3)| _
    ∗.WAV;∗.MP3)|All Files(∗.∗)| ∗.∗"
End Sub
```

　　程序运行后,可出现如图 9 - 12 所示的窗口。如果按"打开文件"按钮,则打开标准对话框来选择所要播放的多媒体文件;如果按"全屏"按钮,则视频画面会充满全屏,双击全屏画面会恢复到原来的大小。

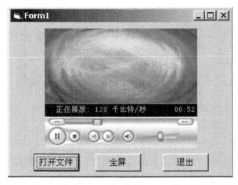

图 9 - 12　Windows MediaPlayer 控件应用范例

9.4　其他控件

　　除了前面的控件外,本节再介绍两种较为常用的 ActiveX 控件,即 StatusBar 和 Progress-Bar。

9.4.1　StatusBar 控件

　　StatusBar 控件 提供的是一个窗体,该窗体通常位于父窗体的底部。通过这一控件,应用程序能显示各种状态数据。StatusBar 最多能被分成 16 个 Panel 对象,这些对象包含在 Panels 集合中。StatusBar 控件由 Panel 对象组成,每一个 Panel 对象可包含文本和图片。控制个别 Panel 的外观属性有:Width、Alignment(文本和图片的对齐方式)和 Bevel。此外,还能使用 Panel 对象的 Style 属性的七个值之一来自动显示公共数据,如日期、时间和键盘状态等。

　　同后面将要介绍的其他 ActiveX 控件一样,在使用 StatusBar 控件之前,必须先添加"Microsoft Windows Common Controls 6.0"部件。添加方法是:单击菜单栏中的"工程"/"部件",在 "部件"窗口的"控件"选项卡中选择"Microsoft Windows Common Controls 6.0"项,并按"确定"按钮,具体请参考 7.4.1 节的有关内容。

1. Panels 的 Add 方法

Panels 的 Add 方法可以向 StatusBar 的 Panels 集合中增加 Panel 对象。其语法形式为

<控件名>. Panels. Add

例如,StatusBar1. Panels. Add 将向 StatusBar1 控件的 Panels 集合中增加一个 Panel 对象。

2. Panels 的 Item 属性

Item 属性通过 Panel 对象的索引值(Index)来指定 Panels 集合中的一个元素。例如,StatusBar1. Panels. Item(1)表示 Panels 集合中第一个 Panel 对象。

3. Panel 对象

Panel 对象是 StatusBar 控件的 Panels 结合中的一个单独的面板。Panel 对象可包含文本和位图,它们可用于显示应用程序的状态。

4. Panel 对象的 Width 属性

Panel 对象的 Width 属性表示该对象的宽度,一般以像素为单位。

5. Panel 对象的 Style 属性

Panel 对象的 Style 属性是 Panel 对象的样式标志,其设置值如表 9-4 所示。

表 9-4　Panel 对象的 Style 属性值

值	符号常数	描述
0	sbrTwxt	默认值。可包含文本或位图。用 Text 属性设置文本
1	sbrCaps	当激活<Caps Lock>键时,以黑体显示"CAPS";否则以淡色显示
2	sbrNum	当激活<Number Lock>键时,以黑体显示"NUM";否则以淡色显示
3	sbrIns	当激活<Insert>键时,以黑体显示"INS";否则以淡色显示
4	sbrScrl	当激活<Scroll Lock>键时,以黑体显示"SCRL";否则以淡色显示
5	sbrTime	显示当前时间
6	sbrDate	显示当前日期
7	sbrKana	当激活滚动锁定时,以黑体显示"KANA";否则以淡色显示

【例 9.4】在窗体底部显示 Style 值为 1~6 的状态。

◆界面设计:添加 1 个窗体 Form1、1 个状态条 StatusBar1 和 1 个命令按钮 Command1。

◆程序代码:

```
Private Sub Form_Load()
    Command1.Caption = "退出"
    Me.Caption = "显示当前状态"
    Dim i As Integer
    For i = 1 To 5
        StatusBar1.Panels.Add      '增加 5 个面板
    Next
```

```
With StatusBar1.Panels　　 '指定后面语句的默认对象为 StatusBar1.Panels
          '设置 6 个面板的宽度
    .Item(1).Width = 900
    .Item(2).Width = 500
    .Item(3).Width = 500
    .Item(4).Width = 500
    .Item(5).Width = 500
    .Item(6).Width = 1000
          '设置 6 个面板的样式
    .Item(1).Style = sbrDate
    .Item(2).Style = sbrTime
    .Item(3).Style = sbrCaps
    .Item(4).Style = sbrNum
    .Item(5).Style = sbrIns
    .Item(6).Style = sbrScrl
  End With
End Sub
```

程序中的 With 语句指定后面(End With 之前)语句中缺省的对象名(本例为 StatusBar1. Panels),以便对该对象执行一系列的语句,而不用重复指出对象的名称。

该程序的执行结果如图 9 - 13 所示,状态条实时记录着系统时间和键盘的状态。

图 9 - 13　StatusBar 控件应用范例

9.4.2　ProgressBar 控件

ProgressBar(进程条) ▦ 是显示操作进度的一个 ActiveX 控件。它大体上与前面介绍的滚动条类似,但 ProgressBar 没有滑动块。

ProgressBar 控件有一个行程和一个当前位置。行程代表操作的整个持续时间;当前位置则代表应用程序在完成该操作过程中的进度。Max 和 Min 属性设置了行程的界限;Value 属性则指明了在行程范围内的当前位置。由于使用"方块"来填充控件,因此所填充的数量只能是接近于 Value 属性的当前设置值。基于控件的大小,Value 属性决定何时显示下一个方块。

ProgressBar 控件的 Height 和 Width 属性决定所填充方块的数量和大小。方块数量越多,控件就越能精确地描述操作进度。为了增加显示方块的数量,需要减少控件的 Height 或者增加其 Width。BorderStyle 属性的设置值同样影响方块的数量和大小。为了适应边框要求,方块的尺寸要更小一点。可以用 ProgressBar 控件的 Align 属性把它自动定位在窗体的顶部或底部。

ProgressBar 控件有以下几个重要的属性。

1. Min 和 Max 属性

Max 和 Min 属性定义了控件的范围。Min 和 Max 都是整型数据,分别表示 ProgressBar 控件的最小设置值和最大设置值。缺省 ProgressBar 控件的 Min 属性是 0,Max 属性设置值为 100,表示操作持续时间的百分比。

2. Value 属性

Value 属性是一个整数型数据,它返回或设置 ProgressBar 控件的当前位置,其值总是在 Min 和 Max 值之间。由于进度是用一个个小方块表示的,所以,ProgressBar 控件的外观不可能精确地表示 Value 的值。

3. Visible 属性

Visible 属性是个逻辑值,它可以决定 ProgressBar 控件的显示和隐藏。

【例 9.5】使用 ProgressBar 控件的演示程序。

◆界面设计:添加 1 个窗体 Form1、1 个 ProgressBar1、2 个命令按钮 Command1 和 Command2。

◆程序代码:

```
Option Explicit
Private Complete As Boolean
Private Sub Command1_Click()
    Complete = False                    '将工作完成标志置为 False
    ProgressBar1.Visible = True         '使 ProgressBar1 可见
    ProgressBar1.Value = 0              '滚动块从头开始
    Timer1.Interval = 100              '启动计时器
End Sub
Private Sub Command2_Click()
    Complete = True                     '工作已完成,置工作完成标志为 True
End Sub
Private Sub Form_Load()
    Command1.Caption = "开始工作"
    Command2.Caption = "结束工作"
    ProgressBar1.Min = 0
    ProgressBar1.Max = 100
    ProgressBar1.Visible = False         '使 ProgressBar1 不可见
End Sub
Private Sub Timer1_Timer()
  If   Complete Then
        ProgressBar1.Visible = False     '工作已完成,将 ProgressBar 隐去
        Timer1.Interval = 0             '计时器停止工作
```

```
        Else
          If  ProgressBar1. Value > 99 Then
            ProgressBar1. Value = 0              ' 使 Value 值在 0～100 内周期性增加
          Else
            ProgressBar1. Value = ProgressBar1. Value + 1   ' 工作未完成,使滚动块向右移
          End If
        End If
      End Sub
```

　　这个例子只是个模拟程序,如果是具有实际操作且较费时的任务,可以将 Command1_ Click()和 Command2_Click()这两个进程合并为一个,在工作开始时启动计时器并使 ProgressBar1 可见;而当工作结束后,通过 Complete 变量通知计时器:工作已经结束。最后,由计时器将 ProgressBar1 控件隐去。

　　程序运行后,当按下"开始工作"按钮时,就可以看到滚动块向右移动;当按下"结束工作"按钮时,进程条就马上消失;当再次按下"开始工作"后,进程条又出现在窗体中。执行结果如图 9-14 所示。

图 9-14　ProgressBar 控件应用范例

习 题 9

　　1. 如何将 ActiveX 控件添加到开发环境的工具箱中?

　　2. 向 TabStrip 控件添加选项卡有哪些方法?

　　3. 如何使 TabStrip 控件的选项卡和显示页面相关联?

　　4. 编写一个数据录入界面程序,要求用 3 个页面分别输入学生的基本情况、主要社会关系和高考入学成绩等内容。

　　5. 利用 CommonDialog 控件,编写一个具有"打开"和"另存为"对话框的程序,要求默认文件类型为 *. txt。

第10章 多窗体程序设计

在此之前所设计和编写的程序都是针对单一窗体进行的。然而在实际应用中,有时单靠一个窗体是不够的,一个大的应用程序往往需要设计若干个窗体。为此,Visual Basic 6.0 提供了多窗体程序设计方法。

根据多个窗体之间关系的不同,可把多窗体设计分为多重窗体设计和多文档界面(MDI)窗体设计。

10.1 多重窗体

在多重窗体程序中,每个窗体都可以有自己的界面布局和程序代码,并各自完成不同的操作功能。利用多重窗体,可以设计较为复杂的多功能对话窗口,甚至可取代由 InputBox 和 MsgBox 提供的标准输入/输出对话框。

10.1.1 相关语句和方法

前面介绍的有关窗体的各种属性、方法和事件,在多重窗体中并没有任何不同,它们可以照常使用。为了能够管理多个窗体,这里将有关的语句和方法再做一回顾和总结。

1. Load 语句

Load 语句可将一个指定的窗体装入内存。只有窗体被装入内存后,才可以引用窗体和其他对象,尽管此时窗体并未显示在屏幕上。Load 语句的一般格式为

  Load **＜窗体名＞**

2. Unload 语句

Unload 语句执行与 Load 语句相反功能的操作,它从内存中卸载掉指定的窗体及其他对象。其一般的语法格式为

  Unload **＜窗体名＞**

3. 窗体的 Show 方法

窗体的 Show 方法用来显示一个窗体。实际上,窗体的 Show 方法经历了窗体的创建、装入内存和显示等全过程,也就是说,Show 方法包含了 Load 语句的装入功能,但有时只想装入而不想显示,那就只好用 Load 语句了。Show 方法的一般格式为

  [＜窗体名＞.]Show **[＜Style＞]**

其中,＜Style＞参数用来确定窗体的模式,可以取 0 或 1。当 Style 为 1 时,表示窗体是"模态型"窗体。在这种情况下,鼠标只能在该模态型窗体内起作用,不能到其他窗体中操作,只有关闭该模态型窗体后才能对其他窗体进行操作。当 Style 为 0(默认)时,表示该窗体是"非模态型"窗体,可以对其他窗体进行操作。

4. 窗体的 Hide 方法

窗体的 Hide 方法可使窗体暂时隐藏,使之不在屏幕上显示,并自动将其 Visible 属性设

置为 False。其一般格式为

> **<窗体名>. Hide**

执行 Hide 方法后窗体仍在内存中,虽然用户无法访问隐藏窗体上的对象,但是对于运行中的 Visual Basic 应用程序,或对于通过 DDE(Dynamic Data Exchange,动态数据交换)与该应用程序通信的进程以及对于 Timer 控件的事件,隐藏窗体中的对象仍然是可用的。因此,当隐藏的窗体较多时,表面上只有一个窗体在运行,但会感觉运行速度变慢。为避免这种情况的发生,应该用 Unload 方法卸载一些暂时不用的窗体,以释放一些内存,需要时再用 Show 方法打开。

多数情况下,可通过将窗体的 Visible 属性设置为 False 的办法,来达到与使用 Hide 方法相同的视觉效果;也可通过将窗体的 Visible 属性设置为 True 的办法,来使已被装入内存但被隐藏的窗体显示出来。

10.1.2 多重窗体程序设计

1.多重窗体的界面和代码设计

多重窗体的界面设计和代码设计与过去的单一窗体并没有什么区别。添加窗体时使用 Visual Basic 6.0 集成开发环境菜单栏中的"工程"/"添加窗体"命令来完成。各个窗体都被添加到"工程"窗口(如图 10 - 1 所示,工程中包含 3 个窗体)中,若要对某个窗体进行界面设计或编写代码,只要在"工程"窗口中双击该窗体名即可打开该窗体的设计画面。

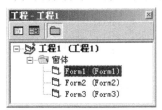

图 10 - 1 具有多个窗体的"工程"窗口

2.多重窗体的连接

当各个窗体中的具有实质功能操作的程序代码都设计好后,如何将它们"组装"在一起从而成为一个统一的应用程序呢? 这就是多重窗体的连接。这里"连接"的含义就是将本来独立的窗体,通过适当的语句和方法,使它们之间产生一种联动关系。

【**例 10.1**】设计学生档案模拟录入程序,使其包含如图 10 - 1 所示的 3 个窗体,其中 Form1 是主窗体,Form2 和 Form3 分别是学生基本情况和各科成绩的录入界面。要求在 3 个窗体间建立联动关系,单击 Form1 中的"资料录入"按钮则弹出 Form2 窗体,单击 Form2 的"返回"按钮返回到 Form1;单击 Form1 中的"成绩录入"按钮则弹出 Form3 窗体,单击 Form3 的"返回"按钮也返回到 Form1。

下面把 3 个窗体的代码和窗体界面分别列举如下。

(1)Form1 窗体(数据录入欢迎窗口)。

◆程序代码:

```
Option Explicit
Private Sub Command1_Click()
```

```
        Form2.Show
        Form1.Hide
    End Sub
    Private Sub Command2_Click()
        Form3.Show
        Form1.Hide
    End Sub
    Private Sub Command3_Click()
        End
    End Sub
    Private Sub Form_Load()
        Me.Caption = "学生档案数据录入"
        Command1.Caption = "资料录入"
        Command2.Caption = "成绩录入"
        Command3.Caption = "退出"
        Label1.Caption = "欢迎使用本系统"
    End Sub
```
◆界面设计：如图 10－2 所示。

图 10－2　数据录入欢迎窗口

（2）Form2 窗体（基本资料录入窗口）。

◆程序代码：
```
    Option Explicit
    Private Sub Command1_Click()
        Form1.Show
        Hide
    End Sub
    Private Sub Form_Load()
        Me.Caption = "资料录入"
        Label1.Caption = "这里是一般资料录入现场"
        Command1.Caption = "返回"
    End Sub
```
◆界面设计：如图 10－3 所示。

（3）Form3 窗体（成绩录入窗口）。

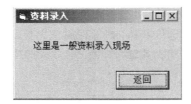

图 10 - 3　"资料录入"窗口

◆程序代码：

```
Option Explicit
Private Sub Command1_Click()
    Form1.Show
    Hide
End Sub
Private Sub Form_Load()
    Me.Caption = "成绩录入"
    Label1.Caption = "这里是成绩录入现场"
    Command1.Caption = "返回"
End Sub
```

◆界面设计：如图 10 - 4 所示。

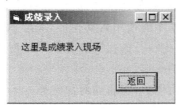

图 10 - 4　"成绩录入"窗口

当系统启动 Form1 窗体后，通过"资料录入"和"成绩录入"两个按钮，可分别启动 Form2 和 Form3 窗体，显示出"资料录入"或"成绩录入"窗口，同时将 Form1 窗体隐藏。

同样，当在"资料录入"或"成绩录入"窗口中按"返回"按钮后，会再次将欢迎窗口显示出来，并将本窗口隐藏。

上述例子只是为了说明多重窗体设计中各个窗体是如何连接的，并没有解决实际问题的程序代码。在实际编程中，还需要在每个窗体中分别编写能够实现各自功能的代码。

3. 启动窗体的设置

在一个 Visual Basic 应用程序中只允许有一个启动窗体，只有启动窗体才能在程序运行开始时自动显示出来，其他窗体必须通过 Show 方法才能被加载并显示出来。这在单一窗体的程序设计中不存在任何问题，系统别无选择，只能将这一窗体指定为启动窗体。但在具有多个窗体的情况下，系统将指定哪个窗体作为启动窗体呢？或者说，如果想指定某个窗体作为启动窗体该如何操作呢？

如果不专门指定的话，系统认为程序设计时第一个定制的窗体为启动窗体。正如前面在建立 3 个窗体的过程中，首先建立了 Form1 窗体，所以系统默认该窗体为启动窗体。

如果想指定某个窗体为启动窗体,可按如下的步骤进行。

(1)单击菜单栏中的"工程",选取具体的"工程属性",显示如图 10 - 5 所示的对话框。

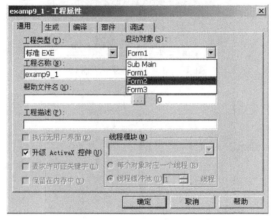

图 10 - 5 "工程属性"对话框

(2)在"通用"选项卡中的"启动对象"列表中选择新的启动窗体。这里选择 Form2。

(3)按"确定"按钮,操作完成。

经过这样的设置,当程序再次执行时,就不是从 Form1 启动,而是从 Form2 启动了。

4.使用启动程序

有时程序启动时不希望直接加载任何窗体,而是希望首先执行一段其他代码,根据具体情况,再决定加载哪个窗体。这时就不能使用启动窗体,而应该使用 Sub Main 过程作为启动程序。在这个过程中应包含需要首先执行的代码和加载某一窗体的代码。

为此,需要做以下两个方面的工作。

(1)在如图 10 - 5 所示的对话框中,将启动对象选择为 Sub Main()。

(2)在标准模块中,声明一个名为 Main 的子过程。

为了完成(2)的工作,需要在工程中添加一个标准模块。添加标准模块可通过单击菜单栏中的"工程"/"添加模块"命令实现。下面,以前面的程序为基础,新添加一个名为 Module1 的标准模块。在这个模块中,定义 Sub Main 过程代码如下。

```
Option Explicit
Public Sub Main()
    Dim time1 As Date
    time1 = #12:00:00 PM#
    If Time() > time1 Then
        Load Form3
        Form3.Label1 = "现在是" & Time() & ",下午只录入成绩"
        Form3.Visible = True
    Else
        Load Form2
        Form2.Label1 = "现在是" & Time() & ",上午只录入一般资料"
        Form2.Visible = True
```

```
      End If
    End Sub
```

如果这时执行程序,系统将不再从 Form1 的欢迎窗体启动,而是根据当前的时间来决定装入哪个窗体。上午时,装入 Form2,并显示之;下午时,装入 Form3,并显示之。假如现在是下午,运行程序后的结果如图 10-6 所示。

图 10-6　通过 Main 过程启动的"成绩录入"窗口

另外值得一提的是,在结束具有多重窗体的应用程序时,应及时卸载所有窗体。当有隐藏窗体存在时,应用程序可能仍在继续运行,并占用着宝贵的内存资源。使用 End 语句结束应用程序,系统会自动卸载工程中的所有窗体。

5. 程序文件的保存

要保存含有多个窗体的应用程序,可从"文件菜单"中选取"保存工程"或"工程另存为"命令,系统会提示用户保存工程中各个模块文件。当打开工程时,这些文件会被一起打开。

10.2　多文档界面

Windows 应用程序的文档界面主要有两种形式:一种是单文档界面(SDI),另一种是多文档界面(MDI)。在单文档界面中,同时只能打开一个文档,要想打开另一个文档,必须将前面已经打开的文档关闭,如 Windows 中的写字板(WordPad)就是一个单文档应用程序。而在多文档应用程序界面中,则可以同时打开多个文档,每个文档都显示在属于自己的窗口中,如 Microsoft Excel(电子表格)和 Microsoft Word for Windows(文字处理)就是多文档界面应用程序。

10.2.1　MDI 窗体的概念

1. MDI 应用程序的组成

MDI 应用程序由一个父窗体和若干个子窗体组成。文档的子窗体都包含在父窗体之中,父窗体为所有子窗体提供工作空间。当父窗体最小化时,所有子窗体也被最小化。最小化的父窗体的图标显示在任务栏中,而子窗体的图标则只能显示在父窗体的底部。因此,父窗体被看成是一个窗体容器,而容器中的每个子窗体都可以打开自己的一个文档。把这个容器窗体就称为 MDI 窗体。

在此之前讲到的所有窗体都不是 MDI 窗体,即使是多重窗体也只是多个标准窗体间的联动,它们之间不具有父子关系,更不具有容纳其他窗体的功能。

一个应用程序中只能拥有一个 MDI 窗体(即父窗体)。在 MDI 窗体中只能包含 Menu、PictureBox、具有 Align 属性的自定义控件以及运行时不可见的控件(如 Timer)。为了把其他的控件放入 MDI 窗体,可在 MDI 窗体上设置一个图片框,然后在图片框中放置其他控件。在 MDI 窗体的图片框中可以用 Print 方法显示文本,但不能在 MDI 窗体本身使用 Print。

2. MDI 窗体及其子窗体的特性

(1)所有子窗体都只能显示在 MDI 窗体的工作空间内。尽管它们也能改变大小和移动位置,但被严格限制在 MDI 窗体之内。

(2)当最小化子窗体时,它的图标被显示在 MDI 窗体的底部,而不是在任务栏中。当最小化 MDI 窗体时,MDI 窗体本身和所有的子窗体将由一个图标来表示。

(3)当最大化一个子窗体时,它的标题会与 MDI 窗体的标题组合在一起,并显示于 MDI 窗体的标题栏上。

(4)通过设定 MDI 窗体的 AutoShowChildren 属性,子窗体可在 MDI 窗体加载时自动显示(属性值为 True 时)或隐藏(属性值为 False 时)。

(5)活动子窗体的菜单显示在 MDI 窗体的菜单栏上,而不是显示在子窗体中。

10.2.2 有关 MDI 的属性、方法和事件

MDI 应用程序所使用的属性、方法和事件与单一窗体并没有区别。只是有几个是专门在进行 MDI 应用程序设计时使用的,其中有的属性或方法是标准窗体中所没有的。

1. MDIChild 属性

如果一个标准窗体的 MDIChild 属性被设置为 True,则该窗体将成为 MDI 父窗体的子窗体。窗体的 MDIChild 属性只能通过属性窗口设置,不能在程序代码中设置。设置该属性之前,必须首先建立一个 MDI 父窗体(后面会介绍建立 MDI 窗体的方法)。

2. Arrange 方法

Arrange 方法是 MDI 窗体特有的,标准窗体没有这个方法。该方法的功能是重排 MDI 窗体中的窗口或图标。其语法格式为

<MDI 窗体名>. Arrange   <arrangement>

其中<arrangement>是一个整数,它用来指定 MDI 窗体中的子窗体或图标的排列方式。<arrangement>参数的值如表 10 - 1 所示。

表 10 - 1   Arrange 方法的方式设置值

值	符号常数	描述
0	VbCascade	层叠非最小化 MDI 子窗体
1	VbTileHorizontal	水平平铺所有非最小化 MDI 子窗体
2	VbTileVertical	垂直平铺所有非最小化 MDI 子窗体
3	VbArrangeIcons	重排最小化 MDI 子窗体的图标

3. QueryUnload 事件

当关闭 MDI 窗体时,QueryUnload 事件首先在 MDI 父窗体中发生,然后在所有子窗体中发生。如果没有窗体取消 QueryUnload 事件,则接着引发 Unload 事件,并首先发生在所有子窗体中,然后发生在 MDI 窗体中。这样,在关闭 MDI 应用程序之前,就确保每个窗体中都不会有未完成的任务。

4. WindowState 属性

WindowState 属性用来设置窗口的操作状态,可以通过属性窗口或程序代码设定。WindowState 属性有 3 种可能的属性值,如表 10 – 2 所示。

表 10 – 2　WindowState 属性值

值	符号常数	描述
0	VbNormal	(默认值)正常,可被其他窗口框住
1	VbMinimized	最小化为一个图标
2	VbMaximized	扩大到最大尺寸

5. Dim 语句

Dim 语句用来添加 MDI 子窗体。其语法格式为

　　　Dim　＜新窗体名＞　As　New　＜已存在窗体名＞

该语句用来新建一个子窗体。这个新窗体将"已存在窗体"的所有对象复制过来,甚至包括程序代码。

6. AutoShowChildren 属性

AutoShowChildren 是 MDI 窗体的一个属性,用来确定在加载 MDI 子窗体时是否将它显示出来。该属性值是一个逻辑值,为 True 时显示,为 False 时不显示。

7. ActiveForm 属性

ActiveForm 属性也是 MDI 窗体的一个属性,它返回 MDI 窗体中活动的子窗体对象。该属性在 MDI 程序设计中很有用。例如,利用 ActiveForm. ActiveControl. SelText 可以引用 MDI 的活动子窗体上活动控件的文本。

10.2.3　如何设计 MDI 应用程序

设计 MDI 应用程序一般需经过创建 MDI 窗体、创建 MDI 子窗体和编写程序代码等过程。

1. 创建 MDI 窗体

设计 MDI 应用程序需要(且只需要)创建一个 MDI 窗体。创建 MDI 窗体的办法与创建标准窗体的办法略有不同。其方法是:单击菜单栏中的"工程"/"添加 MDI 窗体"命令。

2. 创建 MDI 子窗体

MDI 子窗体是在标准窗体的基础上创建的。也就是说,首先建立标准窗体,然后修改这个标准窗体的 MDIChild 属性,将其设置为 True 后,该标准窗体就成为了 MDI 子窗体。

3. 编写程序代码

编写 MDI 程序代码与编写普通程序代码的步骤、方法并没什么区别。所不同的只是,大多数控件不能直接放在 MDI 窗体中。只有在 MDI 窗体的上部放置一个图片框(PictureBox)后,才能把别的控件放到图片框这个容器中。图片框的作用是将整个 MDI 窗体分成上、下两个部分,上半部分称为控制区,下半部分称为显示区。控制区用于放置控件,显示区用于显示各子窗体。

设置启动窗体的方法与多重窗体中设置启动窗体的方法相同,但 MDI 的子窗体不能作为

启动窗体。

下面通过一个示意性的例子来体会一下设计 MDI 应用程序的方法和步骤。

【例 10.2】设计一个模拟的 Word 文档编辑器。要求:使用 MDI 界面,可以新建文档,也可以重排窗口中的文档。

◆界面设计:

(1)添加一个 MDI 窗体 MDIForm1 和一个标准窗体 Form1;在 MDIForm1 上添加一个图片框(PictureBox)Picture1;在 Picture1 上添加 3 个命令按钮 Command1、Command2 和 Command3;在 Form1 上添加一个文本框 Text1;将 MDIForm1 设置为启动窗体。

(2)将 Form1 窗体的 MDIChild 属性值设置为 True。

(3)最后,将启动窗体设置为 MDIForm1。

◆程序代码:

(1)下面是在 MDIForm1 模块中的代码。

```
Option Explicit
Private Sub Command1_Click()
        Static DocmntCount As Integer          '静态变量,记录新建的文档数
        Dim newDoc As Form1                    '新建文档
        Set newDoc = New Form1
        DocmntCount = DocmntCount + 1
        newDoc.Caption = "文档" & DocmntCount  '为新建文档命名标题
        newDoc.Show                            '显示新文档窗口
End Sub
Private Sub Command2_Click()
        Me.Arrange 0                           '层叠排列
End Sub
Private Sub Command3_Click()
        End
End Sub
Private Sub MDIForm_Load()
        Command1.Caption = "新建文档"
        Command2.Caption = "层叠排列"
        Command3.Caption = "退出"
End Sub
```

(2)下面是在 Form1 模块中的代码。

```
Option Explicit
Private Sub Form_Load()
        Me.Caption = "文档 0"
        Text1.Text = "(在这里输入文本)"
        Text1.MultiLine = True                 '使文本框可显示多行
End Sub
```

执行该程序后,会显示一个模拟的 Word 文档编辑器,如图 10-7 所示。之所以称其为模拟的,是因为只是搭起了一个架子,它还不能真正作为文档编辑器使用,很多功能和细致的代码设计都没有,现在只是让读者体会一下如何编写 MDI 应用程序的基本方法和步骤。更具体而深入的学习内容有待于大家不断地在实践中领会并掌握。

图 10-7　MDI 程序设计范例(a)

在图 10-7 中,开始只有一个"文档 0"窗口。每当按一次"新建文档"按钮,便会在 MDI 窗体中增加一个文档窗口。在这些窗口中都可以输入文本,也可以调整其大小和位置(当然不会超出父窗体的范围)。当最小化子窗口时,会看到如图 10-8 所示的窗口。

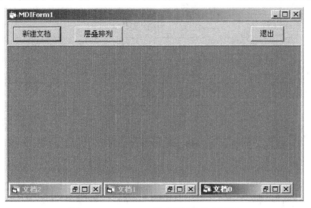

图 10-8　MDI 程序设计范例(b)

10.3　窗体间的数据传递

在编写多重窗体应用程序和 MDI 应用程序时,少不了在各窗体之间进行数据的传递和交换。为此,Visual Basic 6.0 也提供了一些手段和途径,以满足程序设计的需要,如全局变量、剪贴板(Clipboard)等。

关于全局变量,在前面有关章节中已经做过详细的介绍,即:使用 Public 关键字在标准模块或其他模块中定义若干全局变量,在应用程序的各个模块过程都可访问这些变量,以达到各窗体间交换数据的目的。

下面主要介绍如何使用剪贴板来实现窗体间的快速数据传递。

1.剪贴板

剪贴板(Clipboard)实际上是 Windows 的一个应用程序,它提供文档之间的快速数据传递功能。剪贴板在计算机内存中为用户提供了一块临时的数据存储区域,用户可以把包括文本、图形等在内的各种数据放入该存储区,也可以从该存储区中读取数据,从而实现各文档间的快速数据传递。

2.剪贴板的方法

因为剪贴板不是 Visual Basic 的对象,所以它没有自己的属性和事件,只提供了几个方法用于对不同数据的传递、处理和检测。

1)SetText 方法

SetText 方法用于将源数据放入剪贴板。其一般格式为

Clipboard.SetText ＜源数据＞ [,＜format＞]

其中＜format＞是可选项,它是一个表示数据格式的整数,默认值为 1(文本)。＜format＞值见表 10－3 所示。

表 10－3　剪贴板数据格式表

值	符号常数	数据类型
&HBF00	VbCFLink	DDE 对话信息
1	VbCFText	文本
2	VbCFBitmap	位图(.bmp 文件)
3	VbCFMetafile	元文件(.wmf 文件)
8	VbCFDIB	设备无关的位图格式(DIB)
9	VbCFPalette	调色板格式

例如,执行下面的程序后,将使 Form1 窗体的 Text1 控件中被选定的文本被复制到剪贴板中,即实现"复制"功能。

```
Private Sub Command1_Click ()
    Clipboard.Clear                          '清空剪贴板
    Clipboard.SetText Form1.Text1.SelText
End Sub
```

2)GetText 方法

GetText 方法用于读取剪贴板的数据。其一般格式为

＜目标对象＞＝Clipboard.GetText( )

＜目标对象＞可以是变量、控件的可赋值属性等。GetText 方法可作为函数使用。

例如,执行下面的程序后,剪贴板中的内容将替代 Form2 窗体的 Text2 控件中被选定的内容,实现"粘贴"的功能。

```
Private SubCommand1_Click ()
    Form2.Text2.SelText = Clipboard.GetText()
```

```
End Sub
```

再例如,执行下面的程序后,Form1 窗体中 Text1 控件的 text 属性值,将被复制到 Form2 窗体中的 Label1 控件的 Caption 属性。

```
Clipboard.SetText  Form1.Text1.text
Form2.Label1.Caption = Clipboard.GetText()
```

3)Clear 方法

Clear 方法用于清除剪贴板的内容。其语法格式为

Clipboard. Clear

例如,执行下面的程序后,Text1 文本框中被选定部分将被复制到剪贴板,同时 Text1 中的被选定部分被删除。这就实现了对文本框 Text1 中被选中内容的"剪切"功能。

```
Private SubCommand1_Click ()
    Clipboard.Clear
    Clipboard.SetText Text1.SelText
    Text1.SelText = ""
End Sub
```

4)SetData 方法

SetData 方法的功能与 SetText 方法的功能类似,但 SetData 方法是将位图放入剪贴板。其一般格式为

Clipboard. SetData　<源数据>　[,<format>]

5)GetData 方法

GetData 方法的功能与 GetText 方法的功能类似,它是将剪贴板中的图形数据赋给目标对象的 Picture 属性。其一般格式为

<目标对象>＝Clipboard. GetData(<format>)

这里的<format>一般取 2,3 或 8。

例如,执行下面语句后,Form1 窗体中的 Picture1 图片框中的图片,将被复制到 Form2 窗体中的 Picture2 图片框。

```
Clipboard.SetData  Form1.Picture1.Picture ,2
Form2.Picture2.Picture = Clipboard.GetData(2)
```

6)GetFormat 方法

GetFormat 方法用于检查剪贴板的数据格式。其语法格式为

<变量名>＝Clipboard. GetFormat(<format>)

它也可像函数一样使用,返回一个逻辑值。当返回值为 True 时,表示剪贴板的数据格式与<format>指定的格式相符;当返回值为 False 时,表示不相符。

习 题 10

一、填空题

1.Load 语句的功能是将一个指定的窗体_____,但并未显示在屏幕上。

2.若要装入并显示窗体,则需使用_____方法。

3.若使一个窗体显示为"模态型"窗体,则应使用_____语句。

4.如果要把一个普通窗体定义为 MDI 窗体的一个子窗体,则应把该窗体的_____属性设置为 True。

5.当最大化一个子窗体时,它的标题会与_____的标题组合在一起,并显示于_____标题栏上。

6.MDI 子窗体可以改变其大小和移动位置,但被严格限制在_____之内。

7.大多数控件不能直接放置在_____窗体中。

8.若要将数据存入剪贴板,则应使用_____方法。

9.从内存中卸载窗体,可使用_____方法;结束应用程序并关闭所有窗体,则应使用_____语句。

10.在程序中添加 MDI 子窗体,应使用_____语句。

二、编程题

1.编写一个简易文本编辑器,使其具有新建、剪切、复制和粘贴功能。

2.编写一个实际的学生档案录入程序界面,要求使用两个窗口,分别用来输入基本资料和学习成绩。当程序退出时,应有提示信息,由用户决定要否确实退出。

三、简答题

1.如何设置应用程序的启动对象?

2.运行应用程序时,怎样在装入窗体前首先执行另一段代码?

3.什么是 MDI 窗体? 它有什么特点?

4.怎样才能在 MDI 窗体中放置控件?

5.如何保证窗体卸载前的数据不会由于误操作而丢失?

第11章 文 件

应用程序一般都少不了对数据的处理,这首先要面对两个问题:一是原始数据从哪里来;二是数据处理结果保存于何处。如果原始数据很少,也许使用键盘直接输入还不成问题,但如果原始数据很多,靠键盘输入就不现实了,这时就需通过读取文件的方法将原始数据调入内存。同样,程序所产生的很多结果数据,要想长期保存,也必须以文件的形式存于磁盘。

本章主要介绍文件的基本概念、读写方法以及相关命令和函数。

11.1 文件的概念

本节将介绍文件的定义和文件的几种类型。

1. 文件的定义

文件是指存储于计算机外部存储介质上的数据集合。目前使用较多的计算机外部存储介质主要有硬盘、U 盘、光盘等。它们都具有存储容量大、访问速度快的特点。磁盘文件的全名应包括驱动器名、路径名及文件名。

2. 文件的类型

计算机中的文件有多种分类方法。按其存取方式划分,可分为顺序文件和随机文件;按照编码方式可分为文本文件和二进制文件;按照数据的性质分为程序文件和数据文件;按照存储介质分为磁盘文件和磁带文件;按照数据的流向分为输入文件和输出文件。

在 Visual Basic 中,有 3 种不同处理方式的文件:顺序文件、随机文件和二进制文件。

1)顺序文件

顺序文件适用于连续存放的数据。在 Visual Basic 6.0 中,顺序文件是文本文件。顺序文件的结构比较简单,文件中的每条数据都是按顺序存储的,它以行组织信息,每行由若干项组成,行的长度不固定,以回车换行符 Chr(13)&Chr(10)结束一行。

顺序文件的数据维护和查找比较困难。要查找某一项数据,必须从头开始一项一项找;要修改某条数据,也必须对整个文件进行操作,先将整个文件读入内存,修改完成后再重新写入文件;添加数据也只能在末尾进行。可见,顺序文件适用于保存成批处理的数据,且不要求对数据经常修改。

顺序文件也有其优点,即占用内存较少,组织结构比较简单。

2)随机文件

随机文件也称记录文件,它是由若干具有相同长度的记录组成的,每个记录可包含多个数据项,各个记录中相应的数据项的长度也相同。

记录是随机文件的读写单位,要存取随机文件,需预先明确其记录格式。随机文件的每条记录都有一个记录号,在写数据时,根据这个记录号即可直接将数据存入指定位置;在读取记录时也只需知道记录号,而不必从头开始。

随机文件的优点是数据存取灵活、修改方便。缺点是占有空间大,数据的结构较复杂。

3)二进制文件

二进制文件中的数据是以二进制形式存储的,它以字节为最小存储单位,没有任何附加结构和附加描述,可从文件中任何一个字节处读取数据。任何文件,只要知道它的组织结构,都可当作二进制文件来处理。

二进制文件可用随机方式打开,但不能用顺序方式打开,因为二进制文件和随机文件都是代码文件。反之,无论是顺序文件还是随机文件,都可以用二进制方式打开,只要知道文件的结构就能对其进行处理。

3. 文件指针

文件打开后,会自动生成一个文件指针,文件的读写操作都是从文件指针所指的位置开始的。用 Append 方式(后面会介绍)打开的文件,其文件指针指向文件末尾;用其他方式打开的文件,文件指针指向文件的开始。每完成一次读/写操作,文件指针会自动移到下一个记录开始的位置。当然,文件指针还可以用 Seek 语句来移动。

4. 记录

"记录"是指读/写数据时的一个量的单位,未必指记录类型。不同类型的文件,其记录长度是不同的。顺序文件的记录长度与读/写的字符串长度相同;二进制文件的记录长度是一个字节;随机文件的记录长度由 Open 语句中的 Len 子句决定。

11.2 文件的读写

文件的读写操作要经历"打开""读/写"和"关闭"3 个阶段。打开文件就是为被打开的文件建立一个输入/输出缓冲区,并为读/写操作做好准备。对文件做任何读/写操作之前,都必须打开(包括建立)该文件。在文件操作中,把数据从文件传送到内存的操作叫做"读";而把内存中的数据传送到外部存储设备并保存为文件的操作叫做"写"。关闭文件意味着把文件缓冲区中的信息全部写入磁盘,并释放其占用的内存,把其一切相关信息从应用程序中清除。

不同类型的文件有不同的读/写方法,下面首先介绍有关文件读写的几个函数,然后分别介绍顺序文件、随机文件和二进制文件的读/写方法。

11.2.1 文件读写相关函数

Visual Basic 6.0 提供了一些用来移动文件指针、测试文件状态的语句和函数。它们在文件的读写过程中常常是不可缺少的。

1. Seek 函数

◆格式:**Seek(<文件号>)**

◆功能:返回文件指针的现行位置,即将要进行读/写操作的起始位置。它是一个 Long 型数据。文件号的概念后面将会介绍。

2. Seek 语句

◆格式:**Seek [♯]<文件号> ,<记录位置>**

◆功能:将文件指针移至<记录位置>所指示的位置。<记录位置>是一个 Long 型数据。

3. EOF 函数

◆格式:**EOF(＜文件号＞)**

◆功能:当读到文件的末尾(文件有效数据之后)时返回 True,否则返回 False。

4. LOC 函数

◆格式:**LOC(＜文件号＞)**

◆功能:对于随机文件,返回最近一次读/写的记录号;对于二进制文件,返回最近一次读/写的字节位置。返回值是 Long 型数据。

5. LOF 函数

◆格式:**LOF(＜文件号＞)**

◆功能:返回已打开文件中所含的字节数(每个汉字占 2 个字节)。返回值是 Long 型数据。

6. FreeFile 函数

◆格式:**FreeFile( )**

◆功能:返回第一个可用的文件号。返回值是 Long 型数据。

7. FileLen 函数

◆格式:**FileLen(＜文件名＞)**

◆功能:返回由＜文件名＞指示的文件的字节数(每个汉字占 2 个字节)。其中,＜文件名＞是一字符串,可包含驱动器和文件夹。返回值是一个 Long 型数据。

调用 FileLen 函数时,如果指定文件已打开,则返回的值是该文件在打开前的大小。

11.2.2 顺序文件

1. 建立并写顺序文件

1)为写打开顺序文件

打开顺序文件使用 Open 语句,其格式有如下两个。

◆格式 1:**Open ＜文件名＞ For Output As ［♯］＜文件号＞**

◆格式 2:**Open ＜文件名＞ For Append As ［♯］＜文件号＞**

◆说明:

①关键字"Output"和"Append"称为打开模式(Mode),它意味着文件以顺序方式打开。

②＜文件名＞可为绝对路径或相对路径。如果文件与"应用工程.exe"在同一个目录下,可在文件名前加".\"(".\"表示当前路径,下同)。

在应用程序的不同状态下,当前路径所指示的真正目录会有所不同。在 Visual Basic 6.0开发环境下运行应用程序时,当前路径一般认定为.VBP 工程文件所在路径;在 Windows 环境下运行应用程序(.exe 文件)时,当前路径是指该应用程序所在路径。

③"Output"方式用于建立新的顺序文件,文件指针指向文件开头,等待用户把数据输出到文件。如果该文件已存在,则被刷新。

④"Append"方式用来打开一个已有的文件,文件指针指向文件末尾,写入的数据被添加到文件的最后。如找不到指定的文件则建立它,此时与"Output"方式的功能相同。

⑤＜文件号＞是一个 1～511 的整数,用来标识为打开的文件而建立的缓冲区。文件号可由用户指定(不要与其他文件号重),也可通过 FreeFile 函数得到下一个可用的文件号。

2)写顺序文件

向顺序文件写入数据也有两种格式,下面分别介绍它们。

◆**格式 1:Write　♯<文件号>,[<输出项列表>]**

◆**说明:**

①这里的<文件号>就是打开时的<文件号>。

②<输出项列表>中的各输出项可以是字符串表达式或数值表达式,各项之间用逗号、空格或分号隔开。

③如果在语句的最后是逗号,则后续语句写入的输出项将在同一行接着输出。如果在输出项后无逗号,则自动插入换行符。

④对于不同数据类型的输出项,该语句会添加不同的符号予以区分:对于数值型数据,直接用数据格式书写;对于字符串数据,用双引号括起来;对于逻辑型和日期型数据,用"♯"号括起来。

【**例 11.1**】建立顺序文件,并向 file101.txt 文件写入不同类型的数据。

```
Option Explicit
Private Sub Command1_Click()
      Open ".\file101.txt" For Output As ♯1
      Write ♯1, 3.14159
      Write ♯1, "3.141589"
      Write ♯1, "Welcome !"
      Write ♯1, Now
      Write ♯1, True
      Close ♯1
End Sub
```

执行上述程序后,会产生".\file101.txt"文件。该文件可用记事本打开,如图 11-1 所示。

图 11-1　file101.txt 文件的内容

◆**格式 2:Print　♯<文件号>,[<输出项列表>]**

◆**说明:**

①<输出项列表>的格式控制与窗体的 Print 方法的格式控制相同。各数据项之间可用逗号或分号隔开,逗号表示系统定义格式,分号表示紧凑格式;如果最后一数据项后不带符号,则插入换行。输出项中可使用 Spc(n)来插入 n 个空格,用 Tab(n)指定输出项的绝对列号。

②与 Write 语句所不同的是,Print 语句把输出项的值原样写入顺序文件,不带数据类型标识符。因此,要读入由 Print 语句写入文件的不同类型的数据是件很麻烦的事情,它要求程序员十分清楚文件中各个数据的类型和格式,并做细致的分离。可见,Print 语句一般用来向

顺序文件写入单一文本类型的便于浏览的数据。

【例 11. 2】使用 Print 语句向当前文件夹下的 file101. txt 文件中写入不同类型的数据。

```
Option Explicit
Private Sub Command1_Click()
        Open ".\file101.txt" For Append As #1
        Print #1, 3.14159
        Print #1, "3.141589"
        Print #1, "Welcome !"
        Print #1, Now
        Print #1, True
        Close #1
End Sub
```

执行上述程序后,将向".\file101.txt"文件中添加新数据(图 11－2 后 5 行)。显然,这 5
行新数据从形式上很难判断它们的数据类型。

图 11－2　用 Print 语句添加新内容

2. 读顺序文件

1)为读而打开顺序文件

◆**格式:Open　<文件名>　For　Input　As　[#]<文件号>**

2)读顺序文件

读顺序文件可使用 Input 和 Line Input 语句,也可使用 Input 函数。下面分别予以介绍。

(1)Input 语句

◆**格式:Input　#<文件号>,<变量列表>**

◆**功能:从打开的顺序文件中读出数据,并赋给<变量列表>中的各个变量。**

◆**说明:**

①<变量列表>中的变量之间用逗号隔开。变量不能使用自定义数据类型和数组,但可
以使用数组元素或自定义数据类型的元素。

②文件中数据项的顺序必须与<变量列表>中变量的顺序相同,类型也要相匹配。如果
变量是数值类型而数据不是数值类型,则指定变量的值为 0。

③在读入数据时,如果已经到达文件结尾,则会产生一个错误。

④要读入由 Print 语句写入文件的数据,一定要先弄清它们的类型和格式。

（2）Line Input 语句

◆格式：**Line Input 　#＜文件号＞，＜变量名＞**

◆功能：从打开的顺序文件中读一行字符串，直至遇到 Chr(13)或 Chr(13)&Chr(10)为止。然后把字符串赋给指定的变量。

◆说明：

①＜变量名＞所指定的变量应该是 String 或 Variant 类型。

②不论原来的数据是什么类型，都把读出的一行按字符串（含类型定界符）对待。

【例 11.3】 改进例 5.8 使待抽奖的手机号码从文件 Phone.txt（每行 1 个号码）中读得，并将抽奖结果追加保存至 Result.txt 文件，以便摇奖程序能灵活应用于其他场合。

◆解题分析：根据题意，本例只需将例 5.8 的 a()数组中固定的手机号码，改为从 Phone.txt 文件中读得。Phone.txt 文件中的每个号码独占 1 行，所以使用 Line Input 语句读取比较合理。抽奖结果可使用 Print 语句保存至 Result.txt 文件。

◆界面设计：同例 5.8

◆程序代码：（黑体部分是新增代码）

```
Private flag As Boolean
Private a() As String          '模块级动态数组,用于存储手机号码
Private Sub Form_Load()
    Label1.Caption = ""
    Label1.Appearance = 1
    Label1.FontSize = 32
    Label1.Alignment = 2
    Label1.BorderStyle = 1
    Me.Caption = "手机抽奖"
    Command1.Caption = "抽奖"
    Command2.Caption = "停"
    Call Readfile               '调用 Readfile()过程,读手机号码至 a()数组
End Sub
Private Sub Command1_Click()
    Dim i As Long, n As Long
    n = UBound(a)               'a()的下标上界
    flag = True
    Randomize
    Do While flag
        i = Int((n + 1) * Rnd())   '随机定位 a()的一个元素
        Label1.Caption = a(i)       '显示随机手机号码
        DoEvents
    Loop
    Call SaveFile               '调用 SaveFile()过程,抽奖结果保存至 Result.txt
End Sub
```

```
Private Sub Command2_Click()
     flag = False
End Sub
Private Sub Readfile()
    '从 Phone.txt 中读手机号码到 a()数组
    Dim fileNum As Integer，i As Long
    fileNum=FreeFile()                          '获得 1 个可用的文件号
    Open ".\Phone.txt" For Input As ♯fileNum     '打开 Phone.txt
    Do While Not EOF(fileNum)                    '读文件中所有电话号码到数组
        ReDim Preserve a(i) As String
        Line Input ♯fileNum，a(i)
        i=i+1
    Loop
    Close ♯fileNum                               '关闭 Phone.txt
End Sub
Private Sub SaveFile()
    '保存抽奖结果到 Result.txt 文件
    Dim fileNum As Integer
    fileNum=FreeFile()
    Open ".\Result.txt" For Append As ♯fileNum   '打开 Result.txt
    Print ♯fileNum，Date；Time；Label1.Caption     '将抽奖结果写入 Result.txt
    Close ♯fileNum
End Sub
```

与例 5.8 相比,本例新增了 Readfile()和 SaveFile()这两个过程,并对原 Form_Load()和 Command1_Click()过程进行了修改。Readfile()用于从 Phone.txt 文件中读取手机号码到 a()数组;SaveFile()用于将抽奖结果(含日期、时间和手机号码)保存至 Result.txt 文件。

程序执行界面如图 11-3(a)所示。在手机号码滚屏时按下"停"按钮,Command1_Click()过程中的滚屏循环 do…Loop 结束,并立刻执行 Call SaveFile 语句,将抽奖结果保存至 Result.txt 文件,如图 11-3(b)所示。

(a)程序界面　　　　　　　　　　　(b)抽奖结果文件

图 11-3　例 11.3 的程序界面和抽奖结果

(3)Input 函数

除了使用上述语句外,还可以使用 Input 函数从文件中读取数据。

◆格式:**Input(<number>,[♯]<文件号>)**

◆功能:从以 Input 或 Binary 方式打开的文件中读取<number>个字符。

◆说明:

①与 Input 语句不同,Input 函数返回它所读出的所有字符,包括逗号、回车符、换行符、空白符、引号和前导空格等。这时,可把整个文件理解为一个大的字符串。

②对于顺序文件,<number>为字符数(每个汉字算 1 个字符);对于二进制文件,<number>为字节数(每个汉字算 2 个字节)。

【例 11.4】将文件".\file101.txt"复制到".\file102.txt"文件。

```
Private Sub Command1_Click()
    Dim s As String
    Open ".\file101.txt" For Input As ♯1
    Open ".\file102.txt" For Output As ♯2
    s = Input(LOF(1), ♯1)
    Print ♯2, s
    Close 1
    Close 2
End Sub
```

执行该程序后用记事本打开 file102.txt 文件,会发现与图 11-2 所示的 file101.txt 的文件内容完全相同。

注意:程序中的 LOF(1)表示♯1 文件的字节数,而非字符数。当文件中有汉字时要特别当心,计算不准往往会发生错误。因此,最好不用 Input 函数读含有汉字的文本文件,而使用多个 Line Input 语句,或干脆以二进制方式打开文件。

3.关闭顺序文件

其实,各种类型文件的关闭格式都是相同的,其格式为

Close [[♯]<文件号>][,[♯]<文件号>]…

该语句的功能是关闭与各<文件号>相关联的文件。如果省略文件号,则关闭所有文件。

11.2.3 随机文件

1.打开随机文件

◆格式:**Open <文件名> [For Random] As ♯<文件号> Len=<记录长度>**

◆功能:以随机方式打开指定的文件,并指定记录长度,为读写数据做好准备。

◆说明:

①因为 Random 是缺省的访问类型,所以 For Random 子句可以省略。总之,无论有没有 For Random 短语,都认为是按随机方式打开文件。

②<记录长度>指文件中每个记录的字符数,它是 1~32767 的整数。这里"记录"的含义是指读(或写)数据时的一个量的单位,并不是指记录数据类型。

③打开随机文件后,文件指针指向第一个记录,之后可根据需要将其定位到任意记录。

④无论是为了读还是写,打开随机文件只有这一种格式,对文件指针所指的记录,可以进行读或写,便于查询和修改。

⑤当指定的文件不存在时,则建立该文件。

2. 写随机文件

◆格式:**Put　[♯]<文件号>,[<记录号>],<变量名>**

◆功能:将指定变量中的数据写入由<记录号>所指定的记录位置。

◆说明:

①<记录号>是一个 1～2147483647 的整数。<记录号>可以省略,但逗号不能省略。如果省略<记录号>,则将数据写到文件指针所指的记录位置。

②<变量名>所指的变量可以是任何数据类型。

3. 读随机文件

◆格式:**Get　[♯]<文件号>,[<记录号>],<变量名>**

◆功能:将随机文件中<记录号>指定的数据读入<变量名>所指定的变量中。

◆说明:

①如果<记录号>省略(逗号不能省),则把文件指针所指的记录内容读入指定的变量中。

②<变量名>应代表一个有效的变量。

【例 11.5】编写程序,输入某班学生的某门课成绩,并存入随机文件中,同时存一份顺序文件以便浏览。

◆界面设计:在窗体中,添加 2 个文本框 Text1 和 Text2 用于输入姓名和成绩;添加 2 个标签 Label1 和 Label2 用于显示提示信息;添加 3 个命令按钮 Command1、Command2 和 Command3,分别用于向随机文件、文本文件保存数据和结束程序。

◆程序代码:

```
Option Explicit
'下面定义一记录类型 student 和两个模块级变量 stu 和 Reclen
Private Type student
    sname As String * 8
    score As Single
End Type
Private stu As student            '用于存放学生数据
Private RecLen As Long            '用于计算记录长度
Private Sub Command1_Click()
    stu.sname = Text1.Text
    stu.score = Text2.Text
    Seek ♯1, LOF(1) / RecLen + 1 '将文件指针定位到文件最后一记录的下一位置
    Put ♯1, , stu                 '将数据写入随机文件
    Text1.Text = ""               '以下三句清除文本框并获得焦点,准备输入下一
    Text2.Text = ""               '学生姓名及成绩
    Text1.SetFocus
End Sub
```

```
Private Sub Command3_Click()
    Unload Form1
End Sub
Private Sub Form_Unload(Cancel As Integer)
    Close
    End
End Sub
Private Sub Command2_Click()
    Seek #1, 1                              '将文件指针定位到文件首记录
    Get #1, , stu                           '在当前指针处读入数据,逗号不能省
    Do While Not EOF(1)
        Print #2, stu.sname, stu.score      '将数据写入文本文件
        Get #1, , stu                       '读下一记录数据
    Loop
End Sub
Private Sub Form_Load()
    Label1.Caption = "姓名"
    Label2.Caption = "成绩"
    Text1.Text = ""
    Text2.Text = ""
    Command1.Caption = "保存"
    Command2.Caption = "存文本文件"
    Command3.Caption = "结束"
    RecLen = Len(stu)                       '获得记录长度
    Open ".\file103.dat" For Random As #1 Len = Reclen
    Open ".\file104.txt" For Output As #2
End Sub
```

程序中值得注意的是:在定义记录类型时,sname(存放姓名)元素使用了长度为 8 的字符串。这是因为在读写随机文件时,一个汉字需要 2 个字符的存储空间,如果定义为 4,则只能接收 2 个汉字。这一点与其他情况下是不同的,需要特别注意。

另外,在结束该程序时,使用了 Unload 语句和 Unload 事件过程,即

```
Private Sub Command3_Click()
    Unload Form1
End Sub
Private Sub Form_Unload(Cancel As Integer)
    Close
    End
End Sub
```

这样,无论用户是按"结束"按钮,还是按了窗体右上角的"关闭"按钮,都会引发 Unload

事件,确保执行 Close 语句正常关闭文件。程序的执行界面如图 11-4 所示,存入文本文件的内容如图 11-5 所示。

图 11-4　学生成绩录入界面

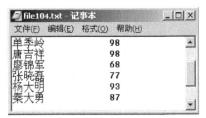

图 11-5　file104.txt 中的内容

11.2.4　二进制文件

1. 打开二进制文件

◆格式:**Open　＜文件名＞　For　Binary　As　#＜文件号＞**

◆功能:以二进制方式打开指定的文件。

◆说明:当指定的文件不存在时,建立该文件。

2. 写二进制文件

◆格式:**Put　[#]＜文件号＞　,[＜写入位置＞],＜变量名＞**

◆功能:将变量的内容写入文件中由＜写入位置＞所指定的位置。

◆说明:

①＜写入位置＞是以字节数计算的,如果省略,则在文件指针所指示的位置开始写入。

②每次写入的字节数由＜变量名＞所指示的变量所占字节数决定。

③写入后,文件指针自动后移。

3. 读二进制文件

读二进制文件有两种途径:使用 Get 语句和使用 Input 函数。

1)Get 语句

◆格式:**Get　[#]＜文件号＞　,[＜读出位置＞],＜变量名＞**

◆功能:从指定的文件中读出数据并赋给变量。读出位置由＜读出位置＞指定。

◆说明:

①读出的字节数等于变量所占的字节数。

②如果省略＜读出位置＞,则从文件指针所指示的位置读出数据。

2)Input 函数

◆格式:**Input(＜字节数＞,[#]＜文件号＞)**

◆功能:从文件中读取由＜字节数＞指定数量的数据,并作为函数的返回结果。

【例 11.6】向二进制文件写入数据,并以不同的方法将其读出。

程序代码如下。

```
Option Explicit
Private Sub Command1_Click()
    Dim s As String * 8          '用 Get 语句读数据时用,S 必须定义成 8 字节长
    Dim n As Long, m As Long      '度,以便一次性读出 Welcome! 这 8 个字符
```

```
        Dim s1 As String
        n = 252
        Open ".\file105.dat" For Binary As #1
        Put #1, 1, n
        Put #1, , "Welcome!"
        Put #1, , "欢迎"
        Get #1, 1, m     '读出 252
        Get #1, , s      's 曾被定义成 8 个字符,故一次可读出 Welcome! 这 8 个字符
        s1 = Input(4, 1) 's1 虽是变长字符串,但在 Input 函数中指定了要读的长度 4。
                         '1 个汉字占 2 个字节,"欢迎"2 字占 4 个字节
        Me.Print m, s, s1
        Close
    End Sub
```

上述程序向文件写入了三个数据：252，"Welcome!"和"欢迎"。分别用 Get 语句和 Input 函数将它们从文件中读出。请注意变量 s 和 s1 定义的长度。程序执行结果如图 11-6 所示。

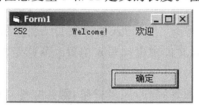

图 11-6　读写二进制文件

11.3　文件操作命令与控件

前面介绍的是关于文件内容的读、写和打开操作。针对整个磁盘文件，还有几个基本的操作命令（含函数）和专门的控件。

11.3.1　文件操作命令

有关磁盘文件的操作命令（含函数）有如下几个。

1. 复制文件

◆格式：**FileCopy　＜源文件名＞　＜目标文件名＞**

◆功能：将"源文件"复制到"目标文件"中。

◆说明：＜源文件名＞和＜目标文件名＞可以包含路径信息，但不能包含通配符，如"＊"和"？"。

2. 删除文件

◆格式：**Kill　＜文件名＞**

◆功能：将指定的文件从磁盘中删除。

◆说明：＜文件名＞中可以包含路径信息。删除时不给出提示信息，为了安全，执行该语句前可适当加一些提示信息。

3. 文件的重命名

◆格式:**Name** ＜原文件名＞ **As** ＜新文件名＞

◆功能:将＜原文件名＞更名为＜新文件名＞。

◆说明:

①＜新文件名＞不能是已经存在的文件名。

②一般情况下,"原文件"和"新文件"必须在同一驱动器中。

③可以实现移动文件的效果,但不能移动目录,只可更改目录名。

例如:

```
Name  "d:\VB 范例\temp\file105.dat"  "d:\VB 范例\temp\myfile.dat"
Name  "d:\VB 范例\temp\myfile.dat"  "d:\VB 范例\myfile.dat"
```

4. Dir( )函数

◆格式:**Dir(＜文件路径＞)**

◆功能:获得指定文件路径的纯文件名(只含文件名和扩展名)。

◆说明:

①如果指定的文件不存在,则返回空字符串(""),可利用这一点来判断某个文件是否存在。

②如果＜文件路径＞是一个文件夹(如"d:\VB 范例\"),则返回该文件夹下的第一个文件名(以文件名升序排序)。

5. FileDateTime( )函数

◆格式:**FileDateTime(＜文件名＞)**

◆功能:获得指定文件的创建时间或最后修改时间。

◆说明:返回值是一个包含日期型数据的 Variant(Date)数据。

6. GetAttr( )函数

◆格式:**GetAttr(＜文件路径＞)**

◆功能:返回指定文件、文件夹的属性。

◆说明:属性值是一个 Integer 数据,其含义如表 11-1 所示。

表 11-1 文件属性值

值	符号常数	描述
0	vbNormal	常规(默认)
1	vbReadOnly	只读
2	vbHidden	隐藏
4	vbSystem	系统文件
16	vbDirectory	目录或文件夹
32	vbArchive	上次备份以后,文件已经改变
64	vbalias	指定的文件名是别名

7. SetAttr 语句

◆格式:**SetAttr** ＜文件名＞ ＜属性值＞

◆功能:指定文件、文件夹的属性。

8. Shell 函数

通过 Shell 函数,可在 Visual Basic 6.0 应用程序中调用外部的. EXE 可执行文件。

◆**格式:Shell (<命令字符串> ,<窗口类型>)**

◆**说明:**

①<命令字符串>包括所要执行的文件名以及要求的参数。如果程序文件不在当前目录下,则要包括完整的路径名;如果程序未包括.com、.exe 和. bat 扩展名,则默认为. exe。

②<窗口类型>参数值的含义如表 11-2 所示。

③成功调用某个应用程序后,将返回一个任务标识(Task ID),它是执行程序的唯一标识。

表 11-2　窗口类型值

值	符号常数	窗口类型
0	vbHide	窗口被隐藏,且焦点会移到隐式窗口
1	VbNormalFocus	窗口具有焦点,且还原到它原来的大小和位置
2	VbMinimizeFocus	窗口以一个具有焦点的图标来显示
3	VbMaximizeFocus	窗口是一个具有焦点的最大化窗口
4	VbNormalNoFocus	窗口被还原到最近使用的大小和位置,而当前活动窗口仍保持活动
6	VbMinimizeNoFocus	窗口以一个图标来显示,而当前活动的窗口仍然保持活动

例如,执行后,会立即打开一个记事本编辑窗口,其窗口的大小与原来一致。

```
Dim x As Long
x = Shell("c:\winnt\system32\notepad.exe", 1)
```

9. 目录操作命令

Visual Basic 6.0 还提供了几个关于目录和驱动器操作的命令和函数,如表 11-3 所示。

表 11-3　目录操作命令表

命令(函数)	功能	举例
ChDrive	改变当前驱动器	ChDrive "d:"
ChDir	改变驱动器的当前目录	ChDir "C:\winnt"
MkDir	建立指定的子目录	MkDir "d:\temp"
RmDir	删除指定的子目录	RmDir "d:\temp"
CurDir[(drive)]	返回指定驱动器的当前路径	s=CurDir()其中,s 是字符串变量

11.3.2　文件操作控件

为了更加方便地管理计算机中的文件,Visual Basic 6.0 提供了三个文件操作控件:驱动器列表框(DriveListBox)、目录列表框(DirListBox)和文件列表框(FileListBox)。

1. 驱动器列表框

驱动器列表框(DriveListBox)  用于选择计算机中有效的驱动器。在这个列表框中,会显示出计算机中所有的驱动器标识符,可通过鼠标在下拉列表中选择所需的驱动器,如图 11 - 7 所示。

图 11 - 7 驱动器列表框

驱动器列表框除了具有一般的列表框属性外,还有一个最重要的属性,即 Drive。该属性用来设置或返回所选定的驱动器,其值是一个表示驱动器的字符串,它不能在设计时设置,只能在程序运行中通过鼠标或赋值语句设置。

当改变 Drive 属性值时(如选择了另一个驱动器),列表框第一行上的驱动器图标就会随之发生改变,被选中的驱动器就成为当前驱动器,同时触发驱动器列表框的 Change 事件。用户可利用 Change 事件过程来编写相关代码,完成所需的任务。

2. 目录列表框

目录列表框(DirListBox)  用于选择当前驱动器上的目录。当在目录列表框中双击某个目录时,就会显示出该目录下的所有子目录,这个目录就被选作当前目录,如图 11 - 8 所示。

图 11 - 8 目录列表框

目录列表框除了具有一般的列表框属性外,还有一个最重要的属性,即 Path。该属性用来设置或返回当前目录,其值是一个表示绝对路径的字符串,它不能在设计时设置,只能在程序运行中通过鼠标或赋值语句设置。

当改变 Path 属性值时(如选择了另一个目录),列表框上的目录也会随之改变,同时触发目录列表框的 Change 事件。用户可利用 Change 事件过程来编写相关代码,完成所需的任务。

3. 文件列表框

文件列表框(FileListBox)  用于选择当前目录下的文件,如图 11 - 9 所示。文件列表框除具有一般列表框所具有的属性外,还具有下面 3 个特有的常用属性。

图 11 - 9 文件列表框

1)Path 属性

Path 属性与目录列表框的 Path 属性一样,是表示绝对路径的一个字符串。在设计阶段该属性值不可改变,可在程序运行时通过赋值语句改变。当 Path 属性值改变时,列表框中显示的文件也将随之发生改变。

2)Filename 属性

Filename 属性值是一个字符串,它返回文件列表框中被选中的文件名。在程序刚刚启动时,该属性值为空,表示没有文件被选中。程序运行时有两种方法可改变 Filename 属性值,一种是通过赋值语句;另一种是单击文件列表框中欲选择的文件,同时引发该文件列表框的 Click 事件。用户可通过该事件过程来编写相应的代码,完成需要的任务。

3)Pattern 属性

Pattern 属性值是一个字符串,用于指定文件列表框中显示的文件类型。该字符串中可包

含多个类型标识符,类型标识符之间用英文的分号(";")隔开,默认值为"＊.＊",如"＊.txt;
＊.doc;＊.＊"。

经过对上述 3 个文件操作控件的介绍,不难看出,利用这 3 个控件的 Drive、Path 和
Filename 属性以及 Change 和 Click 事件,就可使它们发生联动,并获得某个文件的完整路径。
进而完成与该文件有关的其他操作。

下面通过一个例子来说明这 3 个控件是如何协调工作,并得到一个文件的完整路径的。

【例 11.7】编写程序,利用文件操作控件选择某个文件,并将该文件的完整路径显示出来。

◆界面设计:在窗体上添加表 11-4 所列的控件,并做适当布局。

表 11-4　例 11.7 的程序控件

控件及名称	用途	属性	属性值
标签 Label1	存放最后选中的文件路径		
标签 Label2	"驱动器"提示信息		
标签 Label3	"文件类型"提示信息		
标签 Label4	"选中文件"提示信息		
按钮 Command1	"退出"提示信息		
驱动器列表 drive1	选择驱动器		
目录列表框 dir1	选择目录		
文件列表 file1	选择文件		
组合框 Combo1	选择文件类型	Style	2

◆程序代码:

```
Option Explicit
Private Sub Combo1_Click()
    Select Case Combo1.ListIndex   '根据不同的文件类型,改变文件列表的
                                   'Pattern 属性
        Case 0
            File1.Pattern = "＊.exe"
        Case 1
            File1.Pattern = "＊.dll"
        Case 2
            File1.Pattern = "＊.＊"
    End Select
End Sub
Private Sub Command1_Click()
    End
End Sub
Private Sub Dir1_Change()
```

```
        File1.Path = Dir1.Path         '如果目录发生变化,则使文件列表联动
    End Sub
    Private Sub Drive1_Change()
        Dir1.Path = Drive1.Drive        '如果驱动器发生变化,则使目录列表联动
    End Sub
    Private Sub File1_Click()         '选择文件后触发该事件
        Dim sPath As String
        sPath = Dir1.Path
        Label1.Caption = sPath & "\" & File1.FileName   '将文件的完整路径赋给标
                                                        '签显示

    End Sub
    Private Sub Form_Load()
        Me.Caption = "文件操作控件范例"
        Command1.Caption = "退出"
        Label1.Caption = ""
        Label1.BorderStyle = 1
        Label2.Caption = "驱动器"
        Label3.Caption = "文件类型"
        Label4.Caption = "选中文件"
        Combo1.AddItem "程序文件( * .exe)"      '以下 3 行向文件类型组合框中
                                               '添加 3 个元素
        Combo1.AddItem "动态链接库( * .dll)"
        Combo1.AddItem "所有文件( * . * )"
    End Sub
```

程序执行界面如图 11 - 10 所示。

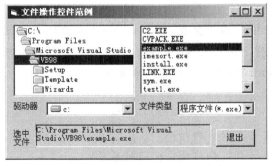

图 11 - 10 文件操作控件应用范例

通过这个例子可以发现,在选择文件时,完全可用这 3 个控件代替前面介绍过的通用对话框,且不必打开另一窗口。用户只要获得文件名,即可做有关文件的各种操作。

习 题 11

一、填空题

1. 对文件的操作可分为三个阶段，这三个阶段是_____、_____和_____。

2. 对随机文件的写操作使用_____语句；读操作使用_____语句。

3. 要获得第一个可用的文件号，应使用_____语句。

4. 将随机文件的文件指针移到文件最后，应使用_____语句。

5. 读二进制文件时，读出的字节数决定于_____。

6. 复制文件应使用_____语句。

7. 改变驱动器列表框的 Drive 属性，将引发_____事件。

8. LOF 函数表示_____；LOC 函数表示_____。

9. 在随机文件中，定位文件指针用_____语句。要获得下次读/写位置，使用_____函数。

10. 要判断一个文件是否存在，可使用_____函数；要更名或删除一个文件，可使用_____和_____命令。

二、编程题

1. 使用文件操作控件编写程序，选择 MP3 文件，并用 Windows MediaPlayer 播放器播放。

2. 编写程序，将某班学生的某门课程的学习成绩录入随机文件 Student. dat 中，数据包括姓名、性别和成绩。

3. 编写程序，将第 2 题产生的文件 Student. dat 中的第三个人的信息删除，并将其他记录存入文本文件以便浏览。

4. 编写程序，在第 2 题产生的文件 Student. dat 中，按"姓名"查找学生的相关信息，并显示在窗口中。

5. 编写程序，找出 1000 以内的素数，并存入一个文本文件中，要求每个素数占一行。

6. 编写程序，将第 5 题产生的文本文件内容（即 1000 以内的素数）读入一个动态数组，接着找出后续 500 个数中的素数，并添加到原文本文件。

三、简答题

1. 顺序文件与随机文件有何区别？

2. 文件指针的作用是什么？如何使文件指针移动？

3. 打开和关闭文件的作用分别是什么？

4. 如何使驱动器列表框、目录列表框和文件列表框联动？

第 12 章　API 函数

应用程序接口(Application Programming Interface,API)是 Windows 的重要资源之一,是充分发挥 Windows 系统性能和扩展 Visual Basic 功能的重要手段。API 函数所在的函数库称为动态链接库(DLL,Dynamic Link Library)。本章主要介绍 API 函数的相关概念、API 函数的声明及参数传递。

12.1　API 函数的概念

Windows 本身提供了数以千计的应用程序接口(API)函数,这些函数存放在不同的动态链接库中。下面介绍动态链接库及 API 函数的基本概念。

1. 动态链接库

动态链接库是一个函数库,它是由可被其他程序或 DLL 调用的函数集合组成的可执行文件模块。之所以称其为动态链接库,是因为 DLL 的代码并不是某个应用程序的组成部分,而是在运行时才链接到应用程序中。

2. 动态链接库的链接过程

动态链接库的链接分为两个阶段:链接过程和装入过程。当应用程序调用动态链接库中的某个函数时,链接程序并不复制被调函数的代码,而只是从引入库中拷贝一些指示信息,指出被调函数属于哪个动态链接库(.DLL 文件)。程序执行后,当需要调用该函数时,才进入装入过程,把应用程序与 DLL 库一起装入内存,由 Windows 读入 DLL 中的函数并运行。

3. 使用动态链接库的优缺点

(1)由于动态链接是在应用程序被装入到内存时进行的。当多个应用程序调用同一个库函数时,不会在内存中留有该函数的多个拷贝,而只有一个拷贝。应用程序运行时才把库函数链接起来,从而可以节省内存资源。

(2)由于 DLL 与应用程序是分开的,即使更新了 DLL,也不用修改已经编译好的可执行文件,因此有利于应用程序的维护。

(3)通过动态链接库,可使 Visual Basic 应用程序方便地引用由其他任何语言编写的程序,充分发挥 Windows 的性能,方便地扩充 Visual Basic 的功能。

(4)使用动态链接库也有其缺点,由于应用程序与 API 函数不在同一个.EXE 文件中,所以整个动态链接库必须随相应的.EXE 文件一起走,即使只用到其中的一小部分也要这样。

4. 什么是 API 函数

API 函数是 Windows 系统中一个用 C 语言编写的函数库,以动态链接库(.DLL 文件)的形式随同 Windows 一起被安装在系统中。在 Visual Basic 应用程序中,可以像调用普通过程一样调用 API 函数,以实现所需的功能和操作。

常用的动态链接库一般是安装在 Windows 目录下、随 Windows 软件包提供的 DLL 文件,它是由数以千计的函数组成的。实际上,Windows 操作系统本身就经常使用这些动态链接库中的函数,这些函数就称为 API 函数。

12.2 API 函数的声明

对于 Visual Basic 应用程序来说,API 函数是外部过程。为了调用这些函数,虽然不用再编写这些函数的代码,但必须提供有关的链接信息,这种提供信息的操作称为声明。Visual Basic 通过这种声明来访问动态链接库,在调用 API 函数时,根据声明来确定参数的个数,并进行类型检查。

12.2.1 API 的声明位置和格式

1. API 的声明位置

在一个 Visual Basic 6.0 应用程序(工程)中,要调用的 API 函数只需声明一次即可在程序的任何地方被调用。一般来说,API 函数的声明可以出现在三个位置:一是窗体的声明部分,二是标准模块,三是类模块。

如果 API 函数是在窗体中声明的,则必须作为私有过程声明,即在声明中加上 Private 关键字。如果是在标准模块中声明的,则应作为公有过程声明,即在声明中加上 Public 关键字。

在窗体中声明的 API 函数只能在本窗体模块中调用。而在标准模块中声明的 API 函数,可以在应用程序的任何窗体和其他模块中调用。

2. API 的声明格式

API 函数的声明通过 Declare 语句来实现。当被调用的 API 函数有返回值时,在 Visual Basic 中作为 Function 过程来声明;如果没有返回值,则作为 Sub 过程来声明。因此,API 函数的声明有以下两种格式。

◆格式 1:

Declare　Sub　<函数名>　Lib　"库名"　[Alias　"别名"]　[<参数列表>]

◆格式 2:

Declare Function <函数名> Lib"库名"[Alias 别名]([<参数列表>]) As <数据类型>

例如:

```
Public Declare Sub Sleep Lib "kernel32" Alias "Sleep"  _
                (ByVal dwMilliseconds As Long)
```

下面,就 API 函数在 Visual Basic 中的声明格式说明几点。

1)<函数名>

这里的<函数名>指的是 DLL 中的函数名,同时也是 Visual Basic 应用程序中使用的过程名。也就是说,在 Visual Basic 声明中的过程名与 DLL 中的函数名是相同的。

2)库名

"库名"指的是 API 函数所在的动态链接库的 DLL 文件名。它告诉 Visual Basic 要使用的 API 函数在什么地方。"库名"可以含有完整的路径,也可以只给出文件名(即库名)。

一般来说,如果被调用的 API 函数属于 Windows 核心库(如 User32、Kernel32 或

GDI32)，则可以不给出完整路径，并可省略扩展名 DLL。

而如果要调用的 API 函数不属于 Windows 的核心库，则在 Lib 子句中应指定 DLL 文件的路径，扩展名也不能省略。如果不带路径只给出文件名，则 Visual Basic 按以下顺序查找所需要的 DLL：①EXE 所在的目录；②当前工作目录；③32 位 Windows 系统目录；④16 位系统目录；⑤Windows 目录；⑥环境变量所定义的目录。

3）别名（Alias）

用 Alias 选项可以为要调用的 API 函数设置别名。一般情况下不必使用该选项，但在有些情况下，该选项是很有用的，甚至是必须的。这些情况包括如下。

（1）在 API 函数名中有 Visual Basic 的非法字符。例如，在 DLL 中有一些是以下划线开始的函数名。这时就必须用 Alias 选项将其转换为 Visual Basic 中的合法名称，例如

　　　　Public Declare Function lopen Lib "kernel32" Alias "_lopen" _
　　　　　　（ByVal lpPathName As String，ByVal iReadWrite As Long）As Long
将"_lopen"转换成了"lopen"。

（2）为了简化函数名称。有的 API 函数的名称非常长，书写很不方便，这时可以用 Alias 子句把 API 函数名转换为较简单的名字，例如

Public Declare Function GetWinDir Lib "kernel32"　　Alias _
"GetWindows DirectoryA"（ByVal lpBuffer As String，ByVal nSize As Long）As Long
将"GetWindows DirectoryA"换成了 "GetWinDir"。

（3）API 函数名与 Visual Basic 的保留字相同。

（4）有些 API 函数名是用顺序号声明的，此时也需要转换其名字。

12.2.2　API 浏览器

通过上面的介绍，相信很多读者都会认为，声明一个 API 函数还挺复杂的，如果要程序员一个字符一个字符地输入，既费时又费力，甚至还会出现错误。为此，Visual Basic 6.0 专门提供了用于声明 API 函数的一个工具，即"API 函数文本浏览器"，简称"API 浏览器"。

下面就来介绍如何使用 API 浏览器来声明所要调用的 API 函数。

1. 打开 API 浏览器

API 浏览器的工作界面如图 12-1 所示。启动 API 浏览器有以下两个途径。

（1）途径 1：在 Windows 程序项中，单击"开始"/"程序"/"Microsoft Visual Basic 6.0 中文版"/"Microsoft Visual Basic 6.0 中文版工具"/"API 文本浏览器"。

（2）途径 2：在 Visual Basic 6.0 环境下，单击菜单栏中的"外接程序"/"API 浏览器"。

2. 加载 API 文件

启动 API 浏览器之后，可能在窗口中的"可用项"里什么内容也没有，这说明还没有加载 API 文件。加载 API 文件的方法和步骤如下。

（1）在"API 类型"下拉列表中选择"声明"。

（2）单击 API 浏览器窗口的菜单栏中的"文件"/"加载文本文件"命令，打开"选择一个文本 API 文件"对话框，如图 12-2 所示。

（3）选择"Win32API. TXT"，按"打开"按钮。

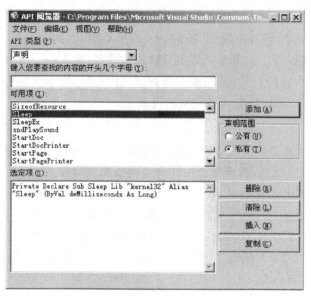

图 12-1 API 浏览器窗口

图 12-2 选择一个文本 API 文件

至此,API 浏览器已经启动并加载了 API 文件。

3. 选择 API 函数并生成声明文本

在 API 浏览器的"可用项"列表中查找并选择将要调用的 API 函数,并双击该函数。之后,在下面的"选定项"列表里出现被选 API 函数的声明文本。例如,在如图 12-1 所示的窗口中选择了 Sleep 函数。这是一个延时函数,要延时 2 秒(2000 毫秒),可用 Sleep(2000)来实现。

4. 复制声明文本

将"选定项"中的 API 声明文本复制到 Visual Basic 6.0 应用程序代码编辑窗口中即可。

12.3　API 函数的参数传递

一般来说,当一个 API 函数在 Visual Basic 中被声明之后,就可以像往常调用 Visual Basic 中的函数(或过程)一样被调用了,而不必关心它的程序代码如何。然而毕竟大多数 API 函数都是用 C 语言编写的,API 函数并不能直接与 Visual Basic 环境下各个对象的标识符打交道,而是通过对象的句柄来传递有关的参数信息。另外,有些数据类型的存储结构还存在着一定的差异。因此,在调用 API 函数时,还应了解参数传递的相关内容。本节着重介绍如何向 API 函数传递窗口(含控件)和字符串参数。

12.3.1　句柄

1. 句柄的概念

Windows 环境中有很多对象,如窗口、画笔、位图、光标、设备环境、程序实例等。针对每一个对象,Windows 都用一个 32 位的整数来标识它,这个整数就是针对某一个对象的句柄 (Handle)。

在 Visual Basic 6.0 中,每一种对象的句柄都用一个以"h"开头的标识符来表示,如窗口和大多数控件的句柄标识符为 hWnd,磁盘文件对象的标识符为 hFile,光标对象的标识符为 hCursor,设备环境标识符为 hDC 等。句柄是一个 Long 型数据,但它只是 Windows 用于识别某个对象的标识,不要对句柄进行数学运算。

2. 窗口句柄

窗口句柄(hWnd)用来标识一个窗口,Visual Basic 6.0 中的窗体和控件都可以看成是 Windows 中的一个窗口。API 函数需要根据每个窗口的 hWnd 来确定其操作应作用于哪个窗口。

在 Visual Basic 6.0 中,窗体和大多数控件都有 hWnd 句柄属性。为了指明 API 函数作用于哪个窗口(窗体或控件),必须给出相应的句柄。如果要通过 API 函数在窗口上输出信息,则必须提供该窗口的句柄,并把它传送给要调用的 API 函数。

注意:在程序运行过程中,窗口句柄有可能会改变,因此不要把 hWnd 放在一个变量中,而应该直接作为参数传递给 API 函数。

【例 12.1】使用 API 函数编写程序,使 Form1 窗体的标题栏闪烁。

◆界面设计:添加 1 个窗体 Form1、1 个计时器 Timer1 和 1 个命令按钮 Command1。

◆程序代码:

```
Option Explicit
Private Declare Function FlashWindow Lib "user32" _
        (ByVal hwnd As Long, ByVal bInvert As Long) As Long
Private Sub Command1_Click()
    End
End Sub
Private Sub Form_Load()
    Me.Caption = "API 函数应用范例"
```

```
        Timer1.Interval = 100
        Command1.Caption = "退出"
    End Sub
    Private Sub Timer1_Timer()
        Dim x As Long
        x = FlashWindow(Form1.hwnd, True)
    End Sub
```

该程序中之所以使用 Timer 控件，是因为 FlashWindow 每次调用只闪烁一次。为了使窗体不断闪烁，只好使用它了。在程序运行后，可以看到一个不断闪烁的窗口（当然，在书中是看不出来的），如图 12-3 所示。

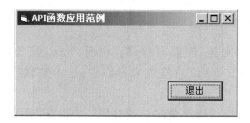

图 12-3　FlashWindow 函数应用

3. 设备环境句柄

设备环境句柄(hDC)用来标识一个称为设备环境的对象（如窗体、图片框和打印机）。当通过 API 函数在这些对象中绘图时，需使用这个句柄。

【例 12.2】使用 API 函数 TextOut 在窗体 Form1 中输出字符串。

```
    Option Explicit
    Private Declare Function TextOut Lib "gdi32" Alias "TextOutA" _
            (ByVal hdc As Long, _
            yVal x As Long, _
            ByVal y As Long, _
            ByVal lpString As String, _
            ByVal nCount As Long) As Long
    Private Sub Command1_Click()
        Dim s As String
        Dim x As Long
        s = "这是 API 函数显示的字符。"
        x = TextOut(Form1.hdc, 20, 20, s, 23)
    End Sub
    Private Sub Form_Load()
        Me.Caption = "API 函数应用范例"
        Command1.Caption = "确定"
    End Sub
```

在 API 函数 TextOut 的声明里,各参数的含义如下。

(1)hDC:是对象的设备环境句柄。

(2)x,y:表示要输出文本的坐标。

(3)lpString:要输出的字符串。

(4)nCount:要显示的字符数(1 个汉字算 2 个字符)。

程序运行结果如图 12-4 所示。

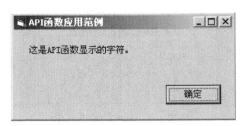

图 12-4　TextOut 函数应用

hDC 句柄应用于窗体、图片框和打印机,而不能直接应用于其他对象。为了得到其他控件的 hDC,可以使用 API 函数 GetFocus 和 GetDC。

【例 12.3】使用 API 函数 TextOut 在文本框中输出信息。

```
Option Explicit
Private Declare Function TextOut Lib "gdi32" Alias "TextOutA" _
    (ByVal hdc As Long, _
    ByVal x As Long, _
    ByVal y As Long, _
    ByVal lpString As String, _
    ByVal nCount As Long) As Long
Private Declare Function GetFocus Lib "user32" () As Long
Private Declare Function GetDC Lib "user32" (ByVal hwnd As Long) As Long
Private Sub Command1_Click()
    Dim s As String
    Dim x As Long
    Dim thDC As Long
    Dim thWnd As Long
    Text1.SetFocus                    '使文本框 Text1 获得焦点
    thWnd = GetFocus                  '获得具有焦点对象(这里是 Text1)句柄
    thDC = GetDC(thWnd)               '获得窗口(这里是 Text1)的设备环境句柄
    s = "这是用 API 函数显示的信息。"
    x = TextOut(thDC, 20, 20, s, 25)  '向设备环境对象(这里是 Text1)输出字符串
End Sub
Private Sub Form_Load()
    Text1.Text = ""
```

```
    Me.Caption = "API 函数应用范例"
    Command1.Caption = "显示"
End Sub
```

该程序运行后,单击"显示"按钮,会在文本框(Text1)中显示出指定的信息(此时显示的是图形文字信息),如图 12-5 所示。

图 12-5 GetDC 函数应用

【例 12.4】将当前窗体变为椭圆窗体。

◆解题分析:要建立椭圆窗体,先用 CreateEllipticRgn 函数建立一个以当前窗体为矩形区域的内切椭圆区,并获得其窗口句柄 h;再用 SetWindowRgn 函数将当前窗体的有效工作区,设定为句柄 h 所代表的椭圆区域。

◆程序代码:

```
Private Declare Function CreateEllipticRgn Lib "gdi32" _
            (ByVal X1 As Long, _
            ByVal Y1 As Long, _
            ByVal X2 As Long, _
            ByVal Y2 As Long) As Long
Private Declare Function SetWindowRgn Lib "user32" _
            (ByVal hWnd As Long, _
            ByVal hRgn As Long, _
            ByVal bRedraw As Boolean) As Long
Private Sub Form_Load()
    Me.Picture = LoadPicture("./pic3.jpg")        '窗体背景为 pic3.jpg 图片
End Sub
Private Sub Form_Click()
    Dim h, d As Long
    Dim scrw, scrh As Long
    scrw = Me.Width / Screen.TwipsPerPixelX        '将宽由"缇"转换成像素
    scrh = Me.Height / Screen.TwipsPerPixelY        '将高由"缇"转换成像素
    h = CreateEllipticRgn(0, 0, scrw, scrh)        '建立椭圆区域
    d = SetWindowRgn(Me.hWnd, h, True)            '将 h 椭圆区域设定为当前窗
                                                '体的有效工作区
End Sub
```

CreateEllipticRgn 函数的功能是在以(X_1,Y_1)和(X_2,Y_2)两点所形成的矩形区域内建立一个内切椭圆区域,并返回其窗口句柄(Long 类型),其中(X_1,Y_1)是矩形的左上角,(X_2,Y_2)是右下角,坐标值的单位是像素。

SetWindowRgn 函数的功能是设定窗体的有效范围。其中,参数 hWnd 代表要设置的窗体(即窗口)句柄,hRgn 代表有效工作区域句柄,bRedraw 指示有效工作区设置后是否(True/False)重绘窗体(一般为 True)。

程序执行后的初始界面如图 12-6(a)所示,单击窗体即变为如图 12-6(b)所示的椭圆界面。

(a)初始窗体　　　　　　　　　　　　(b)椭圆窗体

图 12-6　CreateEllipticRgn 函数应用

12.3.2　字符串参数

因为 Visual Basic 字符串与 API 函数中的字符串在存储结构上有所不同,所以在 Visual Basic 应用程序中调用 API 函数时,如果要传送字符串参数,需要特别注意,否则将会收到不可预料的结果。

1. Visual Basic 字符串与 API 字符串

Visual Basic 中的字符串分为两类,即定长字符串和变长字符串。

定长字符串的长度是固定不变的,即使赋给它的字符串长度小于其定义的长度,它的长度也仍然是原来的值,只是会在有效字符的后面用空字符 Chr(0)填充。当向定长字符串变量赋一个比其长度还要长的字符串时,系统会截取有效长度的字符,而舍弃后面的字符。

变长字符串的长度随着赋予的实际字符串的长度的变化而变化。当向变长字符串变量赋值时,会重新分配内存,以适应各种长度的字符串,并在字符串的尾部加一个空字符,来作为字符串结束的标识。因此,变长字符串的长度应为实际字符串长度加1。

在 Visual Basic 中,无论是定长字符串还是变长字符串,在它们的开始位置都有一个记录字符串长度的头部。

而 API 中的字符串实际上是 C 语言的字符串,这种字符串没有字符串长度的记录,而是通过判断 Chr(0)来确定字符串的长度。当给一个 API 中的字符串变量重新赋值时,既不会重新分配内存,也不会将字符串截短,而是把多余的字符写到字符串之后的内存中,这就有可能影响到程序的执行结果。

2. 字符串的传递

由于 API 函数过程中的代码可以修改作为参数输入的字符串变量中的数据,而修改后的字符串有可能超过原来的长度,这时就可能发生越界而造成程序混乱。

为了避免这个问题,可采用两种方法:一种方法是使字符串参数足够长,从而使 DLL 无法超出字符串的尾部;另一种方法是将变量定义为定长字符串。

采用第一种办法时,需要事先为字符串变量充满空字符 Chr(0)。例如:

```
Dim s As String
S = String(255,VbNullChr)     'VbNullChr 是空字符的符号常数
```

采用第二种办法时,字符串变量应按如下声明:

```
Dim s As String * 255
```

为了得到从 API 函数中返回的字符串中的有效字符,可使用下面的语句:

```
s1 = Left(s, InStr(s , Chr(0)) - 1)
```

另外,在向 API 函数传送字符串参数时,如果无特殊情况,则应一律使用传值(ByVal)方式。

【例 12.5】调用 API 函数,显示计算机名字。

◆程序代码:

```
Private Declare Function GetComputerName Lib "kernel32" _
        Alias "GetComputerNameA" (ByVal lpBuffer As String, _
                                  nSize As Long) As Long
Private Sub Command1_Click()
        Dim sName As String * 255
        Dim sNamelen As Long
        Dim x As Long
        sNamelen = Len(sName)
        x = GetComputerName(sName, sNamelen)
        Label1.Caption = "你的计算机名是:" & Left(sName, InStr(sName, Chr(0)) - 1)
End Sub
Private Sub Form_Load()
        Me.Caption = "API 函数应用范例"
        Command1.Caption = "显示计算机名"
        Label1.Caption = ""
End Sub
```

该程序中使用了 API 函数 GetComputerName,通过该函数可以获得用户计算机的名字。程序执行结果如图 12-7 所示。

在程序中,InStr(sName, Chr(0))-1 可以获得字符串缓冲区中返回的有效字符长度。虽然计算机的名字一般不会很长,但为了说明如何向 API 函数传递字符串,我们仍然定义了一个较长的定长字符串变量 sName,用来作为接收计算机名字的缓冲区。

由于 GetComputerName 函数在将计算机名字字符串放入缓冲区的同时,还返回该缓冲区中有效字符的长度。所以下面的语句:

图 12 - 7　GetComputerName 函数应用

　　Label1. Caption = "你的计算机名是:" & Left(sName, InStr(sName, Chr(0)) - 1)
完全可以被

　　Label1. Caption = "你的计算机名是:" & Left(sName, sNamelen)
代替。

　　【例 12. 6】 使用 API 函数 sndPlaysound 播放声音文件。

　　◆程序代码:

```
Option Explicit
Private Declare Function sndPlaySound Lib "winmm.dll" Alias "sndPlaySound A" _
(ByVal lpszSoundName As String, ByVal uFlags As Long) As Long
    Private Sub Command1_Click()
        Dim lpath As String
        Dim flag As Long, result As Long
        lpath = "c:\winnt\media\ringin.wav"
        flag = 1
        result = sndPlaySound(lpath, flag)
    End Sub
    Private Sub Form_Load()
        Me.Caption = "API 函数应用范例 5"
        Command1.Caption = "响铃"
    End Sub
```

　　对于一般的应用程序,如果声音控制要求不是很复杂,则使用 sndPlaySound 函数来播放
音乐时比较方便。上述程序的执行结果如图 12 - 8 所示。

图 12 - 8　sndPlaySound 函数应用

　　◆说明:

sndPlaySound 函数有两个参数。

①lpszSoundName:设置一个声音文件的路径和文件名(如 ringin. wav),可以是绝对路

径,也可以是相对路径。

②uFlags:设置播放模式。这里一般可有两种播放模式:当参数值为 &H0 时,为同步播放(Synchronous)模式;参数值为 &H1 时,为异步播放(Asynchronous)模式。

所谓同步是指:在客户端发出一个方法调用后,客户端将被阻塞,直至调用返回为止。也就是说,在客户端等待期间它不能执行任何代码。若使用异步处理,则可以在等待期间让客户端做其他的事情。

sndPlaySound 函数返回的结果值并不重要,当返回一个非 0 值时,表示调用成功;当为 0 时,表示其他情况。

习 题 12

一、填空题

1. API 函数的声明可以出现在三个位置:一是窗体的声明部分;二是_____中;三是类模块中。

2. 如果在窗体中声明 API 函数,则必须在声明中加上_____关键字。在窗体中声明的 API 函数只能在_____模块中调用。

3. 常用的动态链接库一般是安装在 Windows 目录下、随 Windows 软件包提供的_____文件。

4. 在声明 API 函数时,"库名"指的是 API 函数所在的动态链接库的_____。

5. 在向 API 函数传送字符串参数时,如果无特殊情况,则应一律使用_____方式。

二、编程题

1. 编写程序,获得并显示系统目录名(使用 API 函数 GetSystemDirectory)和用户名(使用 API 函数 GetUserName)。

2. 编写程序,使用 API 函数(RoundRect)在图片框中画圆角矩形。

3. 为例 12.4 中的程序增加功能,使得双击椭圆窗体时界面又恢复成矩形窗体。提示:API 函数 CreateRectRgn 可建立一个以(X_1,Y_1)、(X_2,Y_2)为左上角和右下角的矩形区域。

三、简答题

1. 什么是动态链接库?什么是 API 函数?二者有何关系?

2. 使用 API 函数编写程序有那些优点?

3. 声明 API 函数时,在哪些情况下需使用别名?

4. 什么是"句柄"?它有什么作用?

第 13 章　数据库编程

数据库程序设计是 Visual Basic 应用程序设计中的一个重要组成部分。Visual Basic 6.0 具有强大的数据库开发功能,用户可使用 RDO、DAO 和 ADO 等技术,使应用程序方便地与 Microsoft Access、SQL Server 等数据库建立连接,以实现对数据库中的大量数据进行显示、修改、查询等功能。本章主要介绍数据库的基本概念、ADO 数据库访问、数据控件和数据库编程等技术。

13.1　数据库概述

通俗地讲,数据库(DataBase,DB)就是存放数据的仓库。存放在数据库中的数据彼此之间存在着某种联系,并按照一定的存储模式被组织在一起。在 Visual Basic 中,可通过某种方式对它们进行访问和处理。

13.1.1　数据模型

数据模型是对客观事物及其联系的数据描述。数据模型通常由数据结构、数据操纵和完整性约束条件等三个要素组成。数据模型主要有 3 种:层次模型、网状模型和关系模型。层次模型发展较早,但由于其结构不符合大多数客观问题中数据间的联系,因此逐渐被淘汰;网状型虽然具有一定的优点,但该型数据库系统的用户不多;关系型数据库虽然开发较晚,但具有很多优点,因此被广泛采用。本章所介绍的数据库编程技术主要针对关系型数据库。

13.1.2　关系型数据库的结构

一个关系型数据库是由若干个二维数据表(Table)组成的,每个数据表都有一个表名。数据库通过建立表与表之间的关系来定义结构。数据库也有一个名字,并以文件的方式存储于磁盘中。例如,可以通过 Access 建立一个描述教学管理信息的关系型数据库,命名为 Mydb1.mdb。该数据库中存储了两个表:Student 和 Score,分别存储学生的基本资料和他们的课程成绩。

1. 数据表的结构及关系

数据表 Student 和 Score 的结构如表 13-1 和表 13-2 所示。

表 13-1　学生基本资料表(Student)

学号	姓名	性别	专业	高考成绩
0101	秦大勇	男	计算机	563
0102	赵庆祥	男	英语	468
0103	张鸿	女	自动化	586

表 13 - 2　成绩表(Score)

学号	课程	成绩
0101	程序设计	83
0103	程序设计	89
0101	公共外语	68
0103	公共外语	77
0102	翻译	86
0102	现代文学	78

在 Student 表中,每个学生占用一行,这每一行称为数据表的一个"记录",这里共有 3 个记录;而每一行中拥有若干个数据项,这每一个数据项称为一个"字段",这里共有 5 个字段,每个字段都具有字段名、数据类型和数据长度等属性。这些字段名、字段的数据类型和字段的数据长度等,就构成了 Student 数据表的基本结构。在 Visual Basic 6.0 汉化版中,字段名可使用中文,也可使用英文,为讲述方便我们使用了中文,但建议尽量使用英文。

同样,在 Score 表中,每一行表示一个学生的某门课程的成绩,这里共有 6 个记录;每个记录有 3 个字段。这 3 个字段的字段名、数据类型和数据长度就构成了 Score 数据表的基本结构。

在数据表 Student 和 Score 中,都有一个共同的字段,即"学号"。两个表通过"学号"这个字段建立一种联系。这样,既有利于对数据库中庞杂的数据进行分类管理,又使得各类数据之间具有清晰的关系,并减少了数据的冗余。

2. 数据表的关键字

关键字是数据表中的一个字段,可用它来唯一确定表中的一个记录。这就要求被指定为关键字的字段值在数据表中是唯一的。例如,表 13 - 1 中的"学号"字段,每个记录中的"学号"字段值都是不同的,不同的学号能唯一地确定一条记录。

一个数据表中可能有多个字段作为候选关键字,可从中选择一个作为主关键字(或称"主键")。在一个表中,主关键字只能有一个。表与表之间是通过关键字来相互关联的。因此,可以选择"学号"字段作为 Student 表的主关键字,表 Student 和 Score 之间的联系就由这个字段来维系。充当关键字的字段,叫做"关键字段"。

3. 索引

为了能在一个大的数据表中很容易地找到所要的记录,人们一般采用两种方法:排序和索引。排序是将数据表中的每个记录按照某个字段值从大到小(或从小到大)进行重新排列。当数据表较大时采用这种办法会很耗时,且只要有一个记录的数据发生变化,就要对所有记录进行重排。而索引则不用对原始数据进行重排,只是对表中的数据按照某种顺序进行编号,用这些编号来标记每条记录的位置,而真正的数据不必重排。

13.1.3　SQL 简介

结构化查询语言(Structure Query Language,SQL)是对关系型数据库操作的重要语言。它基本上独立于具体的数据库,也独立于所使用的计算机、网络与操作系统。基于 SQL 的数据库管理系统产品可以运行在各种计算机系统上,具有良好的可移植性。

SQL 语言不是一个完整的程序设计语言。它没有用于控制程序走向的各种控制语句,而主要有创建、更新和操作数据库中的数据的语句。在 SQL 语言中,不需要告诉 SQL 如何访问数据库,而只需告诉它需要数据库做什么。

SQL 语言常用的命令有:CREATE、DELETE、INSERT、SELECT、UPDATE。其中用得最多的是 SELECT 语句,它用于在数据库中查找满足特定条件的记录。下面来简要介绍 SQL 的这几个命令的格式。

一个完全的 SQL 语句包括命令和子句,子句用来指定操作条件。这些子句如下。

(1)FROM:指定要从中检索的表。

(2)GROUP BY:将选定的记录分组。

(3)HAVING:说明每个组需满足的条件。

(4)ORDER BY:按特定的次序将记录排序。

(5)WHERE:指定选择条件,在条件表达式中可使用 LIKE 运算符来找出符合指定样式(pattern)的字段值。例如,

SELECT　∗　FROM　Student WHERE 姓名 Like "张 ∗ "

表示在 Student 表中查询姓名字段的第一个字是"张"的人。其中"∗"叫通配符,它可以代替字符串中的任意多个任何字符。通配符还有"?"(代表任意 1 个字符)、"♯"(代表 1 个数字)等。[a−z]代表字母 a 到字母 z 范围内的一个字符。例如,

Like "P[A−F]♯♯♯"

表示以字母 P 开头而其后接着 1 个从 A 到 F 之间的任何字母和三个数字的数据。

对于样式(pattern),可以指定完整的值(如 Like "Smith"),或用通配符。在表 13−3 中说明了如何使用 Like 运算符来测试不同样式的表达式。

表 13−3　Like 样式(pattern)

符合的种类	样式	符合(返回 True)	不符合(返回 False)
多个字符	a ∗ a	aa,aBa,aBBBa	aBC
	∗ ab ∗	abc,AABB,Xab	aZb,bac
特殊字符	a[∗]a	a ∗ a	aaa
多个字符	ab ∗	abcdefg,abc	cab,aab
单一字符	a? a	aaa,a3a,aBa	aBBBa
单一数字	a♯a	a0a,a1a,a2a	aaa,a10a
字符范围	[a−z]	f,p,j	2,&
范围之外	[! a−z]	9,&,%	b,a
非数字	[! 0−9]	A,a,&,~	0,1,9
组合字	a[! b−m]♯	An9,az0,a99	abc,aj0

1. SELECT

◆格式:SELECT　[DISTINCT]　<字段名表>　FROM　<表名>　_

　　　　[WHERE　<条件表达式>]_

  [**GROUP BY**] <字段名>] _

  [**ORDER BY**] <字段名> [**ASC/DESC**]]

◆功能:返回一张表,该表由满足检索条件的记录组成。

◆说明:

①<字段名表>中的字段名之间要用逗号隔开。如果要查询所有字段,则可用"*"代替,而不需一一列出。

②语句中用到的字段名前要加表名前缀,并用小数点连接。

③关键字 DISTINCT 表示删掉查询结果中重复的行。

④ASC 表示以升序排列,DESC 表示以降序排列。

2. UPDATE

◆格式:**UPDATE** <表名> **SET** <字段 1>=<表达式 1> _

  [,<字段 2>=<表达式 2>]… [**WHERE** <条件表达式>]

◆功能:改变满足条件的记录中指定字段的值。

3. INSERT

◆格式:**INSERT　INTO** <表名> (<字段 1>[,<字段 2>]…) _

  VALUES(<值 1>[,<值 2>]…)

◆功能:添加新的记录到表中。

4. DELETE

◆格式:**DELETE　FROM** <表名> [**WHERE** <条件>]

◆功能:删除满足条件的记录。

◆说明:如果省略 WHERE 子句,则删除所有记录,但表还存在。

5. DROP

◆格式:**DROP　TABLE** <表名>

◆功能:从数据库中删除指定的表及其记录,表不再存在。

6. CREATE

◆格式:**CREATE　TABLE** <表名>(<字段名 1> 数据类型(长度) _

  {**Identity** | **NULL**|**NOT NULL**} [,<字段名 2> 数据类型(长度) _

  {**Identity** | **NULL**|**NOT NULL**}] …)

◆功能:创建指定的表。

◆说明:NULL 表示该字段值可为空;NOT NULL 表示该字段值不能为空,必须赋值。NULL 不同于 0 或 0 长度字符串,也没有哪两个 NULL 值是相等的;Identity 表示该字段为一个自动类型的数值字段,其值会随着记录数的添加而自动产生,该字段不能为空,每个表中只允许有一个这样的字段。

13.2　数据库访问技术

  在 Visual Basic 中不能直接访问数据库内的数据,而是通过数据访问接口来同数据库打交道。本节主要介绍数据访问接口的类型以及 ADO 数据库访问技术。

13.2.1　数据库应用程序的结构

Visual Basic 数据库应用程序包括 3 个部分:数据库、数据库引擎和用户界面,如图 13-1 所示。这 3 部分可以放在一台机器上,供单用户应用程序使用;也可放在不同的机器上,供网络用户使用。

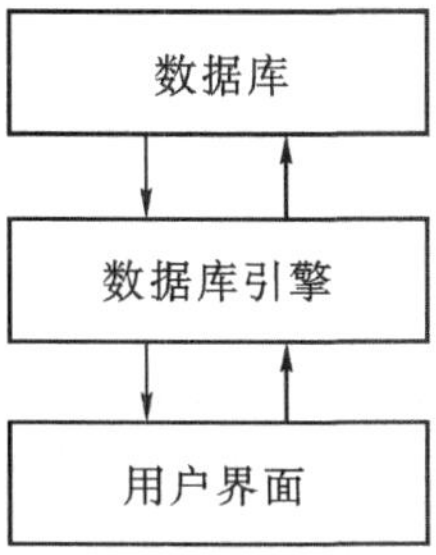

1. 数据库

数据库是包括一个或多个表的文件,它包含数据,但不对数据做任何操作。数据操作是数据库引擎的任务。常用的数据库有 Microsoft Access、SQL Server 和 Oracle 等。

2. 数据库引擎

数据库引擎位于数据库和用户程序之间,其功能
是把用户程序访问数据库的请求变成对数据库的实际操作,实现"透明"访问。针对不同的数据库使用不同的数据库引擎。例如,对于 Microsoft Access 97 格式的数据库使用 Microsoft Jet 3.51 OLE DB Provider;对于 Microsoft Access 2002－2003 格式的数据库使用 Microsoft Jet 4.0 OLE DB Provider;对于 Microsoft Access 2007 格式的数据库使用 Microsoft. Ace. OLEDB. 12.0;而对于 SQL Server 数据库则使用 Microsoft OLE DB For SQL Server。

3. 用户界面

数据库应用程序的用户界面可以是窗体。通过窗体,用户可以查看和更新数据。在驱动窗体的程序代码中,包含用来请求数据库服务的数据库访问对象的各种方法和属性设置。

图 13-1　数据库应用程序结构

13.2.2　数据访问接口

在 Visual Basic 6.0 中,可用的数据访问接口有三种:RDO(Remote Data Objects,远程数据对象)、DAO(Data Access Objects,数据访问对象)和 ADO(ActiveX Data Objects,ActiveX 数据对象)。

1. RDO

RDO 是一个到开放式数据库连接(Open Database Connectivity,ODBC)的、面向对象的数据访问接口。它只能通过现存的 ODBC 驱动程序来访问关系数据库。

2. DAO

DAO 是第一个面向对象的接口。它允许程序开发者通过 ODBC 直接连接到数据表。DAO 较适用于单机系统应用程序或小范围本地分布使用的环境。

3. ADO

ADO 是 DAO/RDO 的后续产物,是为 Microsoft 最新和最强大的数据访问范例 OLE DB 而设计的,是一个便于使用的应用程序接口,相较其他数据访问对象,其功能更加稳定,使用更加方便。OLE DB 为任何数据源提供了高性能的访问,这些数据源包括关系和非关系数据库、电子邮件和文件系统、文本和图形、自定义业务对象等。ADO 在关键的 Internet 方案中使用最少的网络流量,并且在前端和数据源之间使用最少的层数。

ADO 之所以具有强大的功能和灵活性,是由于它可以连接到不同的数据提供者并仍能使

用相同的编程模式,而不管给定提供者的特性是什么。下面的内容主要是介绍如何用 ADO 技术编写数据库应用程序。

13.3 使用 ADO 数据控件编程

使用 ADO 技术编写数据库应用程序,一般可通过两种途径:一种是通过使用 Visual Basic 6.0 提供的 ADO 数据控件(ADO Data Control)和其他数据约束控件(如 DataGrid、DataListBox 和 DataComboBox 等),只需编写很少的代码就能实现对数据库的常规操作;另一种是通过 ADO 对象,完全通过编写代码来实现对数据库的访问。

本节主要介绍如何使用 ADO 控件编写数据库应用程序。为此,先用 Microsoft Access 2010 建立一个 Access 2002－2003 格式的数据库 Mydb1.mdb,并在该数据库中建立一个如表 13－1 所示的数据表 Student。

13.3.1 建立 Access 数据库

要建立 Access 数据库,首先应安装 Microsoft Office 2003/2007/2010(安装方法略),然后才可建立数据库。Access 2002－2003 格式数据库的建立方法和步骤如下。

(1)打开 Microsoft Access 2010 窗口,单击左下角的"选项"按钮,弹出"Access 选项"对话框,如图 13－2 所示;选择"Access 选项"对话框中的"常规"选项卡,在右侧的"空白数据库的默认文件格式"下拉列表中选择"Access 2002－2003",并按"确定"按钮。

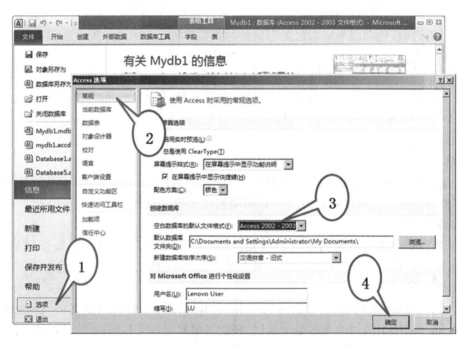

图 13－2　Access 2010 窗口和"Access 选项"对话框

(2)新建数据库。在 Access 2010 窗口中选择"新建"按钮,打开如图 13－3 所示的 Access 新建数据库对话框。在这个对话框中先选择"空数据库"按钮;再选择创建路径并输入数据库名,这里不妨用"Mydb1.mdb";之后按"创建"按钮,数据库创建完成并显示如图 13 - 4 所示的窗口。

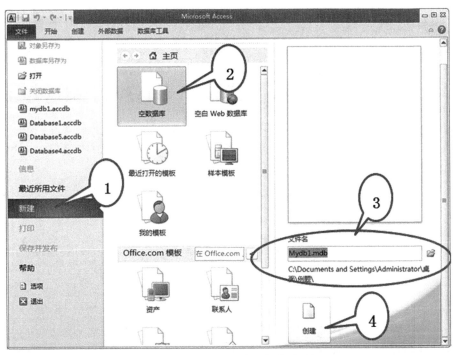

图 13 - 3 Access 新建数据库对话框

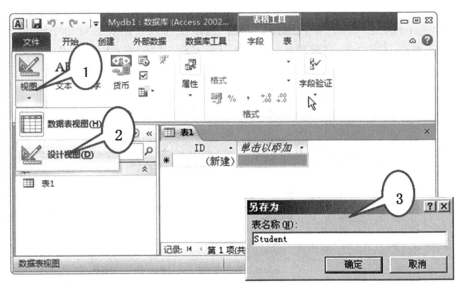

图 13 - 4 数据库窗口

（3）创建数据表 Student。单击"视图/设计视图"，弹出"另存为"对话框（见图 13 - 4 右下角）。输入表名"Student"后，按"确定"按钮，自动打开数据表结构设计器，如图 13 - 5 所示。

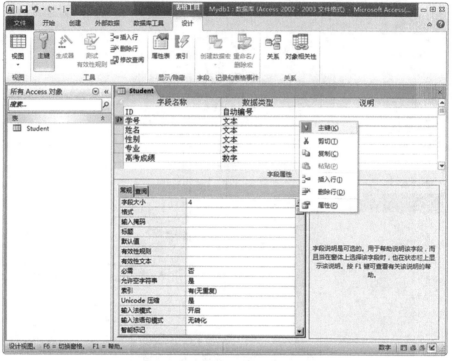

图 13 - 5　数据表结构设计器

（4）设计表结构。在 Student 表结构设计器中，依次输入数据表的每个字段的字段名、数据类型和字段大小，并在"学号"字段属性的"索引"一项中选择"有（无重复）"，准备选定该字段为主关键字字段，每个学生的学号都不允许重复。

（5）右键单击"学号"字段，选择"主键"。至此，数据表结构设计完毕。

（6）向表中输入数据。双击左侧的表名 Student，打开 Student 的数据录入窗口，将原始数据录入到表中，如图 13 - 6 所示。

图 13 - 6　输入 Student 表数据

至此,Student 数据表建立完毕(请注意将其保存)。

13.3.2　ADO 数据库控件

使用 ADO 数据控件编写程序,除了需要使用过去介绍的控件外,还要使用 Adodc、Data-Grid、DataListBox 和 DataComboBox 等数据控件。下面分别介绍这几个控件的常用属性、方法和事件。

1. Adodc 控件

Adodc 控件能够使 ADO 快速建立一个数据控件与数据提供者(Provider)之间的连接,它是利用 ADO 技术编写数据库应用程序的重要控件。

Adodc 控件不是 Visual Basic 6.0 的标准控件。要在窗体中添加该控件必须首先将"Microsoft ADO Data Control 6.0(OLE DB)"部件添加到工具箱中。方法是:单击菜单栏的"工程"/"部件"命令,在"部件"对话框中选择"Microsoft ADO Data Control 6.0(OLE DB)"选项,并按"确定"按钮。

Adodc 控件的常用属性如下。

(1)ConnectionString(连接字符串)属性。该属性是一个字符串,通过其属性值设置一个有效的连接字符串。连接字符串包括提供者(Provider)、数据源(Data Source)和数据安全等的描述信息。例如,下面的字符串就是一个有效的连接字符串:

　　"Provider = Microsoft.Jet.OLEDB.4.0;Data Source = Mydb1.mdb;　_

Persist Security Info = False"

它既指示了数据引擎提供者(Provider=Microsoft.Jet.OLEDB.4.0),又指定了要连接的数据源(Data Source=Mydb1.mdb)。该属性值可通过 Adodc 的属性页来完成,不必人工填写。

(2)CommandType(命令类型)属性。该属性用于指定 Adodc 控件的命令类型。其可能的值有 4 个:8(AdCmdUnknown),默认值,表示命令类型未知;1(adCmdText)表示用SQL 语句作为"命令文本";2(adCmdTable)表示要使用数据库"表"名进行查询;4(AdCmd-StoredProc)表示通过"存储过程"名进行数据查询。常用的是 1(adCmdText)和 2(adCmd-Table)。

(3)UserName(用户名)属性。该属性用于设定用户名,如果数据库是用口令保护的,则该参数必不可少。

(4)Password(口令字)属性。该属性用于设置访问数据库时需要的口令。

(5)RecordSource(记录源)属性。该属性值也是一个字符串,它返回或设置一个记录集的查询,指定如何从数据库(或表)中检索数据。通常是一个 SQL 语句或一个数据表。如

　　　Select ＊ From Student

表示查询 Student 表中的所有字段。该属性值也可通过属性页来设置。

(6)RecordSet(记录集)属性。该属性返回或设置对下一级对象的引用。RecordSet 对象是最典型的 ADO 对象,也是属性和方法最多、最为复杂的对象。

在 Visual Basic 中不能直接对数据库内的表进行访问,而是通过记录集对象访问数据库(或表)。记录集也是由行和列组成的一张表,这张表是内存中的一块临时区域,其中的数据来源于数据库中的一个或几个表。对记录集的访问也就是对数据库中表的访问。

记录集有表(Table)、动态集(DynaSet)和快照(SnapShot)3 种类型。其中,表类型记录集中的数据只能来自实际数据库中的一个表;动态集类型的记录集中的数据是对一个或几个表中的记录的引用,它和产生它的基本表可以相互更新;快照类型的记录集是静态的数据,它只适合于浏览。

下面来介绍 RecordSet 常用的属性和方法。

①BOF 属性:逻辑值。当记录指针已位于 RecordSet 的第一条记录之前时,其值为 True,其他情况为 False。

②EOF 属性:逻辑值。当记录指针已位于 RecordSet 的最后一条记录之后时,其值为 True;其他情况为 False。

③RecordCount 属性:只读 Long 型数据。返回 RecordSet 中的记录个数。

④Filter 属性:可读写 Variant 型数据。其值是 SQL Where 子句中的一个条件表达式(不带 Where)。根据该表达式,对 RecordSet 中的记录进行过滤,使得只显示满足条件的记录。Filter 还有几个符号常数,其意义如下。

◆adFilterNone:除去已有的过滤器,显示 RecordSet 中的所有记录,该值为默认值,等效于空字符("")。

◆adFilterAffectedRecords:只显示上次 CancelBatch、Delete、Recync 或 UpdateBatch 方法执行后所影响的记录。

◆adFilterFetchedRecords:只显示当前 Cache 中的记录,记录条数由 CacheSize 来决定。

◆adFilterPendingRecords:只显示已改动但尚未被数据源处理的记录(仅适用于批量更新模式)。

⑤Sort 属性:字符串型数据。用于指定 RecordSet 中记录的排序字段。

⑥MaxRecords 属性:可读写 Long 类型。指定 Select 查询或存储过程返回的最大记录数,默认值为 0,表示全部返回。

⑦Fields 属性:该属性是 RecordSet 中所有字段的集合。集合元素通过字段名或索引值来访问。索引值从 0 开始。

⑧LockType 属性:该属性指定打开 RecordSet 所使用的记录锁定方法,默认只读。其可选的符号常数有以下 4 个。

◆adLockRecordOnly:指定为只读访问(默认)。

◆adLockBatchOptimistic:使用批量更新模式而不是默认的立即更新模式。

◆adLockOptimistic:使用乐观锁,即:仅在更新过程中才锁定记录或页面。

◆adLockPessimistic:使用悲观锁,即:编辑或更新整个过程中均锁定记录或页面。

⑨AddNew 方法:向可更新的 RecordSet 增加一条新记录。

◆格式:<RecordSet 对象名>. AddNew ［<Fields>,<Values>］

◆说明:

(a)Fields:可选。新记录中字段的(单个或一组)字段名称或序列位置。

(b)Values:可选。新记录中字段的(单个或一组)值。如果 Fields 是数组,那么 Values 也必须是有相同成员数的数组,否则将发生错误。字段名称的次序必须与每个数组中的字段值的次序相匹配。

(c)在调用 AddNew 方法后,新记录将成为当前记录并在调用 Update 方法后继续保持为当前记录。如果 RecordSet 对象不支持书签,则当移动到其他记录时将无法对新记录进行访问。是否需要调用 Requery 方法访问新记录则取决于所使用的游标类型。

(d)如果在编辑当前记录或添加新记录时调用 AddNew 方法,则 ADO 将调用 Update 方法保存任何更改并创建新记录。

(e)AddNew 方法的行为取决于 RecordSet 对象的更新模式以及是否传送 Fields 和 Values 参数。

在立即更新模式(调用 Update 方法时提供者会将更改写入现行数据源)下,调用不带参数的 AddNew 方法可将 EditMode 属性设置为 adEditAdd。提供者将任何字段值的更改缓存在本地。调用 Update 方法可将新记录传递到数据库并将 EditMode 属性重置为 adEditNone。如果传送了 Fields 和 Values 参数,ADO 则立即将新记录传递到数据库(无须调用 Update),且 EditMode 属性值没有改变(adEditNone)。

在批更新模式(提供者缓存多个更改并只在调用 UpdateBatch 时将其写入现行数据源)下,调用不带参数的 AddNew 方法可将 EditMode 属性设置为 adEditAdd。提供者将任何字段值的更改缓存在本地。调用 Update 方法可将新的记录添加到当前记录集并将 EditMode 属性重置为 adEditNone,但在调用 UpdateBatch 方法之前提供者不将更改传递到现行数据库。如果传送 Fields 和 Values 参数,则 ADO 将把新记录发送给提供者以便缓存,需要调用 UpdateBatch 方法将新记录传递到现行数据库。

⑩Delete 方法:删除 RecordSet 中的当前记录或记录组。

◆格式:**<RecordSet 对象名>. Delete　[<affectRecords>]**

◆说明:

(a)affectRecords 参数:确定 Delete 方法所影响的记录数目,该值可以是:adAffectCurrent,表示仅删除当前记录(默认值);adAffectGroup,表示删除满足当前 Filter 属性设置的记录,使用该选项须将 Filter 属性设置为有效的预定义常量之一。使用 adAffectGroup 时一定要小心,避免产生误操作而造成损失。

(b)使用 Delete 方法可标记 RecordSet 对象中的当前记录或一组记录以便删除。如果 RecordSet 对象不允许删除记录,则将引发错误。

(c)使用立即更新模式将在数据库中进行立即删除,否则记录将标记为从缓存删除,实际的删除将在调用 UpdateBatch 方法时进行。使用 Filter 属性可查看已删除的记录。

(d)从已删除的记录中检索字段值将引发错误。删除当前记录后,在移动到其他记录之前,已删除的记录将保持为当前状态。一旦离开已删除记录,则无法再次访问它。

(e)如果在事务中嵌套删除,则可用 RollbackTrans 方法恢复已删除的记录。如果处于批更新模式,则可用 CancelBatch 方法取消一个或一组挂起的删除。

⑪Update 方法:使对 RecordSet 的修改在底层数据源中的表生效。

◆格式:**<RecordSet 对象名>. Update [<Fields>,<Values>]**

◆功能:保存自从调用 AddNew 方法,或自从现有记录的任何字段值发生更改之后对 RecordSet 对象的当前记录所做的所有更改(RecordSet 对象必须支持更新)。

◆说明:

(a)Fields:代表单个变体型名称或变体型数组,代表需要修改的字段(单个或多个)名称。

(b)Values:代表变体型单个值或变体型数组,代表新记录中字段(单个或多个)值。

(c)在使用字段和值数组时,两个数组中必须有相等数量的元素,同时字段名的次序必须与字段值的次序相匹配。字段和值的数量及次序不匹配将产生错误。

(d)如果 RecordSet 对象支持批更新,那么可以在调用 UpdateBatch 方法之前将一个或多个记录的多个更改缓存在本地。如果在调用 UpdateBatch 方法时正在编辑当前记录或者添加新记录,那么 ADO 将自动调用 Update 方法,以便在批更改传送到提供者之前将所有挂起的更改保存到当前记录。如果在调用 Update 方法之前移动出正在添加或编辑的记录,那么 ADO 将自动调用 Update 以便保存更改。如果希望取消对当前记录所做的所有更改或者放弃新添加的记录,则必须调用 CancelUpdate 方法。调用 Update 方法后当前记录仍为当前状态。

⑫Find 方法:查找满足条件的记录。后跟一 SQL Where 子句中的一个条件表达式作为参数。

⑬Close 方法:关闭 RecordSet 对象。关闭后可以重新设置 RecordSet 的属性并使用 Open 方法再度访问 RecordSet。

⑭MoveFirst 方法:将记录指针移到 RecordSet 的第一条记录。

⑮MoveLast 方法:将记录指针移到 RecordSet 的最后一条记录。

⑯MoveNext 方法:将记录指针下移一条记录。

⑰MovePrevious 方法:将记录指针上移一条记录。

⑱Move 方法:从指定位置开始,将记录指针移动指定数目的记录。

◆格式:<**RecordSet 对象名**>. **Move** <**移动记录数**>[,<**开始位置**>]

◆说明:<移动记录数>可为正或负,为正时向下移动,为负时向上移动。<开始位置>有下面 3 种可能选择。

(a)AdBoo kmarkCurrent:缺省值,从当前记录开始;

(b)AdBoo kmarkFirst:从第一条记录开始;

(c)AdBookMarkLast:从最后一条记录开始。

⑲Save 方法:将记录集保存到指定的文件中,该文件通常以.rst 为扩展名。

2. DataGrid 控件

DataGrid(数据链接框)控件是一个数据感知控件,它能将 RecordSet 中的数据以表格的形式显示出来。所谓数据感知控件就是指具有数据链接功能的控件,如前面介绍过的 TextBox(文本框)、Label(标签)、CheckBox(复选框)、ListBox(列表框)和 ComboBox(组合框)等,它们都具有 DataSource 和 DataField 属性,用于设置一个数据源,绑定到数据库。

DataGrid 控件也是一个 Active X 控件,使用之前需要添加到工具箱。添加方法是:单击"工程"/"部件"命令,在部件窗口中选择"Microsoft DataGrid Control 6.0(OLE DB)"选项,并按"确定"按钮。

下面介绍 DataGrid 控件的几个主要属性(右击该控件可看到其他属性)和事件。

(1)DataSource 属性。这是 DataGrid 控件最重要的属性之一,它用来设置一个数据源,以绑定到数据库。

(2)ColumnHeaders 属性。该属性是一个逻辑值,指出是否显示每一数据字段的表头。

当属性值为 True 时,显示表头;当属性值为 False 时,不显示表头。

（3）Row 和 Col 属性。这两个属性用于返回或指定 DataGrid 控件中的活动单元,Row 表示活动单元所处的行;Col 表示活动单元所处的列。

（4）Text 属性。该属性返回当前活动单元格的数据。

（5）CurrentCellModified 属性。该属性是一个逻辑值,它返回当前单元格的数据是否被修改且尚未确认。当其值为 True 时,表示修改过;当其值为 False 时,表示未修改。

（6）AllowAddNew 属性。该属性是一逻辑值,指定是否允许添加一行。当属性值为 True 时,允许添加;当属性值为 False 时,则不允许添加。

（7）AllowDelete 属性。该属性是一逻辑值,指定是否允许删除一行。当属性值为 True 时,允许删除;当属性值为 False 时,则不允许删除。

（8）AllowUpdate 属性。该属性是一逻辑值,指定是否允许修改数据。当属性值为 True 时,允许修改;当属性值为 False 时,则不允许修改。

（9）RowColChange 事件。当 DataGrid 的当前行列位置发生变化时,触发该事件并执行与之相关的事件过程。可通过该事件过程的 LastRow 和 LastCol 参数得知最近一次的行列位置。

其他事件请参看代码编辑窗口上部的相关控件的事件过程列表。

3. DataListBox 和 DataComboBox 控件

DataListBox（数据列表框）和 DataComboBox（数据组合框）控件以数据表中的数据作为列表中的元素。利用它们可以将一个表中的数据输入到另一个表中,并可实现两个表的“联动”。

DataListBox 控件和 DataComboBox 控件也是 ActiveX 控件,使用前需要添加到工具箱。添加方法是:单击“工程”/“部件”命令,在部件窗口中选择“Microsoft DataList Control 6.0 （OLE DB）”选项,并按“确定”按钮。

与前面介绍的 ListBox 和 ComboBox 控件类似,DataListBox 和 DataComboBox 控件也是通过列表方式选择数据,并具有很多与前者相同的属性和事件。下面介绍它们的几个重要属性和事件。

（1）DataSource 属性。该属性指示一个做出选择后数据被更新的 ADO 控件名作为数据源。

（2）Datafield 属性。该属性指示一个由 DataSource 属性指定的在 RecordSet 中被更新的字段名。

（3）RowSource 属性。该属性指定另一个 ADO 控件名,作为填充 Data 控件列表而绑定的数据源。

（4）BoundColumn 属性。该属性指示一个由 RowSource 属性指定的 RecordSet 中的字段名,该字段用来为另一个 RecordSet 提供数据。当选择确定后,回传到 DataField 指向的字段。

（5）BoundText 属性。该属性返回由 BoundColumn 属性指定的字段中的数据。

（6）ListField 属性。该属性值是由 RowSource 指定的在 RecordSet 中的字段名,以填充下拉列表。

（7）Text 属性。该属性是列表框的选项结果值。

DataListBox 控件或 DataComboBox 控件的上述属性之间是什么关系呢？说明如下。

通常,在使用 DataComboBox 和 DataListBox 控件时,还要使用两个 ADO 控件(如 ADODC1 和 ADODC2,分别连接着各自的数据表)。一个作为 RowSource 的属性值,用来填充由 Listfield 属性指定的字段内容所组成的列表,并提供由 BoundColumn 属性指定的数据表中的字段;另一个作为 DataSource 的属性值,用来更新由 DataField 属性指定的数据表中的字段数据。一般来说,BoundColumn 和 DataField 虽然指向不同数据表中的字段,但往往有相同的字段名。

当选择了列表项而改变了列表的 Text 属性值时,会在 RowSource 所代表的记录集(RecordSet)中查找由 ListField 指示的字段值与 Text 属性值相匹配的记录,从而获得由 BoundColumn 指示的字段的数据(即 BoundText 属性值),并将该数据传递给 DataSource 所代表的记录集(RecordSet)的当前记录中由 Datafield 所指示的字段。简单地说,Datafield 所指示的字段值能被 BoundColumn 所指示的字段值所更新。

与上述情况相反,当 DataSource 所代表的记录集(RecordSet)中由 Datafield 指示的字段内容发生变化(如移动记录指针)时,会在 RowSource 所代表的记录集(RecordSet)中查找由 BoundColumn 指示的字段值与之相匹配的记录,进而通过 ListField 所指示的字段数据,影响到列表控件的 Text 属性的值。

由此看来,Datafield 和 BoundColumn 是两个数据表的纽带,并依此实现两个表的"联动"。

13.3.3　ADO 控件编程实例

为了使大家更好地理解和掌握 ADO 控件以及其他几个数据控件,下面通过以下几个实例做进一步的学习。

【例 13.1】应用 ADO 控件和 DataGrid 控件编写数据库程序,要求通过命令按钮浏览和选择修改学生的个人资料。

◆界面设计:

(1)按照前面所介绍的方法,添加如表 13-4 所示的窗体和控件,并在属性窗口中修改相应的属性值。

表 13-4　例 13.1 的控件

控件名	属性	属性值	描述
Form1			程序窗体
Command1			移到首记录
Command2			移到下一记录
Command3			移到上一记录
Command4			移到末记录
Adodc1			ADO 控件
DataGrid1	DataSource	Adodc1	数据链接框

(2)设置 ADO 控件属性。

①右击 Adodc1 控件,在弹出的菜单中选择"ADODC 属性",打开"属性页"对话框,如图 13 - 7 所示。

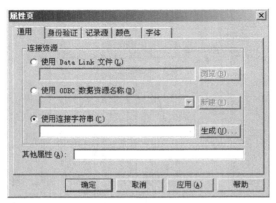

图 13 - 7　ADODC"属性页"的"通用"选项卡

②选择"使用连接字符串",并按"生成"按钮,打开"数据链接属性"对话框,以便生成 Adodc1 控件的 ConnectionString(连接字符串),如图 13 - 8 所示。

图 13 - 8　"数据链接属性"的"提供者"选项卡

③在"提供者"选项卡中选择"Microsoft Jet 4.0 OLE DB Provider"选项。按下一步或直接按"连接"选项卡。打开如图 13 - 9 所示的"连接"选项卡。

④选择输入数据库名称或通过按输入框右面的按钮(带 3 个小点)选择要连接的数据库。在这里选择 Mydb1 数据库,并使用相对路径,这样的好处是:只要数据库文件和应用程序文件在同一个目录中,移到任何计算机上都可以正常运行,而不必改变任何设置。

选定数据库后,可通过"测试连接"按钮来测试与数据库连接是否正常。按下该按钮后,会得到连接成功与否的回应信息。

然后按"确定"按钮,回到如图 13 - 7 所示的 ADODC"属性页"对话框,并可看到已经生成的 Adodc1 控件的连接字符串,其中包括提供者(Provider)和数据源以及安全信息。例如:

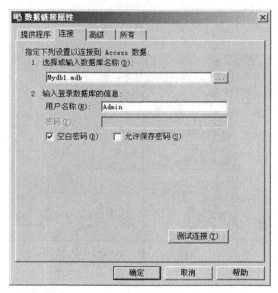

图 13－9　"数据链接属性"的"连接"选项卡

"Provider＝Microsoft.Jet.OLEDB.4.0;Data Source＝Mydb1.mdb;　_

Persist Security Info＝False"

⑤在"属性页"对话框中，选择"记录源"选项卡，以便设置 Adodc1 控件的 CommandType 属性和 RecordSource 属性，如图 13－10 所示。在"命令类型"中选取 2－adCmdTabel；在"表或存储过程名称"中选择数据库 Mydb1 中的数据表 Student。

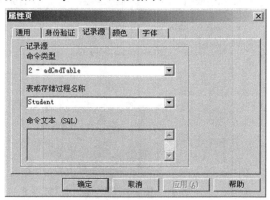

图 13－10　ADODC"属性页"的"记录源"选项卡

在"命令类型"中共有四个选项，通常选择 1－adCmdText 和 2－adCmdTabel。如果选择 2－adCmdTabel，则要在"表或存储过程名称"中选择数据库的数据表；如果选择 1－adCmdText，则要在"命令文本"框中填写 SQL 语句，如

　　Select　＊　From　DataTabel

⑥按"确定"按钮，结束对 Adodc1 控件的属性设置。

（3）在 DataGrid1 的属性窗口中，设置 DataGrid1 控件的 DataSource 属性值为 Adodc1。如果需要，还可通过 DataGrid1 控件的"属性页"来设置其他属性（右击 DataGrid1 控件可打开属性页）。

◆程序代码:

```
Option Explicit
Private Sub Command1_Click()
    Adodc1.Recordset.MoveFirst
End Sub
Private Sub Command2_Click()
    dodc1.Recordset.MoveNext
    If Adodc1.Recordset.EOF Then    '如果已经位于末记录之后,则移到首记录
        Adodc1.Recordset.MoveFirst
    End If
End Sub
Private Sub Command3_Click()
    Adodc1.Recordset.MovePrevious
    If Adodc1.Recordset.BOF Then
        Adodc1.Recordset.MoveLast    '如果已经位于首记录之前,则移到最后记录
    End If
End Sub
Private Sub Command4_Click()
    Adodc1.Recordset.MoveLast
End Sub
Private Sub Form_Load()
    Me.Caption = "ADO 编程实例 1"
    Command1.Caption = "移到首记录"
    Command2.Caption = "移到下一记录"
    Command3.Caption = "移到上一记录"
    Command4.Caption = "移到末记录"
End Sub
Private Sub Form_Unload(Cancel As Integer)
    Adodc1.Recordset.Update
    End
End Sub
```

该程序中的 Private Sub Form_Unload(Cancel As Integer)过程使用了 Update 方法,以便在退出程序之前保存对数据的修改。程序运行结果如图 13 - 11 所示。移动记录指针,可以通过窗口右侧的命令按钮,也可以通过按窗口底部的 Adodc1 控件的 4 个图形按钮。Adodc1 控件按钮本身只提供简单的记录指针移动功能,如果要编写较复杂的程序,则可将其 Visible 属性设置为 False 使之不可见。

【例 13.2】在例 13.1 的基础上,增加"记录删除"和"添加新记录"的功能。

◆界面设计:添加两个命令按钮:Command5 和 Command6,分别用于完成"添加"和"删除"功能。

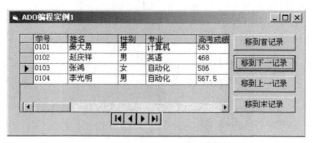

图 13-11　ADO 编程实例 1

◆程序代码:为了节省篇幅,只把有改动的过程和新增的过程列举如下。

```
Private Sub Command5_Click()
    Dim recno As String
```
'以下四个语句自动生成一新的学号,并保证为不重复的四位字符,不足四位用 0
'填补。
```
    Adodc1.Recordset.MoveLast
    recno = Adodc1.Recordset.Fields("学号")
    recno = CStr(Val(recno) + 1)
    recno = String(4 - Len(recno), "0") & recno
    Adodc1.Recordset.AddNew                    '添加一空记录
    Adodc1.Recordset.Fields("学号") = recno    '将生成的记录号赋给学号字段
    Adodc1.Recordset.Update                    '调用 Update 方法,以使修改生效
End Sub
Private Sub Command6_Click()
    Adodc1.Recordset.Delete                    '删除当前记录
End Sub
Private Sub Form_Load()
    Me.Caption = "ADO 编程实例 2"
    Command1.Caption = "移到首记录"
    Command2.Caption = "移到下一记录"
    Command3.Caption = "移到上一记录"
    Command4.Caption = "移到末记录"
    Command5.Caption = "添加记录"
    Command6.Caption = "删除记录"
    Adodc1.Visible = False                     '使 Adodc1 控件不可见
End Sub
```

程序运行结果如图 13-12 所示。

程序中的

```
Adodc1.Recordset.MoveLast
recno = Adodc1.Recordset.Fields("学号")
recno = CStr(Val(recno) + 1)
```

图 13－12　ADO 编程实例 2

recno = String(4 - Len(recno), "0") & recno

这四句代码是为了生成一个不与现有记录号重复的新的记录号。当然,这种方法不是最好的,因为它以最后一个记录号为基准,如果表中的数据排列比较乱,就很难保证不重复。为了确保学号不重复,应修改表结构,将"学号"字段的数据类型设置为"自动编号"。

　　向采用自动编号的数据表中添加新记录时,无论数据表中的记录排列多么混乱,自动生成的编号也绝不会重复。这样就可彻底解决数据库应用程序中编号的问题。为了节省篇幅,请读者自己在实践中去体会。

　　【例 13.3】在例 13.2 中编写的程序的基础上,添加查询、过滤和排序功能。

　　◆界面设计:在例 13.2 的基础上,添加如表 13－5 所示的控件。

表 13－5　例 13.3 中新加的控件

控件名	属性	属性值	说明
Command7			命令按钮,用于查询姓名
Command8			命令按钮,用于退出程序
Label1			标签,用于选择排序字段的提示
Label2			标签,用于输入查询姓名的提示
Text1			文本框,用于输入所查姓名
Combo1	Style	2	组合框,用于选择排序字段。Style＝2 表示只能在列表中选择排序字段名。只能在设计时设置
Frame1			分组框控件,用于过滤器控件的容器
Check1			复选框,用于控制过滤器的启动和关闭
Option1(0)			与 Option1(1)组成单选钮控件数组,分别表示选择男女
Option1(1)			

　　◆程序代码(只将新加的代码列出):

```
' 下面是过滤器启动或取消过程
Private Sub Check1_Click()
    If Check1.Value Then
        Option1(0).Enabled = True        ' 使单选钮可用,以便启动过滤器
        Option1(1).Enabled = True
```

```
        If Option1(1) Then
            Adodc1.Recordset.Filter = "性别 = '女'"
        Else
            Option1(0).Value = True
            Adodc1.Recordset.Filter = "性别 = '男'"
        End If
    Else
        Option1(0).Enabled = False
        Option1(1).Enabled = False
        Adodc1.Recordset.Filter = adFilterNone        '去除已有的过滤器
    End If
End Sub
Private Sub Combo1_Click()
    Adodc1.Recordset.Sort = Combo1.Text              '按选定的字段排序
End Sub
Private Sub Command8_Click()
    Unload Form1                                      '卸载窗体
End Sub
'下面是按姓名查询过程
Private Sub Command7_Click()
    Dim n as long
    n = DataGrid1.Row                                 '记录当前指针位置
    Dim s As String
    s = "姓名 = '" & Text1.Text & "'"                  's 的值要仔细检查
    Adodc1.Recordset.MoveFirst
    Adodc1.Recordset.Find (s)                         '按输入的姓名查询,找到后将记录指
                                                      '针指向所查记录
    If Adodc1.Recordset.EOF Then                      '如未查到,弹出提示窗口
        Adodc1.Recordset.Move n, adBoo kmarkFirst     '并将记录指针移到原记
                                                      '录位置
        MsgBox "没有找到!"
    End If
End Sub
Private Sub Form_Load()
    Me.Caption = "ADO 编程实例 1"
    Command1.Caption = "移到首记录"
    Command2.Caption = "移到下一记录"
    Command3.Caption = "移到上一记录"
    Command4.Caption = "移到末记录"
```

```
        Command5.Caption = "添加记录"
        Command6.Caption = "删除记录"
        Adodc1.Visible = False
    '下面是 Form_Load()过程中新加的程序
    '以下 4 行语句将数据表中的所有字段名添加到组合框中,作为其元素
        Dim fid As ADODB.Field                          '定义一个 Field 集合变量
        For Each fid In Adodc1.Recordset.Fields
            Combo1.AddItem fid.Name                      '将所有字段名添加到组合框
        Next
        Combo1.Text = Combo1.List(0)                     '第一个字段名为默认排序字段
        Adodc1.Recordset.Sort = Combo1.Text
        Label1.Caption = "排序字段"
        Label2.Caption = "姓名"
        Text1.Text = ""
        Command7.Caption = "搜索"
        Command8.Caption = "退出"
        Frame1.Caption = "过滤器"
    '以下语句初始化过滤器按钮
        Option1(0).Caption = "男"
        Option1(0).Value = False
        Option1(0).Enabled = False
        Option1(1).Caption = "女"
        Option1(1).Value = False
        Option1(1).Enabled = False
    End Sub
    '下面过程是当按单选钮后,为过滤器赋过滤表达式。要仔细检查每个符号!
    Private Sub Option1_Click(Index As Integer)
        Adodc1.Recordset.Filter = "性别 = '" & Option1(Index).Caption & "'"
    End Sub
```

程序到此结束。下面对上述程序加以说明。

①程序中的下列语句

```
    Dim fid As ADODB.Field                          '定义一个 Field 集合变量
    For Each fid In Adodc1.Recordset.Fields
        Combo1.AddItem fid.Name                      '将所有字段名添加到组合框
    Next
```

通过 Field 集合变量 fid 来遍历记录集中的所有字段,并取得字段名。其中 Name 是集合元素的名称属性,因此通过循环体中的 Combo1.AddItem fid.Name 语句就能将 RecordSet 的所有字段名添加到 Combo1 的下拉列表中。

②Command7_Click()过程中的 s = "姓名 = '" & Text1.Text & "'"语句,是为了得到

SQL 语句中 Where 子句中的表达式，最后结果应该是类似于

"姓名 = ′真实人名′"

的表达式字符串，这是 Find 方法所需要的。这里的引号都是英文引号，且字符串中不应有空格。除了 Find 方法外，还可使用 Seek 方法来搜索数据，但 Seek 只能搜索索引字段。

③还有一点值得说明，在 Option1_Click(Index As Integer)事件过程中的语句

Adodc1.RecordSet.Filter = "性别 =′" & Option1(Index).Caption & "′"

因为使用了单选钮控件数组，所以不论单击了哪个单选钮，都会引发同一个 Click 事件，并执行同一个事件过程。然后通过 Index 的值来区分是按了哪个按钮，并通过 Option1(Index).Caption 得到"男"或"女"。最后得到的同样是 SQL 中 WHERE 子句的表达式字符串

"性别 = ′男′"

或

"性别 = ′女′"

注意：这里的引号都是英文引号，且在这个字符串中不应有空格。

④最后一点需要说明的是，如果为记录集的 Filter 属性赋一符号常数 adFilterNone，则会去除以前的过滤器，如 Adodc1.Recordset.Filter＝adFilterNone。

程序执行结果如图 13－13 所示。

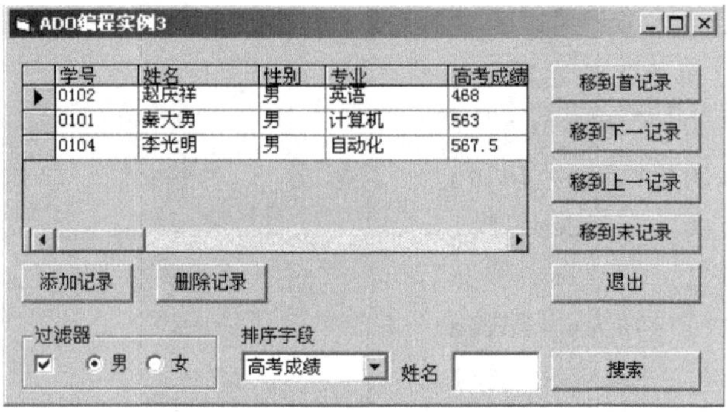

图 13－13　ADO 编程实例 3

当选中过滤器复选框时，将执行 Check1_Click()事件过程，如果尚未有单选钮被选中，则默认将男生过滤出来，然后通过"男""女"单选按钮，来实现只显示男同学或只显示女同学的相关数据。

当选择排序字段为"高考成绩"时，将执行 Combo1_Click()事件过程，显示出的表格数据会按高考成绩升序排列。

当在姓名文本框中输入要查找的学生姓名并按"搜索"按钮时，将执行 Command7_Click()事件过程，立即查询指定的学生，找到后将记录指针指向该记录；如果找不到，则弹出一个回应窗口。

【例 13.4】针对 13.1.2 节中的学生基本资料数据表（Student）和成绩表（Score）编写数据库应用程序，要求通过选择成绩表中的某条成绩记录，立刻显示出该成绩的所属学生姓名。

◆解题分析：因为成绩表（Score）中只有"学号"而没有"姓名"字段，所以单靠成绩表无法得知某条成绩的所属学生姓名。因此需要通过"学号"字段使成绩表（Score）和学生基本资料表（Student）发生联动，从而显示出某条成绩的所属学生姓名。

◆界面设计:添加如表 13-6 所示的控件。

表 13-6　例 13.4 的控件

控件名	描　述
Form1	应用程序窗体
Command1	用于退出程序
Label1	"姓名"提示信息
Label2	用于显示实际姓名
DataGrid1	用于显示 Score 表中的数据
Adodc1	用于连接 Mydb1 数据库中的 Score 表
Adodc2	用于连接 Mydb1 数据库中的 Student 表
DataCombo1	用于使表 Score 和 Student"联动"

上述控件除了 2 个 ADO 控件 Adodc1 和 Adodc2 的连接字符串(ConnectionString)和记录源(RecordSource)属性通过各自的属性页来设置(设置方法详见例 13.1)外,其他控件的属性都通过 Form_Load()过程中的代码设置,当然也可通过属性窗口设置,这里只是想告诉大家如何使用 Set 语句来设置具有对象类型的属性值(见程序清单)。

◆程序代码:

```
Option Explicit
Private Sub Command1_Click()
    Unload Form1                            '关闭窗体,并引发 Form_Unload 事件
End Sub
Private Sub DataCombo1_Change()
    Label2.Caption = DataCombo1.Text        '当 DataCombo1.Text 的值(姓名)发生
                                            '变化时显示

End Sub
Private Sub Form_Load()
    Me.Caption = "ADO 编程实例 4"
    Command1.Caption = "退出"
    Label1.Caption = "姓名:"
    Label2.Caption = ""
    Set DataGrid1.DataSource = Adodc1       '将 DataGrid1 的数据源设置为 Adodc1
    Set DataCombo1.DataSource = Adodc1      '将 DataCombo1 的数据源设置为 Adodc1
    DataCombo1.DataField = "学号"           '这里的"学号"是 Adodc1.RecordSet 中
                                            '的字段名
    Set DataCombo1.RowSource = Adodc2       '将 DataCombo1 的行源设置为 Adodc2
    DataCombo1.BoundColumn = "学号"         '这里的"学号"是 Adodc2.RecordSet
```

```
                                            ' 中的字段名
    DataCombo1.ListField = "姓名"           ' 这里的"姓名"是 Adodc2.RecordSet
                                            ' 中的字段名
    Adodc2.Visible = False                  ' 使 Adodc2 不可见
    DataCombo1.Visible = False              ' 使 DataCombo1 不可见.在这个例子中
                                            ' 不需它可见
End Sub
Private Sub Form_Unload(Cancel As Integer)
    ' 下列语句保存数据修改,并关闭记录集,最后结束程序
    Adodc1.Recordset.Update
    Adodc2.Recordset.Update
    Adodc1.Recordset.Close
    Adodc2.Recordset.Close
    End
End Sub
```

该程序充分说明了 DataCombo 控件具有使两个表发生联动的作用,且不需更多的代码。最重要的代码是几个赋值语句,即 Adodc1、Adodc2、DataCombo1、DataGrid1 等控件的属性赋值。其中,在设置几个控件的数据源属性时,使用了 Set 语句。

另外,该程序中通过 DataCombo1.Visible＝False 语句将数据组合框设置为不可见有以下两方面的考虑。

一方面是在此程序中不必要通过它手工选择什么数据。另一方面是为了避免因意外选择了 DataCombo1 的某个选项而造成对 Score 数据表的更改,毕竟 DataCombo 控件具有用一个表中的数据更改另一表中数据的功能。例如,在本例中,如果该控件是可见的,当选择了某选项时,则会将 Adodc2.RecordSet 中的学号字段(由 DataCombo1.BoundColumn＝"学号"语句指定)中的数据,来更改 Adodc1.RecordSet 中学号字段(由 DataCombo1.DataField＝"学号"语句指定)的值。

当然,也可以修改程序使 DataCombo1 控件可见,看看会有什么效果。

程序执行结果如图 13－14 所示。当通过鼠标单击窗体下面的 Adodc1 控件中的按钮或直接单击表格中的某条成绩记录时,就会在左下角显示出该成绩的所属学生姓名。

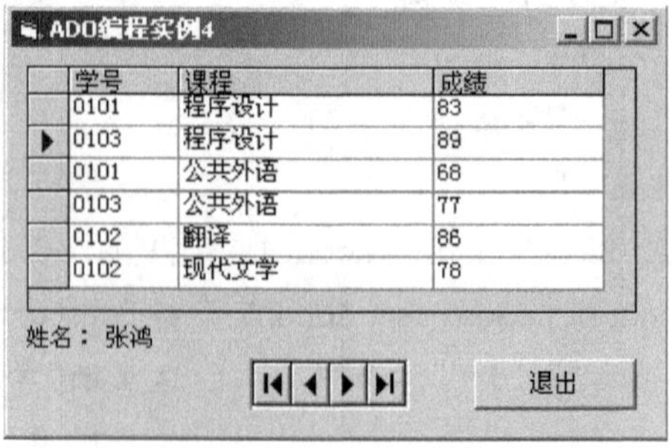

图 13－14　ADO 编程实例 4

13.4　使用 ADO 对象编程

编写数据库应用程序,除了通过使用前面介绍的 ADO 数据控件(ADO Data Control)外,还可以通过 ADO 对象(**注意:**不再是控件)完全通过编写代码的方式来进行。在程序设计实践中,往往会遇到比较复杂的情况,仅利用 ADO 控件编写程序不免会受到一定程度的约束。这时,采用 ADO 对象直接编写程序可能是必要的选择。

13.4.1　使用 ADO 对象编程的步骤

使用 ADO 对象编程需要经过如下几个主要步骤。

1.添加对象库的引用

针对不同的数据库需要引用不同的 ADO 对象库。对于 Access 2000 数据库,应该引用"Microsoft ActiveX Data Objects 2.5 Library"和"Microsoft ADO Ext 2.5 for DDL and Security"对象库。引用方法如下。

(1)单击菜单栏中的"工程"/"引用"命令,打开"引用"对话框,如图 13 - 15 所示。

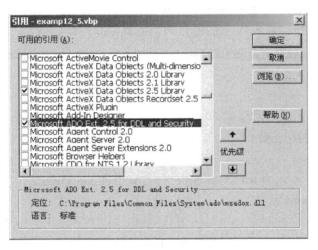

图 13 - 15　引用对象库对话框

(2)选择"Microsoft ActiveX Data Objects 2.5 Library"和"Microsoft ADO Ext 2.5 for DDL and Security",并按"确定"按钮即可。

对于 SQL Server 数据库,则应引用"Microsoft ActiveX Data Objects 2.1 Library"对象库。引用方法相同。

2.连接数据源

连接数据源首先需建立 Connection 对象,然后确定连接字符串,最后通过 Connection 对象的 Open 方法打开到数据源的连接。

下面介绍 Connection 对象的 Open 方法。

◆格式:<**Connection 对象名**>**. Open**　<**ConnectionString**>,<**UserID**>,<**Password**>,<**OpenOptions**>

◆功能:打开到数据源的连接。

◆说明：

①ConnectionString：连接字符串，包含提供者(Provider)和数据源(Data Source)等连接信息。

②UserID：建立连接时使用的用户名称，字符串型，可选。

③Password：建立连接时所用的密码，字符串型，可选。

④OpenOptions：可选项，为 ConnectOptionEnum 类型，如果设置为 adConnectAsync，则异步打开连接。

例如，执行下列语句后，可完成与数据源的连接工作。

```
Dim cnn1 As New Connection        '声明一个 Connection 对象
Dim cnnString As String           '定义连接字符串,包括提供者和数据库
cnnString = "Provider = Microsoft.Jet.OLEDB.4.0;" & _
        "Data Source = D:\VB 范例\Mydb1.mdb;"
cnn1.Open cnnString               '打开与数据库的连接
```

对于 Access 数据库，数据源可使用绝对路径，也可使用相对路径。例如，"Data Source＝D:\VB 范例\Mydb1.mdb;"可改为"Data Source＝.\Mydb1.mdb;"。当然，此时 Mydb1.mdb 须与应用程序位于同一路径下。

如果使用 SQL Server 数据库，则连接字符串应改为

```
cnnString = "Provider = SQLOLEDB.1;Integrated Security = SSPI;" & _
"Persist Security Info = False;User ID = sa;Initial Catalog = Northwind;  _
Data Source = Mydb1"
```

3. 打开记录集

使用记录集(RecordSet)对象的 Open 方法可打开一个代表基本表、查询结果或者以前保存的记录集中记录的游标指针。

◆格式：

<RecordSet 对象名>. Open　<Source>,<ActiveConnection>,<CursorType>,　_
<LookType>,<Options>

◆说明：

①Source 可以是表名、SQL 语句、Command 对象类型的变量名、存储过程调用或持久 RecordSet 文件名。

②ActiveConnection 可以是 Connection 对象类型的变量名，也可以是一个连接字符串(ConnectionString)

③CursorType 为 CursorEnum 类型，可选，用于确定提供者(Provider)打开 RecordSet 时应该使用的游标类型。各符号常数值的意义如下。

adOpenForwardOnly：仅向前类型游标，默认值。

adOpenKeyset：打开键集类型游标。

adOpenDynamic：打开动态类型游标。

adOpenStatic：打开静态类型游标。

④LookType 为可选参数，指定打开 RecordSet 所使用的记录锁定方法，默认只读。各符号常数的意义如下：

adLockRecordOnly：指定为只读访问(默认)。

adLockBatchOptimistic：使用批量更新模式而不是默认的立即更新模式。

adLockOptimistic：使用乐观锁，仅在调用 Update 方法时才锁定记录或页面。

adLockPessimistic：使用悲观锁，编辑或更新整个过程中均锁定记录或页面。

⑤Options 为可选参数，Long 类型，指示提供者如何操作 Source 参数，或从以前保存 RecordSet 的文件中恢复记录集。各个符号常数值含义如下。

adCmdText：指示提供者，将 Source 作为命令文本。

adCmdTable：指示 ADO 生成 SQL 查询，从 Source 命名的表返回所有记录。

adCmdTableDirect：指示提供者更改从 Source 命名的表返回的所有记录。

adCmdStoredProc：指示提供者将 Source 视为"存储过程"。

adCmdUnknown：Source 参数中的命令类型为未知。

adCommandFile：指示应从 Source 命名的文件中恢复持久保存的 RecordSet。

adExecuteAsync：指示异步执行 Source。

adFetchAsync：指示在提取 CacheSize 属性中指定的初始数据后应该异步提取所剩余的行。

例如，执行下面语句后，将建立并打开一个 rst1 记录集，设定动态游标（使用动态游标可双向移动记录指针）。

```
Dim rst1 As Recordset                        '建立记录集对象
Set rst1 = New ADODB.Recordset
rst1.Open "Student", cnn1, adOpenDynamic
```

其中，

```
rst1.Open "Student", cnn1, adOpenDynamic
```

语句中的表也可换为 SQL 语句，例如：

```
rst1.Open "SELECT * FROM Student", cnn1 , adOpenDynamic
```

打开记录集后就可以编写针对数据库的操作代码了。

打开记录集还可通过 Command 对象来实现。例如

```
Dim cmd as New ADODB.Command
Set cmd.ActiveConnection = cnn1
cmd.CommandType = adCmdText
cmd.CommandText = "SELECT * FROM  Student"
rst1.Open  cmd , , adOpenDynamic
```

其中，cmd 是一个 Command 对象，其 ActiveConnection 属性（活动连接对象）设置为 cnn1，命令类型确定为 SQL 语句，其命令文本为"SELECT * FROM Student"。

4. 断开连接

当结束程序时，应及时断开与数据源的连接，并清空和关闭记录源。例如

```
rst1.Close
cnn1.Close
Set rst1 = Nothing
Set cnn1 = Nothing
```

这样做的好处是能够及时释放对象所占用的内存空间，节省资源，提高应用程序的速度。

否则,如果内存空间不能得到及时释放,经过反复运行程序后,可能会耗尽宝贵的内存资源,从而影响机器的运行效率。

为了使大家较好地理解和掌握使用 ADO 对象编写数据库应用程序的方法和技术,下面举两个使用 ADO 对象编程的实例。

13.4.2 使用 ADO 对象编程实例

【例 13.5】使用 ADO 对象编写程序,浏览数据表 Student 中的数据。

◆界面设计:添加 1 个窗体 Form1;4 个命令按钮 Command1~Command4,用于移动记录指针;5 个文本框 Text1~Text5,分别用于显示表中的每个字段数据;5 个标签 Label1~Label5,用于提示各字段名称。另外,别忘了还要引用 ADO 对象库。

◆程序代码:

```
Option Explicit
Dim cnn1 As New Connection              ' 声明连接对象
Dim rst1 As RecordSet                   ' 声明记录集对象
Private Sub Command1_Click()            ' 移到首记录
    rst1.MoveFirst
End Sub
Private Sub Command2_Click()            ' 前移一记录
    rst1.MovePrevious
    If rst1.BOF Then
        rst1.MoveLast
    End If
End Sub
Private Sub Command3_Click()
    rst1.MoveNext                       ' 后移一记录
    If rst1.EOF Then
        rst1.MoveFirst
    End If
End Sub
Private Sub Command4_Click()            ' 移到末记录
    rst1.MoveLast
End Sub
Private Sub Form_Load()
    Dim cnnString As String
    cnnString = "Provider = Microsoft.Jet.OLEDB.4.0;" & _
            "Data Source = .\Mydb1.mdb;"
    cnn1.Open cnnString                        ' 打开连接
    Set rst1 = New ADODB.RecordSet
    rst1.Open "SELECT * FROM Student", cnn1, adOpenDynamic    ' 打开记录集,设
```

```
                                                      ' 定动态游标
    Me.Caption = "ADO 对象编程范例"
    Label1.Caption = "学号"
    Label2.Caption = "姓名"
    Label3.Caption = "性别"
    Label4.Caption = "专业"
    Label5.Caption = "高考成绩"
    Command1.Caption = "首记录"
    Command2.Caption = "上一记录"
    Command3.Caption = "下一记录"
    Command4.Caption = "末记录"
' 下面 10 行对 5 个文本框设置数据源并分别绑定到表中的 5 个字段
    Set Me.Text1.DataSource = rst1
    Set Me.Text2.DataSource = rst1
    Set Me.Text3.DataSource = rst1
    Set Me.Text4.DataSource = rst1
    Set Me.Text5.DataSource = rst1
    Me.Text1.DataField = rst1.Fields(0).Name
    Me.Text2.DataField = rst1.Fields(1).Name
    Me.Text3.DataField = rst1.Fields(2).Name
    Me.Text4.DataField = rst1.Fields(3).Name
    Me.Text5.DataField = rst1.Fields(4).Name
    ' 下面 5 行禁止在文本框中输入数据
    Text1.Locked = True
    Text2.Locked = True
    Text3.Locked = True
    Text4.Locked = True
    Text5.Locked = True
End Sub
Private Sub Form_Unload(Cancel As Integer)
    ' 结束程序并关闭连接
      rst1.Close
      cnn1.Close
      Set rst1 = Nothing
      Set cnn1 = Nothing
      End
End Sub
```

在上述程序中,使用 Set 语句对文本框的数据源属性进行设置;使用 DataField 属性实现与数据表字段的绑定;使用文本框的 Locked 属性禁止其编辑功能。另外,将 cnn1 和 rst1 定义为模块级变量，以便其他过程使用。

程序执行结果如图 13 - 16 所示。连续按"下一记录"或"上一记录"按钮，会循环显示 Student 表中的各个记录数据，但不会被更改。

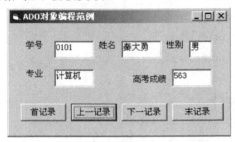

图 13 - 16 "ADO 对象编程范例"窗口

【例 13.6】在例 13.5 程序的基础上，增加编辑和新增记录功能。

◆界面设计：增加 3 个命令按钮 Commnad5～Command7，分别用于添加新记录、编辑和非编辑状态间的转换、退出应用程序。

◆程序代码：

```vb
Option Explicit
Private editFlag As Boolean         '编辑功能开启标志
Private cnn1 As New Connection      '声明连接对象
Private rst1 As Recordset           '声明记录集对象
Private Sub Command1_Click()        '移到首记录
    rst1.MoveFirst
End Sub
Private Sub Command2_Click()        '前移一记录
    rst1.MovePrevious
    If rst1.BOF Then
        rst1.MoveLast
    End If
End Sub
Private Sub Command3_Click()
    rst1.MoveNext                   '后移一记录
    If rst1.EOF Then
        rst1.MoveFirst
    End If
End Sub
Private Sub Command4_Click()        '移到末记录
    rst1.MoveLast
End Sub
Private Sub Command5_Click()
    Dim recno As String
```

```
    If Not editFlag Then
        Call Command6_Click                '如果不在编辑状态,则调用 Command6_Click
                                            '使其进入编辑状态
    End If
    rst1.MoveLast
     '下面四句形成学号
    recno = rst1.Fields("学号")
    recno = CStr(Val(recno) + 1)
    recno = String(4 - Len(recno), "0") & recno
    rst1.AddNew rst1.Fields("学号").Name, recno    '添加新记录并填写编号,其他
                                                    '数据由用户输入
End Sub
Private Sub Command6_Click()
    '该过程在"编辑"状态和"非编辑"状态间转换
    If editFlag Then
        Command6.Caption = "进入编辑"
        Text1.Locked = True
        Text2.Locked = True
        Text3.Locked = True
        Text4.Locked = True
        Text5.Locked = True
    Else
        Command6.Caption = "退出编辑"
        Text1.Locked = False
        Text2.Locked = False
        Text3.Locked = False
        Text4.Locked = False
        Text5.Locked = False
    End If
    editFlag = Not editFlag
End Sub
Private Sub Command7_Click()
    Unload Form1
End Sub
Private Sub Form_Load()
    Dim cnnString As String
    cnnString = "Provider = Microsoft.Jet.OLEDB.4.0;" & _
        "Data Source = .\Mydb1.mdb;"
    cnn1.Open cnnString                              '打开连接
```

```
        Set rst1 = New ADODB. Recordset
     '下一语句打开记录集,设定动态游标
        rst1.Open "SELECT * FROM Student", cnn1, adOpenDynamic, _
           adLockOptimistic
        Me.Caption = "ADO 对象编程范例 2"
        Label1.Caption = "学号"
        Label2.Caption = "姓名"
        Label3.Caption = "性别"
        Label4.Caption = "专业"
        Label5.Caption = "高考成绩"
        Command1.Caption = "首记录"
        Command2.Caption = "上一记录"
        Command3.Caption = "下一记录"
        Command4.Caption = "末记录"
     '下面 10 行对 5 个文本框设置数据源并分别绑定到表中的 5 个字段
        Set Me.Text1.DataSource = rst1
        Set Me.Text2.DataSource = rst1
        Set Me.Text3.DataSource = rst1
        Set Me.Text4.DataSource = rst1
        Set Me.Text5.DataSource = rst1
        Me.Text1.DataField = rst1.Fields(0).Name
        Me.Text2.DataField = rst1.Fields(1).Name
        Me.Text3.DataField = rst1.Fields(2).Name
        Me.Text4.DataField = rst1.Fields(3).Name
        Me.Text5.DataField = rst1.Fields(4).Name
     '下面 5 行禁止文本框的编辑功能
        Text1.Locked = True
        Text2.Locked = True
        Text3.Locked = True
        Text4.Locked = True
        Text5.Locked = True
        Command5.Caption = "添加记录"
        Command6.Caption = "进入编辑"
        Command7.Caption = "退出"
End Sub
Private Sub Form_Unload(Cancel As Integer)
     '结束程序并关闭连接
        rst1.Update    '保存更改过的数据。如果记录集是以立即更新模式打开的,
                       '则一般可省略该语句,但在数据库应用程序结束时使用该语
```

　　　　　　　　' 句是个好习惯
　　　　　rst1.Close
　　　　　cnn1.Close
　　　　　Set rst1 = Nothing
　　　　　Set cnn1 = Nothing
　　　　　End
　　　End Sub

　　与例 13.5 相比,该程序新增了 Command5_Click()、Command6_Click() 和 Command7_Click() 过程,分别完成添加新记录、转换编辑状态和退出应用程序,并对其他有关过程稍做修改。这些修改如下。

　　(1)Form_Unload() 中增加 rst1.Update 语句,以便退出前保存更改过的数据。

　　(2)增加一个 editFlag 模块级变量,用于控制编辑状态转换。

　　(3)Form_Load() 中新增 3 句并修改 1 句。

　　新增 3 句为

　　　　　Command5.Caption = "添加记录"
　　　　　Command6.Caption = "进入编辑"
　　　　　Command7.Caption = "退出"

　　修改 rst1.Open 语句的锁定模式,将默认的 adLockReadOnly(只读模式),修改为 adLockOptimistic(乐观锁定立即更新模式)。即

　　　　　rst1.Open "SELECT * FROM Student", cnn1, adOpenDynamic, adLockOptimistic
这是很重要的,否则不能进行写操作。

　　程序执行结果如图 13-17 所示。只有在编辑状态下才能输入数据,退出编辑状态后则只能浏览数据。当按"添加记录"按钮时,也会自动进入编辑状态。

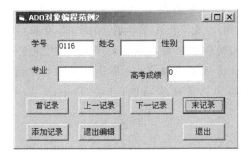

图 13-17　"ADO 对象编程范例 2"窗口

　　以上介绍完了通过 ADO 技术访问数据库的两种方式,即使用 ADO 控件和使用 ADO 对象。在实践中,可能要两者结合使用,请读者多多实践,相信能编写出更多更好的应用程序。

习 题 13

一、填空题

1. Adodc 控件是编写数据库应用程序的最重要的控件,它能够使 ADO 快速建立一个数据控件与_____之间的连接。

2. 连接字符串(ConnectionString)包含_____、_____及数据安全等内容。

3. 当记录指针已位于 RecordSet 的第一条记录之前时,_____的属性值为 True;当记录指针已位于 RecordSet 的最后一条记录之后时,_____的属性值为 True。

4. RecordSet 对象的_____属性可以返回 RecordSet 中的记录个数。

5. 要除去已有的过滤器,应使用_____语句。

6. 向可更新的 RecordSet 增加一条新记录,应使用_____语句。

7. 将记录集中的记录指针上移一条记录,应使用_____方法。

8. 要使数据感知控件能够显示记录集中的数据,必须设置该控件的_____和_____这两个属性。

9. 为了确保数据表中的某字段值不会重复,应将该字段的数据类型设置为_____。

二、编程题

1. 使用 ADO 控件编写程序,显示成绩报表中各门课程需要补考的学生名单。

2. 使用 ADO 控件编写学生档案管理程序。要求:①学号自动生成;②能够按专业名称进行过滤和取消过滤;③可对任何字段数据进行搜索查询;④可按任何字段排序;⑤具有增、删、改功能。

3. 使用 ADO 对象编写模拟证券信息公示程序,使数据表中的数据自动循环翻页并显示在窗体,每 3 秒翻一页,每页翻 10 行,末页可不满 10 行,末页显示完后继续显示第一页。显示过程中,通过一命令按钮来控制暂停翻页或继续翻页,显示信息包括证券名称、买入价、卖出价和成交价。(提示:使用 Print 方法显示信息,使用计时器控制速度。)

4. 为例 13.6 中的程序增加记录删除功能,并将 Text1～Text5 组成控件数组,以简化部分代码。

三、简答题

1. 数据库的数据模型有哪几种类型?

2. 数据表的结构有哪些要素?

3. 什么是关键字段? 它有什么作用?

4. 索引与排序有何区别?

5. 什么是 SQL? 它有哪些常用的语句?

6. 什么是记录集(RecordSet)?

7. 使用 ADO 对象编程需要经过哪几个主要步骤?

附录　标准 ASCII 码表与控制符含义表

附表 1　ASCII 码表

ASCII 值	控制符	ASCII 值	字符	ASCII 值	字符	ASCII 值	字符
0	NUL	32	（space）	64	@	96	`
1	SOH	33	!	65	A	97	a
2	STX	34	"	66	B	98	b
3	ETX	35	#	67	C	99	c
4	EOT	36	$	68	D	100	d
5	ENQ	37	%	69	E	101	e
6	ACK	38	&	70	F	102	f
7	BEL	39	´	71	G	103	g
8	BS	40	(	72	H	104	h
9	HT	41	)	73	I	105	i
10	LF	42	*	74	J	106	j
11	VT	43	+	75	K	107	k
12	FF	44	,	76	L	108	l
13	CR	45	−	77	M	109	m
14	SO	46	.	78	N	110	n
15	SI	47	/	79	O	111	o
16	DLE	48	0	80	P	112	p
17	DCI	49	1	81	Q	113	q
18	DC2	50	2	82	R	114	r
19	DC3	51	3	83	S	115	s
20	DC4	52	4	84	T	116	t
21	NAK	53	5	85	U	117	u
22	SYN	54	6	86	V	118	v
23	ETB	55	7	87	W	119	w
24	CAN	56	8	88	X	120	x
25	EM	57	9	89	Y	121	y
26	SUB	58	:	90	Z	122	z
27	ESC	59	;	91	[	123	{
28	FS	60	<	92	\	124	|
29	GS	61	=	93	]	125	}
30	RS	62	>	94	^	126	~
31	US	63	?	95	_	127	DEL

附表 2　控制符含义表

控制符	含义	控制符	含义	控制符	含义
NUL	空字符	VT	垂直制表	SYN	空转同步
SOII	标题开始	FF	走纸控制	ETB	区块传送结束
STX	正文开始	CR	回车	CAN	作废
ETX	正文结束	SO	移位输出	EM	纸尽
EOT	传输结束	SI	移位输入	SUB	替换
ENQ	请求	DLE	跳出数据通信	ESC	跳出
ACK	确认回应	DC1	设备控制 1	FS	文件分隔符
BEL	报警	DC2	设备控制 2	GS	组分隔符
BS	退格	DC3	设备控制 3	RS	记录分隔符
HT	横向制表	DC4	设备控制 4	US	单元分隔符
LF	换行	NAK	确认失败回应	DEL	删除

参 考 文 献

[1] 教育部考试中心.全国计算机等级考试二级教程 Visual Basic 语言程序设计:2016 年版[M].北京:高等教育出版社,2015.

[2] 刘启明,苏庆堂.程序设计基础[M].2 版.北京:高等教育出版社,2015.

[3] 李更明,黄保和.程序设计基础:Visual Basic 6.0[M].厦门:厦门大学出版社,2014.

[4] 张玉生,贲黎明,施梅芳.Visual Basic 程序设计教程[M].北京:清华大学出版社,2011.

[5] 吴文虎,徐明星.程序设计基础[M].3 版.北京:清华大学出版社,2010.

[6] 王栋.Visual Basic(.NET)程序设计[M].北京:清华大学出版社,2014.

[7] 周颖,等.程序员的数学思维修炼:趣味解读[M].北京:清华大学出版社,2014.

[8] 周黎,钱瑛,周阳花.程序设计基础:Visual Basic 教程[M].2 版.北京:人民邮电出版社,2011.

[9] 邱李华,曹青,郭志强.Visual Basic.NET 程序设计教程[M].北京:机械工业出版社,2014.

[10] 刘金岭,宗慧,肖绍章.计算机导论[M].北京:人民邮电出版社,2014.

[11] 吴良杰,郭江鸿,魏传宝,等.程序设计基础[M].北京:人民邮电出版社,2012.

[12] 张增良,张绘宏.Visual Basic 程序设计简明教程[M].西安:西安交通大学出版社,2006.

[13] 刘炳文.Visual Basic 程序设计试题汇编[M].北京:清华大学出版社,2004.

[14] 周霭如,官士鸿,林伟健.Visual Basic 程序设计[M].北京:电子工业出版社,2003.

[15] 李华飚,毕宗睿,李水根.Visual Basic 数据库编程[M].北京:人民邮电出版社,2004.

[16] 刘炳文,李凤华.Visual Basic 6.0 Win32 API 程序设计[M].北京:清华大学出版社,2002.